# X 射线脉冲星导航信号处理技术

# Signal Processing Technology on X-ray Pulsar Navigation

张　华　许录平　孙景荣　等编著

国防工業出版社

·北京·

**图书在版编目（CIP）数据**

X 射线脉冲星导航信号处理技术/张华等编著.—
北京:国防工业出版社,2020.1
ISBN 978-7-118-11881-0

Ⅰ.①X… Ⅱ.①张… Ⅲ.①X 射线—脉冲星—卫星导航—数字信号处理 Ⅳ.①TN967.1

中国版本图书馆 CIP 数据核字(2020)第 016043 号

※

国防工业出版社出版发行
(北京市海淀区紫竹院南路 23 号 邮政编码 100048)
三河市腾飞印务有限公司印刷
新华书店经售

*

**开本** 710×1000 1/16 **印张** 14 **彩插** 2 **字数** 231 千字
2020 年 1 月第 1 版第 1 次印刷 **印数** 1—2000 册 **定价** 98.00 元

---

**(本书如有印装错误,我社负责调换)**

国防书店:(010)88540777 发行邮购:(010)88540776
发行传真:(010)88540755 发行业务:(010)88540717

# 致　读　者

本书由中央军委装备发展部**国防科技图书出版基金**资助出版。

为了促进国防科技和武器装备发展，加强社会主义物质文明和精神文明建设，培养优秀科技人才，确保国防科技优秀图书的出版，原国防科工委于 1988 年初决定每年拨出专款，设立国防科技图书出版基金，成立评审委员会，扶持、审定出版国防科技优秀图书。这是一项具有深远意义的创举。

**国防科技图书出版基金**资助的对象是：

1. 在国防科学技术领域中，学术水平高，内容有创见，在学科上居领先地位的基础科学理论图书；在工程技术理论方面有突破的应用科学专著。

2. 学术思想新颖，内容具体、实用，对国防科技和武器装备发展具有较大推动作用的专著；密切结合国防现代化和武器装备现代化需要的高新技术内容的专著。

3. 有重要发展前景和有重大开拓使用价值，密切结合国防现代化和武器装备现代化需要的新工艺、新材料内容的专著。

4. 填补目前我国科技领域空白并具有军事应用前景的薄弱学科和边缘学科的科技图书。

国防科技图书出版基金评审委员会在中央军委装备发展部的领导下开展工作，负责掌握出版基金的使用方向，评审受理的图书选题，决定资助的图书选题和资助金额，以及决定中断或取消资助等。经评审给予资助的图书，由中央军委装备发展部国防工业出版社出版发行。

国防科技和武器装备发展已经取得了举世瞩目的成就。国防科技图书承担着记载和弘扬这些成就，积累和传播科技知识的使命。开展好评审工作，使有限的基金发挥出巨大的效能，需要不断摸索、认真总结和及时改进，更需要国防科技和武器装备建设战线广大科技工作者、专家、教授、以及社会各界朋友的热情支持。

让我们携起手来，为祖国昌盛、科技腾飞、出版繁荣而共同奋斗！

**国防科技图书出版基金**

评审委员会

# 国防科技图书出版基金
# 第七届评审委员会组成人员

# 前言

利用天文信号导航,具有悠久的历史。现代技术进步,丰富、拓展了天文导航的范畴。X射线脉冲星导航则属于新兴天文导航技术中的佼佼者,它在理论方法和应用前景方面都展现出不同以往的优秀特点,条件具备时它几乎可以在整个太阳系甚至更广泛星际空间内独立工作,从而体现梦寐以求的自主导航特性。与多数导航系统一样,在脉冲星导航系统的诸多环节中,导航信号处理毫无疑问是至关重要的一环。

本书面向脉冲星导航信号处理及工程应用上的一些重要问题,从理论结合实际角度寻求解决方案,系统地总结了一些规律,重点论述了信号处理方法。总体上可以分为三个部分。第一部分包括第1~4章,论述X射线脉冲信号建模和仿真问题。第1章对国际国内发展现状做了总结归纳。第2章对实测X射线脉冲星信号的获取和修正问题给出可操作的方法。第3章对比分析了三种脉冲星信号模型。第4章则对基于三种脉冲星模型的信号仿真和信号有效性做了论证。第二部分由第5、6章构成,讨论轮廓的重构和去噪问题。第5章对平均轮廓的累积概念和方法,以及利用轮廓进行相位测量的性能做了分析。第6章主要讨论去噪方法和效果,重点介绍了小波和双谱方法。第三部分由第7、8章组成,主要关心信号检测和到达时间测量。第7章从时域、频域和时频域三个方面针对信号检测讨论了几类方法。第8章对影响导航性能的到达时间测量问题,从时间序列的角度做了探讨,与传统累计轮廓测相方法理论上有所不同。

作者及其团队在脉冲星导航领域有10多年研究基础,本书是集体研究的成果,谢强博士、苏哲博士、罗楠博士、王璐博士、李聪博士、孙景荣博士、谢振华博士、李沃恒硕士为第3~8章内容提供了部分资料,并参与了校对。王蓓、刘宜静、王恩林、魏晨依、许成洋、郭佳、米澎、李泽坤、梁文静、阎迪参与了有关课题的研究和本书的整理工作。此外,在撰写本书的过程中,作者参阅了大量相关文献和资料,受到了有益的启迪和帮助,谨向这些文献和资料的作者致以崇高的敬意,感谢他们对科学研究付出的热情和宝贵时间!

本书相关研究工作得到了国家自然科学基金(61172138, 61401340, 61771371)和国防科技图书出版基金资助,在此表示感谢!

本书是作者对脉冲星导航信号处理相关研究工作的总结,限于作者的知识水平,书中难免存在不足之处,敬请广大读者批评指正。

编者

2019年9月

# 目录

第 1 章　绪论 …… 001

1.1　脉冲星及其观测 …… 001

1.1.1　脉冲星简介 …… 001

1.1.2　射电观测技术 …… 001

1.1.3　空间 X 射线探测技术 …… 002

1.2　脉冲星导航原理 …… 002

1.3　国内外研究进展 …… 005

1.3.1　脉冲星导航技术发展 …… 005

1.3.2　X 射线脉冲星导航研究计划 …… 007

1.4　脉冲星导航中的信号处理技术 …… 008

第 2 章　脉冲星数据获取及相对论效应修正 …… 010

2.1　X 射线脉冲星数据源 …… 010

2.2　RXTE 介绍 …… 010

2.2.1　正比计数器阵列(PCA) …… 010

2.2.2　高能 X 射线时辨探测器(HEXTE) …… 012

2.2.3　全天监视器(ASM) …… 013

2.3　RXTE 实测数据的提取 …… 014

2.3.1　软件方法提取数据 …… 014

2.3.2　内嵌代码提取原始数据 …… 017

2.4　RXTE 实测数据的分析 …… 018

2.4.1　光行时修正对累积轮廓的影响 …… 018

2.4.2　相位预测模型对累积轮廓的影响 …… 019

2.5　小结 …… 021

第 3 章　脉冲星信号特征及模型 …… 022

3.1　概述 …… 022

3.2 脉冲星信号的特征 …… 022
3.2.1 周期特征 …… 022
3.2.2 轮廓 …… 025
3.2.3 能谱 …… 027
3.2.4 噪声 …… 028
3.3 脉冲星信号仿真建模 …… 029
3.3.1 基本原理 …… 029
3.3.2 泊松模型 …… 030
3.3.3 指数模型 …… 032
3.3.4 高斯模型 …… 035
3.4 模型的对比 …… 038
3.4.1 泊松分布模型 …… 038
3.4.2 指数分布模型 …… 039
3.4.3 高斯拟合模型 …… 041
3.4.4 三种模型的比较 …… 042
3.5 小结 …… 043
**第4章 X射线脉冲星仿真信号的有效性验证 …… 044**
4.1 概述 …… 044
4.2 仿真信号和实测信号的一致性分析 …… 044
4.2.1 仿真信号生成 …… 044
4.2.2 轮廓的一致性分析 …… 045
4.2.3 时域的一致性分析 …… 049
4.2.4 频域的一致性分析 …… 054
4.3 轨道调制下的X射线脉冲星仿真信号有效性验证 …… 056
4.3.1 轨道调制信号的生成 …… 056
4.3.2 时间转换方程 …… 057
4.3.3 轨道调制信号的有效性验证 …… 058
4.4 小结 …… 063
**第5章 脉冲平均轮廓累积方法及相位测量性能 …… 064**
5.1 概述 …… 064
5.2 轮廓累积的基本概念 …… 064
5.3 X射线脉冲星脉冲轮廓累积的最小熵方法 …… 065

5.3.1 脉冲星轮廓累积的最小熵准则 …… 065
5.3.2 脉冲星轮廓累积的最小熵方法及其证明 …… 067
5.3.3 利用累积轮廓最小熵确定脉冲星周期 …… 068
5.4 X 射线脉冲星累积轮廓相位测量的性能分析 …… 069
5.4.1 相位测量的 CRLB …… 070
5.4.2 相位速率测量的 CRLB …… 073
5.5 脉冲轮廓累积的最小熵方法实验 …… 075
5.5.1 仿真数据准备 …… 075
5.5.2 X 射线脉冲星累积轮廓的熵分析 …… 076
5.5.3 利用累积轮廓最小熵确定脉冲星周期的性能分析 …… 078
5.5.4 RXTE 实测数据实验 …… 080
5.6 累积轮廓相位测量的性能分析实验 …… 081
5.7 小结 …… 085
**第 6 章 脉冲星信号的去噪** …… 086
6.1 概述 …… 086
6.2 常用去噪方法 …… 086
6.2.1 经典滤波去噪方法 …… 086
6.2.2 小波变换去噪方法 …… 088
6.2.3 双谱域去噪方法 …… 089
6.2.4 去噪效果评价 …… 089
6.3 基于小波域去噪方法 …… 090
6.3.1 小波域去噪的常规方法 …… 090
6.3.2 基于小波阈值去噪的方法 …… 092
6.3.3 改进小波空域相关滤波算法 …… 094
6.3.4 基于小波域可导阈值函数与自适应阈值的脉冲星信号去噪 … 102
6.4 基于双谱域去噪方法 …… 107
6.4.1 基于双谱的信号重构 …… 107
6.4.2 基于 $\alpha$-删减滤波器的信号双谱域去噪方法 …… 108
6.4.3 基于非局部均值算法的信号双谱域去噪 …… 112
6.4.4 两种信号双谱域去噪方法的实验结果比较 …… 115
6.5 其他方法 …… 116
6.5.1 离散方波变换 …… 116
6.5.2 奇异值分解 …… 116

6.6 小结 …… 117

第 7 章 脉冲星信号检测 …… 118

7.1 概述 …… 118
7.2 时域脉冲星信号检测方法 …… 118
7.2.1 基于周期图的检测方法 …… 118
7.2.2 基于贝叶斯估计的检测方法 …… 119
7.2.3 基于光子到达时间间隔的检测方法 …… 125
7.3 频域脉冲星信号检测及其改进方法 …… 132
7.3.1 基于 FFT 的检测方法 …… 132
7.3.2 基于双谱的检测方法 …… 132
7.3.3 基于 1(1/2)谱的检测方法 …… 138
7.4 时频域脉冲星信号检测 …… 141
7.4.1 基于 S 变换的恒虚警率检测方法 …… 141
7.4.2 基于时频熵的恒虚警率检测方法 …… 152
7.5 小结 …… 160

第 8 章 脉冲星信号到达时间测量 …… 161

8.1 概述 …… 161
8.2 基于最大似然法的到达时间测量方法 …… 161
8.2.1 X 射线脉冲星信号的泊松模型 …… 161
8.2.2 多高斯拟合的 X 射线脉冲星轮廓 …… 162
8.2.3 基于 GFSAP 模型的相位估计 …… 164
8.3 基于轮廓的到达时间测量方法 …… 168
8.3.1 基于轮廓的到达时间测量经典方法 …… 168
8.3.2 三阶互小波累积量脉冲轮廓时间延迟测量 …… 172
8.3.3 基于最小熵的累积轮廓相位测量 …… 173
8.4 基于光子序列的到达时间测量方法 …… 181
8.4.1 基于光子计数的相位测量 …… 181
8.4.2 基于光子到达时间的相位测量 …… 182
8.4.3 基于光子到达时间间隔的相位测量 …… 183
8.4.4 光子序列 FFT 的相位测量 …… 184
8.5 小结 …… 194

参考文献 …… 195

# CONTENTS

**Chapter 1 Introduction** ······ 001

1.1 Pulsars and the observation methods ······ 001
1.1.1 Brief introduction to pulsars ······ 001
1.1.2 Radio observation techniques ······ 001
1.1.3 Space X-ray detection techniques ······ 002
1.2 The theory of pulsar navigation ······ 002
1.3 Research progress ······ 005
1.3.1 Development of pulsar navigation techniques ······ 005
1.3.2 X-ray pulsar navigation research program ······ 007
1.4 Signal processing in pulsar navigation ······ 008

**Chapter 2 Acquisition of pulsar data and correction of relativistic effects** ······ 010

2.1 X-ray pulsar data source ······ 010
2.2 RXTE introduction ······ 010
2.2.1 Proportional counter array(PCA) ······ 010
2.2.2 High-energy X-ray time-varying experimental detector (HEXTE) ······ 012
2.2.3 All day screen monitor(ASM) ······ 013
2.3 The extraction of measured RXTE data ······ 014
2.3.1 Extracting the data using the software method ······ 014
2.3.2 Extracting the raw data using the embedded code method ······ 017
2.4 Analysis of RXTE measured data ······ 018
2.4.1 Effect of light travel time correction on cumulative contour ······ 018
2.4.2 The influence of phase prediction model on the cumulative contour ······ 019
2.5 Summary ······ 021

**Chapter 3 Pulsar signal characteristics and model** ········ 022

3. 1 Introduction ········ 022
3. 2 Characteristics of pulsar signals ········ 022
3. 2. 1 Cycle characteristics ········ 022
3. 2. 2 Contour ········ 025
3. 2. 3 Energy spectrum ········ 027
3. 2. 4 Noise ········ 028
3. 3 Simulation modeling of pulsar signal ········ 029
3. 3. 1 The basic theory ········ 029
3. 3. 2 Poisson model ········ 030
3. 3. 3 Exponential model ········ 032
3. 3. 4 Gaussian model ········ 035
3. 4 Model comparison ········ 038
3. 4. 1 Poisson distribution model ········ 038
3. 4. 2 Exponential distribution model ········ 039
3. 4. 3 Gaussian fitting model ········ 041
3. 4. 4 Comparison of the three models ········ 042
3. 5 Summary ········ 043

**Chapter 4 Validatiey of X-ray pulsar simulation signals** ········ 044

4. 1 Introduction ········ 044
4. 2 The consistency analysis of the simulated signal and the measured signal ········ 044
4. 2. 1 Generation of simulation signals ········ 044
4. 2. 2 The consistency analysis of contour ········ 045
4. 2. 3 Consistency analysis in time domain ········ 049
4. 2. 4 Consistency analysis in frequency domain ········ 054
4. 3 Simulation of X-ray pulsar simulation signals under orbital modulation ········ 056
4. 3. 1 Generation of track modulation signals ········ 056
4. 3. 2 Time conversion equation ········ 057
4. 3. 3 Validation of the track modulation signal ········ 058
4. 4 Summary ········ 063

**Chapter 5 Pulse average contour accumulation method and phase measurement performance** ········· 064

5. 1 Introduction ········· 064
5. 2 The basic concept of contour accumulation ········· 064
5. 3 Minimum entropy method for pulse contour accumulation of X-ray pulsars ········· 065
5. 3. 1 Minimum entropy criterion for pulsar contour accumulation ······ 065
5. 3. 2 Minimum entropy method and its proof for pulsar contour accumulation ········· 067
5. 3. 3 Pulsar period determination using the cumulative contour minimum entropy ········· 068
5. 4 Performance analysis of X-ray pulsar cumulative contour phase measurement ········· 069
5. 4. 1 CRLB of phase measurement ········· 070
5. 4. 2 CRLB of phase rate measurement ········· 073
5. 5 Experiment of minimum entropy method for pulse contour accumulation ········· 075
5. 5. 1 Simulation data preparation ········· 075
5. 5. 2 Entropy analysis of the cumulative profile of X-ray pulsars ······ 076
5. 5. 3 Pulsar period determination using the cumulative contour method ········· 078
5. 5. 4 RXTE measured data experiment ········· 080
5. 6 Performance analysis experiment of cumulative contour phase measurement ········· 081
5. 7 Summary ········· 085

**Chapter 6 De-noising of pulsar signals** ········· 086

6. 1 Introduction ········· 086
6. 2 Common denoising methods ········· 086
6. 2. 1 Classical filtering denoising method ········· 086
6. 2. 2 Wavelet transform denoising method ········· 088
6. 2. 3 Bispectral denoising method ········· 089
6. 2. 4 Evaluation of denoising effect ········· 089
6. 3 Denoising method based on wavelet domain ········· 090

6.3.1 The common method of denoising in wavelet domain ·············· 090
6.3.2 Wavelet threshold based denoising ································ 092
6.3.3 An improved algorithm for wavelet spatial correlation filtering ··· 094
6.3.4 Pulsar signal denoising based on differentiable threshold function and adaptive threshold in wavelet domain ························ 102
6.4 Denoising method based on bispectral domain ···························· 107
6.4.1 Signal reconstruction based on bispectrum ························ 107
6.4.2 Signal bispectral denoising method based on α−truncated filter ···································································· 108
6.4.3 Signal denoising in bispectral domain based on non−local mean algorithm ···················································· 112
6.4.4 Comparison of experimental results of two signal ··················· 115
6.5 Other methods ··································································· 116
6.5.1 Discrete square wave transform ······································· 116
6.5.2 Singular value based decomposition ································· 116
6.6 Summary ········································································ 117

**Chapter 7 Pulsar signal detection** ········································· 118

7.1 Introduction ····································································· 118
7.2 Time−domain pulsar signal detection method ···························· 118
7.2.1 Detection method based on periodic graph ························· 118
7.2.2 Detection method based on Bayesian estimation ··················· 119
7.2.3 Detection method based on photon arrival time interval ··········· 125
7.3 Frequency−domain pulsar signal detection and its improvement ······· 132
7.3.1 FFT−based detection method ··········································· 132
7.3.2 Detection method based on bispectrum ······························· 132
7.3.3 Detection method based on 1(1/2) spectrum ························ 138
7.4 Pulsar signal detection in time−frequency domain ······················ 141
7.4.1 Constant false alarm rate detection method based on S−transform ································································· 141
7.4.2 Constant false alarm rate detection method based on time−freguency entropy ························································ 152
7.5 Summary ········································································ 160

**Chapter 8 Measurement of pulsar signal arrival time** ………… 161

8.1 Introduction …… 161
8.2 The arrival time measurement method based on maximum likelihood method …… 161
8.2.1 Poisson model of X-ray pulsar signals …… 161
8.2.2 X-ray pulsar contour with multi-Gaussian fitting …… 162
8.2.3 Phase estimation based on GFSAP model …… 164
8.3 Contour-based arrival time measurement method …… 168
8.3.1 The classical method of arrival time measurement based on contours …… 168
8.3.2 Pulse contour time delay measurement of third order interwavelet cumulant …… 172
8.3.3 Cumulative contour phase measurement based on minimum entropy …… 173
8.4 The arrival time measurement method based on photon sequence …… 181
8.4.1 Phase measurement based on photon count …… 181
8.4.2 Phase measurement based on photon arrival time …… 182
8.4.3 Phase measurement based on photon arrival time interval …… 183
8.4.4 Phase measurement of photon sequence FFT …… 184
8.5 Summary …… 194

**References** …… 195

# 第1章 绪 论

## 1.1 脉冲星及其观测

### 1.1.1 脉冲星简介

脉冲星是一种快速自转并具有强磁场的中子星，它与类星体、宇宙微波辐射和星际有机分子一起被誉为20世纪60年代天文学的四大发现，其发现者荣获1974年诺贝尔物理学奖[1]。绝大多数脉冲星具有射电辐射，一少部分脉冲星可以在可见光、无线电、红外线、X射线、紫外线等频带内观测到。脉冲星辐射信号沿其磁极方向的一个较窄的锥体（锥角小于10°）向外传播，对于磁轴与旋转轴之间有一定夹角的脉冲星，其自旋使辐射光束在宇宙中扫过一个巨大的锥形，当旋转的光束扫过地球或航天器时，如果被探测器接收就能形成一系列的脉冲信号。该过程类似于海运中的导航灯塔，因此脉冲星也被赋予“宇宙灯塔”的美名[2]。

### 1.1.2 射电观测技术

脉冲星早期观测，主要依靠国外大型射电望远镜，研究方向集中在天文学、天体物理学和时间计量方法上。1996年，北京大学、北京天文台和乌鲁木齐天文台合作，利用乌鲁木齐天文站25m口径射电望远镜在327MHz频率上成功对8颗脉冲星进行了观测，并对射电脉冲星的周期参数、周期跃变、自旋速率、脉冲轮廓、星际闪速和频谱特征等进行了研究[3]。同时也开展了利用毫秒脉冲星的时间计量理论分析研究工作。2016年，我国研制成口径500m的世界上最大球面射电望远镜（FAST）[4]。FAST口径大、频带宽、灵敏度高，天区覆盖达70%，性能指标优于美国的口径 305m 的 Arecibo 射电望远镜,建成不到一年的时间里已经观测到数颗新脉冲星。

### 1.1.3 空间 X 射线探测技术

射电天文的发现极大地启发了对天体非热致辐射的研究,把注意力引到了天体的高能辐射过程,这也使人们对天文世界的理解发生了质的变化。直接研究高能过程有赖于对天体高能光子辐射的观测,其中 X 射线的观测最为兴旺。国际上,X 射线空间观测技术主要集中在利用在轨 X 射线探测器对 X 射线脉冲星进行观测。重要的 X 射线探测任务包括:基于掠射原理的伦琴卫星、XMM-NEWTON 卫星和 Suzaku 卫星[5,6];基于气体正比计数器的探测器,如 Uhuru、Einstein、EXOSAT、ROSAT 和 ARGOS 卫星等[2];基于 MCP 探测器的,如 ROSAT、Chandra 卫星[5];基于闪烁探测器,如 Vela-5B、RXTE 等卫星[7]。这些 X 射线探测卫星,为 X 射线空间观测提供了大量的观测数据和资料。特别是 RXTE 卫星,时间分辨率达到 1μs,有效探测面积达到 6800 $cm^2$。由于 RXTE 卫星具有优良的时间分辨特性,特别适合用于 X 射线脉冲星导航(XPNAV)的到达时间测量的验证,并且 RXTE 的数据是向国际公开的,其中大量的 X 射线脉冲星观测资料和观测数据可以直接获取。美国国防高级研究计划局(DARP)于 2017 年底发射的 SEXTANT 探测器,其中一个重要的功能就是为 XPNAV 提供空间观测数据,以及导航验证,其最小分辨率达到 300ns,有效探测面积达到 1800$cm^2$。最新的报道显示,利用 4 颗脉冲星能够在 5~16km 范围内对航天器定位[8,9]。

在空间 X 射线探测研究方面,我国曾利用安装在“神舟”二号载人飞船留轨舱上的 X 射线探测器探测太阳 X 射线以及 X/γ 射线暴。我国 2017 年发射的硬 X 射线调制望远镜(HXMT)天文卫星,实现能谱范围 1~300keV 的宽波段 X 射线巡天观测。我国利用“天宫”二号伽马暴偏振探测仪(POLAR)对蟹状星云脉冲星(Crab 脉冲星)观测进行脉冲星导航试验,验证了脉冲星定轨的可行性。2016 年 11 月 10 日又发射了脉冲星试验 01 星(XPNAV-1),用于 X 射线脉冲星观测,并公开了数据,部分研究显示,该数据也能一定程度上用于对脉冲星导航进行验证[10]。

## 1.2 脉冲星导航原理[11]

脉冲星的自旋非常稳定,因此也被誉为自然界最稳定的天文时钟,XPNAV

正是利用了这一特性。目前,普遍接受的 XPNAV 系统基本工作原理的是:载体在原子钟组的支持下,利用先验观测建立并保持脉冲星辐射在太阳系质心(SSB)坐标系下的相位演化模型;航天器携带的 X 射线探测器指向所选脉冲星,捕获该脉冲星辐射的高能 X 射线光子并记录光子到达时间;航天器载计算机将记录的光子到达时转换到太阳系质心力学时,然后按脉冲星特征周期进行叠加,整合出脉冲星辐射脉冲轮廓,与相位演化模型比对,得到脉冲到达航天器和 SSB 的时间差(Time Difference of Arrival, TDOA);通过对 TDOA 这一基本量进行各项相对论修正后,利用 3 颗脉冲星在航天器和 SSB 之间 TDOA,采用相应的信号处理和轨道动力学知识,便可计算和预报航天器位置、速度和时间等导航信息,在一定条件下实现了不依赖地面测控系统的自主导航过程。不难发现,这一导航原理的本质是将时空基准建立在 SSB,因此相位演化模型和时间尺度都需要建立在 SSB 坐标系下。以 SSB 为基准是合理的:易于获取标准的轮廓、与太阳系星历匹配,几何关系上也容易理解。值得一提的是,利用脉冲星实现导航,时空基准建在 SSB 不是必要条件[12],只要归算方法合理且得当,理论上可以使用任意点做基准,但是时空基准的改变必然会带来导航模型和方法的变化,增加复杂度。目前,采用 SSB 做基准点已经得到普遍认可,也足够清晰,因此本书中仍然以常用的脉冲星导航原理为基础。

从 XPNAV 的原理可见,实现 XPNAV 的两个基本条件为脉冲星信号的可预测性和脉冲星信号的可观测性。脉冲星信号的可预测性是精确建立相位演化模型的前提条件,决定脉冲星信号可预测性的主要固有属性包括以下几方面。

(1) 自旋周期稳定性。脉冲星优异的长期稳定性在大量的研究和观测中得到了证实,这也是脉冲星最突出、最重要的特征之一,因此脉冲星被誉为“自然界最稳定的钟,最精确的频率基准”。以 B1855+09 和 B1937+21 为例,Kaspi、Taylor 和 Ryba 利用二者实测脉冲到达时间(Time of Arrival,TOA)与预测模型间残差的三阶阿伦方差平方根,对长期射电辐射数据进行了分析,显示二者的稳定度分别达到 $10^{-13.2}$和 $10^{-14.1}$,完全可以与目前最好的原子钟媲美[13]。自旋周期的稳定性使脉冲星信号相位能被精确预测,从而为 TOA 测量奠定了基础。

(2) 累积轮廓唯一性。脉冲星的脉冲轮廓是指脉冲星辐射信号强度随时间变化的曲线。脉冲星辐射的个别脉冲形状和强度特征会变化,但成百上千的个别脉冲累积得到的平均脉冲轮廓却非常稳定。平均脉冲轮廓是脉冲星辐射区结构一维分布的反映,由脉冲星内部机制和外部空间环境决定,具有唯一性,因此累积得到的平均脉冲轮廓也是脉冲星辨识的一个非常重要的参数。基于累积轮廓的比相方法是进行脉冲 TOA 测量的基本途径,测量精度与平均脉冲轮廓的形状和结构有密切关系。通过拟合一个解析的标准轮廓,可以用来评价利用轮廓进行 TOA 测量的性能,从而为脉冲星优选提供一种参考。

(3) 天球坐标中构成精确星表。已发现并进行数据记录与研究的脉冲星约有 1700 多颗,在天球坐标系中均具有精确星表,它们主要位于银河系中。银河系内脉冲星相对于银道面应该均匀分布,将脉冲星转换到 J2000.0 国际天球参考系中,其主要分布区域集中在±45°内。已有文献研究表明,适用于导航的脉冲星源虽然较少,但在天区中的几何分布结构合理,可避免导致导航精度下降的几何稀释问题[2]。此外,由于脉冲星距离太阳系十分遥远,通常都有几千光年,在太阳系内观测到的脉冲星辐射均可视为平行入射,因此可以得到非常好的指向精度,为脉冲星信号的定向观测和基于脉冲星的航天器定姿奠定了基础。

(4) 适用的惯性参考系。广义相对论框架下,XPNAV 中 X 射线脉冲星信号周期折叠、TOA 测量等基本操作需要在相同的参考系下进行,航天器载原子钟组保持的固有时随着时空位置和速度而变化,定义统一的坐标时系统对 XPNAV 是必需的。太阳系质心天球参考系(BCRS)中所受到的惯性力与来自星河系中除太阳以外的其他恒星引力相互抵消,它的具体实现形式为国际天球参考框架(ICRF),可用于建立 XPNAV 的时空基准,能精确表达空间和时间坐标。

XPNAV 输入信息通过观测 X 射线脉冲星辐射信号获取,随着天体 X 射线探测技术的发展,高分辨 X 射线探测技术基本能够满足 XPNAV 的需要,但导航精度提高需要在脉冲星源选择和高时间、空间分辨率的探测器研制两方面进行,二者构成了脉冲星信号的可观测性。

1) 适用于导航的 X 射线脉冲星源

脉冲星在射电、红外、可见光、紫外、X 射线和 $\gamma$ 射线等频段产生信号辐射,其中一部分 X 射线脉冲星的 X 射线频段辐射集中了脉冲星的大部分辐射能量,有利于探测器小型化,现代 X 射线探测卫星中的 X 射线探测器载荷也证实了利用小型 X 射线探测器进行脉冲星辐射信号观测的可行性。在进行数据记录与研究的脉冲星中,具有强 X 射线辐射且辐射脉冲周期相对稳定的脉冲星有数十颗。这些脉冲星中,通常年轻脉冲星具有高辐射强度但稳定性稍差,应用于 XPNAV 中需要更为频繁的更新演化模型参数,而一部分弱辐射脉冲星由于稳定性非常好也是脉冲星导航的备选星源。

2) 导航用 X 射线探测器

X 射线探测器是 XPNAV 的关键器件,功能上要求它尽可能多地捕获来自信号源的光子,并且尽可能抑制背景和系统噪声。X 射线探测器对探测到的光子具有时间分辨能力,以达到从接收光子中提取时间信息的目的。目前脉冲星导航专用探测器系统还未见报道,但一些用于天文学研究具有时间分辨能力的

X 射线探测器为脉冲星光子信号的到达时间测量的可行性提供了佐证,如美国海军实验室在 ARGOS 卫星上的气体比例计数器型 X 射线探测器和 RXTE 卫星上的 X 射线时辨探测器等。脉冲星辐射信号具有很高的指向性,定向观测中高精度准直器可以只允许来自信号源方向的信号进入探测器,从而有效抑制背景干扰。不过,为增强信号,需要使用大面积的探测器,这同时增加了系统噪声。通过掠射式聚焦的方法,有望能在抑制背景噪声的同时利用较小面积的探测器实现高效率的 X 射线探测。

从脉冲星信号的可预测性和可观测性分析中可见,可预测性使脉冲星信号在惯性参考架下依靠统一的时间和空间基准得以高精度预测;可观测性使探测器能通过脉冲星信号的观测获取相对参考架的时间和空间位移;利用相应的信号处理方法,比对观测信号和预测信号的相差,就能获得导航需要的关键信息,从而结合轨道动力学知识实现导航参数解算。

## 1.3 国内外研究进展

### 1.3.1 脉冲星导航技术发展

1932 年,人们发现了中子,两年后 Baade 和 Zwichy 便在理论上预言了中子星的存在。但直到 30 年后,Jocelyn Bell 观测到了脉冲星 PSR1919+21 的射电辐射,人类才首次从实验中发现了中子星存在的证据。现在普遍认为,脉冲星就是高速旋转的中子星,太阳系内观测到的脉冲星脉冲辐射信号实际上是脉冲星自转过程中其辐射光束扫过地球时形成的类似航海中导航灯塔的时亮时灭的信号。鉴于脉冲星辐射周期的稳定性,基于当时脉冲星信号到达时间测量技术,Reichley、Powns 和 Morris 于 1971 年提出利用脉冲星信号作为地基系统的时钟。之后,1974 年,Downs 在一份 NASA 的技术报告中首次提出利用射电星的辐射信号进行航天器自主导航并给出了定轨方法[14]。Downs 没有考虑脉冲周期模糊问题和相对论效应的影响,指出利用 24m 天线接收选定的 27 颗射电脉冲星信号,24h 积分时间所能达到的定位精度约为 150km。天线尺寸大、积分时间长和导航精度低限制了射电脉冲星导航的应用,但作为一项开创性的工作,Downs 让人们认识了脉冲星导航,也促进了现代 XPNAV 技术发展。理论上 XPNAV 性能要比射电脉冲星导航性能高得多。此后,到 1988 年,Wallanc 对利用天体射电源为地面目标导航的方法进行了详细探讨。Wallanc 认为邻近天体包括太阳、月亮、金星，以及遥远星体的射电散射等宽带信号源会掩盖脉冲星微弱脉冲信号，因此大口径天线和长时间信号积分是必需的，该方案对多数航天器来说并不现实。对于脉冲星的红外、可见光和紫外辐射，数量稀少，光度低，同样需要大口径望远镜，对指向精度和信号处理技术要求也较高，也不适用于航天器导航。

20 世纪 70 年代，X 射线天文观测获得了大量脉冲星的 X 射线特征，有力促进了基于 X 射线脉冲星的航天器自主导航方法的发展。X 射线集中了脉冲星绝大部分辐射能量，有利于探测器小型化和减少信号积分时间。Chester 和 Butman 于 1981 年提出了利用脉冲星的 X 射线辐射增强地球卫星导航的构想[15]。他们指出利用脉冲星的 X 射线辐射，只需要面积为 $0.1m^2$ 的探测器，就能在 24h 积分时间内得到 150km 的定位精度。也许是因为导航精度太低或者对新型自主导航方法需求不够迫切，XPNAV 当时没有引起人们的兴趣，但它已经说明了利用 X 射线脉冲星的航天器自主导航可行性，为现代 XPNAV 研究提供了启示。

利用脉冲星导航的首次空间实验是在 1999 年 2 月发射的 ARGOS（Advanced Research and Global Observation Satellite）上进行的。ARGOS 包含了非常规恒星特征实验内容（USA），由美国海军研究实验室（NRL）的 K. S. Wood 博士于 1993 年设计，配置探测器有效面积 $0.1m^2$，并利用 GPS 时作为时间基准。USA 包括四个主题项目的研究，其中之一就是 X 射线导航研究。USA 进行了利用 X 射线源的航天器轨道、姿态测定，并利用 X 射线脉冲星进行时间保持实验。USA 借鉴传统天文导航的掩星观测法思路，受大气模型精度的限制，精度只能达到几千米水平。此后，Hanson 针对 USA 实验做了深入研究，提出基于 X 射线源的航天器姿态测量方法和时间保持锁相环设计方案，利用实测数据仿真姿态测量精度达到 0.01°，单颗脉冲星信号时间保持误差小于 1.5ms[16]。ARGOS 卫星 2000 年 11 月由于比例计数器的气体泄漏，不得不提前终止了 USA 任务。

2000 年之后，鉴于 X 射线脉冲星导航的可行性、潜在的应用价值以及人类对深空导航的需求，世界各国许多研究团队和著名研究机构开始关注 XPNAV，进一步推动了 XPNAV 的发展。2004 年，Josep Sala、Andreu Urruela、Xavier Villares 在欧洲航天局的一份脉冲星导航和定时的可行性研究报告中进一步阐述了脉冲星导航的概念[17]，利用影响脉冲星导航的几个重要参数、特征以及信噪比定义了脉冲星质量因子，整理编目了 50 颗质量因子较好的脉冲星，并从统计信号处理角度详细阐述了射电脉冲星和 X 射线脉冲星信号定时模型，定位、定时精度和绝对定位算法。2004—2006 年，Sheikh 及其合作者基于现代卫星导航系统体制的基本思想，从基本原理和可行性上对 XPNAV 做了进一步的研究，包括脉冲星时间测量模型、时间尺度转换、定位和定姿算法，并利用 ARGOS 卫星的数据仿真验证脉冲星对 GPS 和 ARGOS 卫星导航性能[2]。2006 年,Sheikh 在他的博士论文中对基于 X 射线脉冲星自主导航方法做了系统、详尽的论述,讨论了从脉冲星编目、探测技术、识别方法、信号建模、时间尺度转换、脉冲到达时间测量到相对和绝对导航原理以及位置和速度估计方法等一系列关键技术,并在多种轨道上进行了仿真实验。2007 年之后,Sheikh 领导的团队,包括 Ray、Graven、Golshan、Hansond 等,继续 XPNAV 的深入研究,在 TOA 估计、时间尺度转换和脉冲星深空应用方面发表了多篇论文[18-20]。美国加州大学的 Emadzadeh 博士对脉冲星信号建模和 TOA 测量性能做了理论和仿真实验分析,并与 IMU 结合详细讨论了脉冲星相对导航模型以及卡尔曼滤波算法的应用[21,22]。从这些公开文献来看,XPNAV 理论研究日趋丰富和完善,但 XPNAV 的关键设备 X 射线探测器的报道却不多见,仅 Sheikh 在他的博士论文中对 X 射线探测器类型和特征参数做了总结。另外,Ray 在报道了他们正在研究用于 XPNAV 的薄硅晶片探测器和部分指标。关于 X 射线脉冲星辅助定轨应用方面,美国空间技术学院的 Woodfork 研究了利用 X 射线脉冲星辅助进行 GPS 卫星轨道精密确定[23]。

国内射电观测主要服务于天文学和时间计量上[24,25],X 射线在轨观测技术发展相对滞后,直到美国基于 X 射线源的自主导航定位验证(X-ray Navigation and Autonomous Position,XNAV)预研计划公布以后,脉冲星导航得到发展。研究内容主要集中在导航原理、TOA 测量、解模糊算法、时间尺度转换、导航算法、XPNAV 探测器以及脉冲星信号辨识、信号检测、轮廓累积。2016 年 11 月 10 日我国发射了脉冲星实验 01 星(XPNAV-1),用于 X 射线脉冲星观测,并公开了数据,该数据也能一定程度上用于脉冲星导航验证[26]。

### 1.3.2 X 射线脉冲星导航研究计划

美国国防高级研究计划局(Defense Advanced Research Projects Agency,DARPA)于 2004 年提出“基于 X 射线源的自主导航定位验证”(XNAV)计划。DARPA 目标是利用 XPNV 的研究基础最终建立一个定轨精度 10m、定时精度 1ns、姿态测量精度 3as 的脉冲星导航网络[27],并能为从近地轨道、深空至星际空间飞行的航天任务提供全程高精度自主导航和运行管理服务[28]。其研发计划和研究内容,对脉冲星导航研究具有一定指导作用。

1. 可行性论证阶段(2005-2007 年)

10 颗以上 X 射线脉冲星优选和编目;验证脉冲星计时模型稳定度;计算脉冲分布几何因子;仿真分析 X 射线脉冲星定位与定姿算法的可行性;研发高信噪比、高灵敏度和高时间分辨率的 X 射线探测器,探测辐射流量要求为 $10^{-5}$ph/

($cm^2 \cdot s^{-1}$);设计在国际空间站上进行飞行试验的 X 射线探测器系统。

2. 地面仿真实验与原理样机研制阶段(2007-2008 年)

在地面环境下开展 X 射线识别和导航定位仿真测试,评估定位、定时和姿态测量精度指标,完善定位、定姿算法。设计和研制 3 套达到宇航级标准的小型 X 射线探测器系统,包括 X 射线成像仪、光子计数器、星载计算机和原子时钟等;XPNV 的有效载荷还包括星敏感器、太阳敏感器和 GPS 接收机。

3. 空间飞行试验验证阶段(2009 年以后)

在国际空间站上进行全套 X 射线探测器系统的空间飞行试验,实际测试利用 X 射线脉冲星的航天器绝对定位、相对定位精度分析。.

出于对深空探测器高精度轨道确定的要求,美国国家航空航天局(NASA)也考虑采用 X 射线脉冲星导航(X-NAV)来增强深空探测器自主导航能力,以增强 DSN 的三维导航精度。2006 年 2 月,NASA 启动利用 X 射线脉冲星的深空自主导航技术研究计划,总承包商为 Microcosm 公司,联合 ASTER 公司、CrossTrac 工程中心、海军研究实验室以及戈达德飞行中心(GSFC)等单位。与 DARPA 的 XPNV 计划类似,该计划也分为三个阶段:①可行性论证(2006-2007 年),包括 X 射线脉冲星导航精度评估、导航数据库初步建立、导航误差来源分析、脉冲星优选;②仿真实验验证 X 射线脉冲星用于深空导航的性能(2008-2009 年),包括评估飞行试验验证需求、导航算法研究、仿真演示系统构造、导航飞行试验软件包的研制;③空间飞行试验验证(2009 年以后),包括融合 NASA 和 DARPA 在 XPANV 领域的研究成果,与大学、企业和政府部分合作开展 XPNAV 空间飞行试验验证。

其他公开的脉冲星导航计划还包括,2004 年 ESA 在 ARIADNA 空间技术预研计划的支持下启动的“ESA 深空探测器脉冲星导航研究计划”,并委托西班牙的 Catalunya 和 Barcelona 大学做了可行性研究。日本、俄罗斯和澳大利亚也开展了脉冲星导航相关的研究。我国也已实现了脉冲星导航观测的在轨验证。

## 1.4 脉冲星导航中的信号处理技术

导航信号处理是 XPNAV 中最重要的技术之一。以脉冲星天文观测为参考,脉冲星信号处理的基本思路是从探测器观测的光子序列中重构轮廓,再利用轮廓测量相位,形成导航信息。实际这一过程,与传统天文导航又有显著不同,如:导航过程中,载体位置、速度未知;所使用的脉冲星数目较少,且特征参数明确已知;只关心到达时间测量准确性,并不关心其物理特性等。此外,X 射线脉冲星信号属于极低信噪比信号,常用轮廓累积技术提高信噪比,但这却不是必需的过程,本质上,导航信息获取并不需要知道轮廓细节,这样就能衍生出不同于轮廓测量的相位测量技术。因此,脉冲星导航信号处理有许多特别之处。本书从 X 射线脉冲星信号获取开始,对 X 射线脉冲星信号的建模、仿真、有效性分析、轮廓累积、测相性能、信号去噪、信号检测和到达时间测量展开介绍。这些研究工作为 XPNAV 提供有益的支撑。

# 第2章 脉冲星数据获取及相对论效应修正

## 2.1 X射线脉冲星数据源

提取实测数据所用的原始数据文件,是NASA在其官方文件服务器中公布的RXTE原始观测数据文件,具有一定权威性。下面将首先介绍RXTE,然后讨论实测数据的提取及分析。

## 2.2 RXTE介绍

RXTE是NASA在1995年12月30日发射的大型X射线探测卫星,具有时间分辨率高、灵敏度好、有效观测面积大和能谱范围宽的特点,可用于观测银河系内的白矮星、X射线双星、中子星、脉冲星和黑洞等致密天体的时变现象。

RXTE主要搭载了三个X射线观测仪器,分别是正比计数器阵列(Proportional Counter Array, PCA)、高能X射线时辨探测器(High Energy X-ray Timing Experiment, HEXTE)以及全天监视器(All Sky Monitor, ASM)。此外,RXTE卫星上还安装了数据处理系统(Experiment Data System, EDS),可对PCA等观测仪器探测到的信号进行数据压缩,这样便于将数据传回地面[7]。RXTE卫星的结构示意图如图2-1所示[7]。

### 2.2.1 正比计数器阵列(PCA)

PCA由5个正比计数器单元(Proportional Counter Unit, PCU)组成,每个PCU是一个氙气正比计数探测器,对2~60keV能量段的X射线敏感。准直器和探测器是PCU的两个主要组成部分。PCU按层划分可以分为5层,第1层是

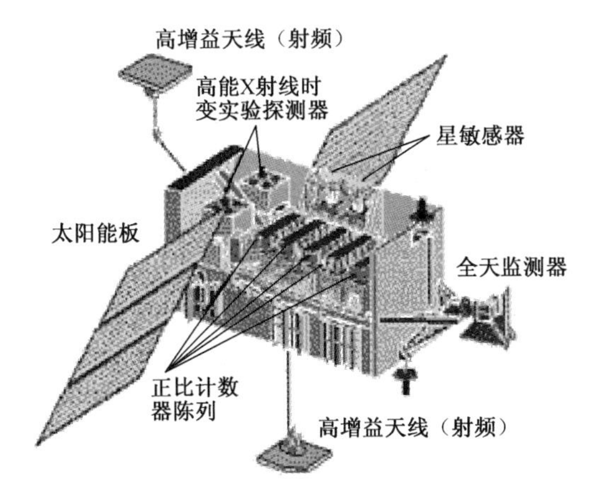


图 2-1　RXTE 的结构示意图

丙烷反复合层,里面充有活性丙烷,作为 PCU 的前窗;第 2~4 层为信号探测层,是 PCU 的探测器部分;第 5 层为信道。由于太空中有很多带电粒子,为了防止无用的带电粒子进入探测层而引起误探,PCU 将除前窗外的其他三面均设置为含有氙气和甲烷的反复合层,这样就可以有效地减少因带电粒子进入探测区而产生的背景噪声。PCU 能探测到 X 射线信号是 X 射线与气体原子相互作用产生电子的结果。具体过程是:X 射线信号进入探测区,与气体原子相互作用实现能量交换,气体原子吸收能量后向外辐射光电子;电子被电场加速向阳极丝运动,并在加速过程中产生离子对。当大量的 X 射线进入探测区,产生的大量光电子在阳极丝聚集形成电脉冲信号。电脉冲信号被系统读取后送到 EDS 进行预处理。

当 PCU 探测器探测到一个光子后,由于系统存在电容充放电和数据处理延时的问题,不能马上探测下一个光子,必须要等待一段时间后才能探测下一个光子,这段时间我们称为“死区时间”。在死区时间内,到达探测器的光子将不能被探测到。在一般情况下,PCU 的死区时间为 10μs,但是不能说明 RXTE 的时间分辨率只能是 10μs。RXTE 在突发数据模式下能到达 1μs 的时间分辨率。PCA 的实物图如图 2-2 所示[7]。

以面给出 PCA 的部分性能参数。

(1) 探测 X 射线的能量范围:2~60keV。

(2) 探测 X 射线的能量分辨率:当能量为 6keV 时小于 18%。

(3) 时间分辨率:1μs。

(4) 探测器:5 个正比计数器单元(PCU)。

(5) 总的探测面积:6500cm$^2$。

图 2-2　RXTE 中的 PCA 实物图

（6）探测敏感度：0.1 mCrab。

### 2.2.2　高能 X 射线时辨探测器（HEXTE）

HEXTE 由两个晶体计数阵列组成，这两个晶体计数阵列相互独立，每个晶体计数阵列包含 4 个 NaI/CsI 晶体计数器，每个晶体计数器的探测面积为 $200cm^2$。HEXTE 的探测原理是：X 射线信号进入探测器后，与 NaI 晶体相互作用后产生次级光电子；次级光电子穿过 CsI 晶体进入光电倍增管，经过硬件电路放大、采样后生成观测数据。图 2-3 给出了 HEXTE 中单个晶体计数阵列的实物图[7]。

图 2-3　HEXTE 中单个晶体计数阵列的实物图

下面给出 HEXTE 的部分性能参数[7]。

(1) 探测 X 射线的能量范围:15~250keV。

(2) 探测 X 射线的能量分辨率:当能量为 60keV 时为 15%。

(3) 时间采样率:8μs。

(4) 探测器:2 个晶体计数阵列,每个计数阵列有 4 个 NaI/CsI 晶体计数器。

(5) 总的探测面积:$2\times800\text{cm}^2$。

(6) 探测敏感度:每个晶体计数阵列 1 Crab=360 counts/s。

### 2.2.3 全天监视器(ASM)

ASM 由三个广角扫描阴影照相机构成,每个照相机配备一个一维的位置敏感正比计数器以及编码板,总的探测面积为 $90\text{cm}^2$。扫描阴影照相机可以跟踪扫描辐射强度大于 10mCrab 的 X 射线源,并且能提供能量强度在 2~12keV 范围内的 X 射线源的光变曲线。ASM 实物图如图 2-4 所示[7]。

图 2-4 RXTE 中的 ASM 实物图

下面给出 ASM 的部分性能参数。

(1) 探测 X 射线的能量范围:2~10keV。

(2) 空间分辨率:3′×15′。

(3) 时间分辨率:每 90min 扫过天空的 80%。

(4) 探测器:位置敏感的氙气计数器。

(5) 总的探测面积:$90\text{cm}^2$。

(6) 探测敏感度:20mCrab。

## 2.3 RXTE 实测数据的提取

### 2.3.1 软件方法提取数据

FITS (Flexible Image Transport System)是一种数据格式,它能实现在硬件配置和标准内部格式不同的设备之间方便地传输天文观测数据,主要应用于天文观测领域。FTOOLS 是一个功能强大的软件包,专门用来处理 FITS 格式的 X 射线天文观测数据。FTOOLS 通用性很强,可以处理不同类型的 X 射线观测数据,如 ASCA、RXTE、ROSAT、VELA5B 等探测器的天文观测数据。FTOOLS 里面有很多功能子函数,每个功能子函数对应一种特定功能,在本书用例中常用的 FTOOLS 工具如表 2-1 所列。

表 2-1 常用 FTOOLS 工具介绍

| 工具对应的命令字符 | 功能描述 |
|---|---|
| fv | FITS 文件编辑器,可以修改 FITS 的内容,也可以以图形形式显示 FITS 文件中的内容 |
| xdf | 查找和浏览 FITS 格式的天文观测数据,提取需要的数据 |
| fplot | 绘制滤波文件、光变曲线和能谱,使其以图形界面形式显示 |
| xtefilt | 生成前缀为 FP_,后缀为 . xfl 的滤波文件 |
| maketime | 生成好时间段(Good Time Interval, GTI)文件,提取好的观测时间段 |
| fasebin | 生成包含脉冲星累积轮廓的相位文件,后缀为 . pha |

下面介绍如何利用 FTOOLS 提取数据[29,30]。

1. 获取观测号及下载观测数据

(1)登录网站 http://heasarc. gsfc. nasa. gov/cgi-bin/W3Browse/w3browse. pl 进入“HEASARC Browse”搜索页面。搜索页面提供了目标天体名称或空间坐标(Object Name Or Coordinates)、坐标系统(Coordinate System)、观测日期(Observation Dates)等参数的设置。对 X 射线脉冲星 RXTE 观测数据的搜索,可在 Object Name Or Coordinates 输入框中输入脉冲星名称,在卫星任务一栏中勾选“RXTE”,单击“Start Search”,即可获取 RXTE 针对该脉冲星进行的所有观测的

观测号。这里的示例数据为 40805-01-05-000 观测号。

(2) 访问数据下载地址 ftp://legacy. gsfc. nasa. gov/xte/data/archive，利用 FTP 工具下载观测号为 40805-01-05-000 的 RXTE 观测数据。

2. 选取观测数据

在 Linux 环境下安装好 FTOOLS 软件包，利用 xdf 工具进行数据选取。执行"xdf"命令后，在出现的 XTE Data Finder 界面中，"Subsystems"框列出了 RXTE 各个观测任务，AppIds/Configurations 框列出观测任务对应的配置。例如：PCA 的配置 E_16μs_16B_0_1s，D_1μs_0_249_1024_64s_F，Standard1b，Standard2f；HEXTE 配置 E_8μs_256_DX1F；EDS 配置 AppId_046_EDS_HK1，AppId_047_EDS_HK2。本书用例选用观测任务为 PCA，对应配置 E_16μs_16B_0_1s，"FITS Files"框中文件名为"FS37_b36fbf0-b370904"的观测数据。

3. 生成滤波文件

滤波文件包含很多 RXTE 的辅助数据，如探测器的指源程度、卫星的地平高度和 PCU 的开关状态等当前卫星的观测姿态，同时也为后面产生好时间段数据提供所需的各种设置信息。一般情况下，一个观测号对应一个滤波文件。我们可以通过 xtefilt 工具来生成滤波文件。首先，运行"fhelp xtefilt"命令，在弹出的终端中寻找滤波文件所需要的"appidlist"，将其写入文件名称为"applist"的文本文件中；然后，执行"xtefilt"命令，经过简单的参数设置后生成一个前缀为"FP_"、后缀为". xfl"的滤波文件。可以利用 fv 工具查看 PCA 中处于正常工作状态的 PCU 数目与时间的关系（图 2-5）、PCA 的指示方向和地球外缘之间的偏差（图 2-6）[29,30]。

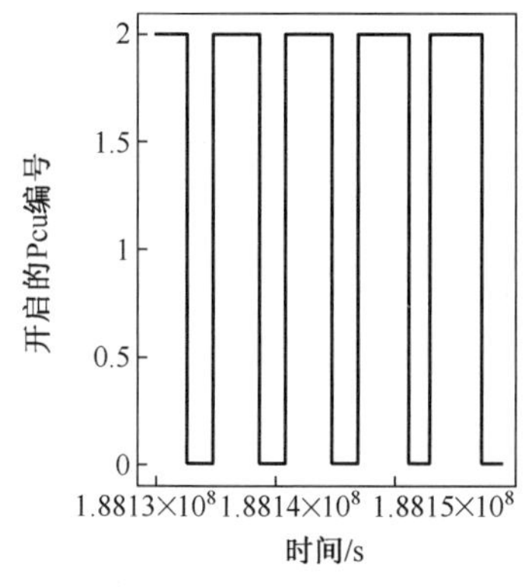

图 2-5　PCU 数目与时间的关系图

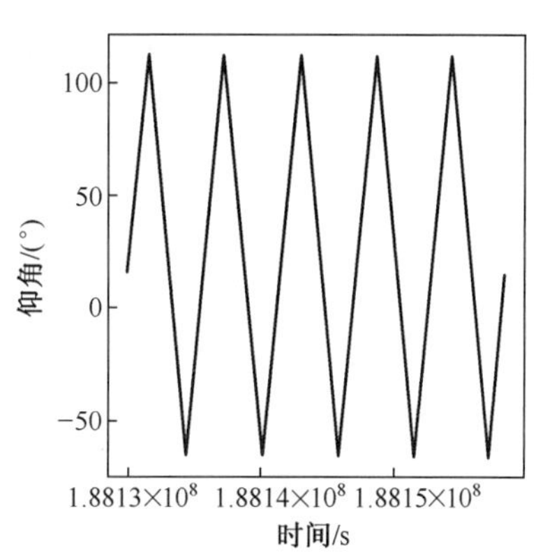

图 2-6　PCA 的指示方向和地球外缘之间的偏差随时间的变化曲线

4. 生成好时间段 GTI 文件

卫星运动导致 RXTE 的观测状态并不是在所有时间段里都表现良好，影响因素包括卫星的运动轨道、探测器的指向以及航天器的运行状态。对于 RXTE，其观测状态用下面参数表示：①PCU 的开关状态，因为在磁场异常区域 PCU 一般是要全部关闭的，而在正常观测时间里，也不是所有 PCU 都打开；②仰角（Elevation Angle，ELV），表示探测器的指向，一般由航天器的轨道位置和运动姿态决定，正值表示指向信号观测源，负值表示指向地球，零表示指向地平线，一般取大于 10°；③ PCA 的指向和目标观测源方位之间的偏差，用 OFFSET 表示，探测器震动或指向偏离目标观测源时，该值会变大，导致观测数据中出现噪声。OFFSET 一般取值不大于 0.02。GTI 数据就是为了筛选出好的观测时段。首先将屏蔽准则“elv. gt. 10. and. offset. lt. 0. 02. and. num_pcu_on. gt. 2”（注意屏蔽准则中的参数和上述三个状态参数是对应的）写到文件名为“screening. txt”的文本文件中；然后运行“maketime”命令，进行简单的参数设置后便能产生 GTI 数据文件。

5. 提取数据

获取 GTI 文件后，可以通过“fasebin”命令生成后缀为“. pha”的相位文件。利用 fv 工具绘制相位文件中计数值（COUNT）与相位值（PHASE）的关系曲线，便能得到观测数据的累积轮廓，如图 2-7 所示。该观测数据对应的观测时间是 1999-12-18 15:11:36. 378 至 1999-12-18 16:09:16. 361。

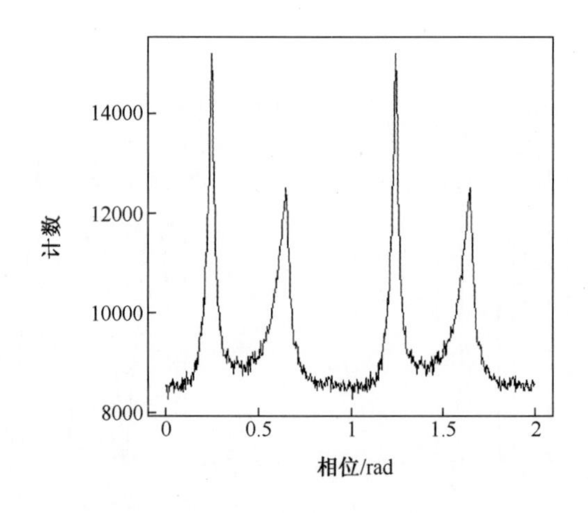


图 2-7　RXTE 实测数据的累积轮廓（软件法）

### 2.3.2 内嵌代码提取原始数据

虽然利用 FTOOLS 软件包中提供的数据提取命令,可以很方便地获得 RXTE 观测数据的累积轮廓、光变曲线以及卫星的工作状态等信息。但对于数据处理而言,直接调用 FTOOLS 提供的工具来提取数据存在很多不足,例如,只能得到处理后的数据结果,而整个处理过程中的中间数据却无法获取,灵活性不足。此外,所得到的数据其格式相对固定,不便于使用其他软件进行处理。

针对以上这些不足,可以使用内嵌代码的方法来提取数据。通过对 FTOOLS 软件源代码的详细分析,不难发现数据读取函数和数据处理函数是分离的,而且数据处理函数中不同的功能模块,如时间尺度转换、轨道预测、光行时修正、相位计算、轮廓累积等,也是以子函数的形式分离开的,这为"内嵌代码"提供了条件。在不更改 FTOOLS 原有代码的情况下,在感兴趣的功能模块函数间嵌入文件读写代码,将需要的数据,如探测器记录的原始光子时间序列、光行时修正前后的光子时间序列、经过相位预测后的数据等,以二进制或文本的格式写到文件中。

内嵌代码的方式很好地弥补了 FTOOLS 软件方法中数据分析灵活性差的不足。通过这种方式,可以很方便地获取数据处理过程中的所有数据,灵活地利用其他软件(如 Matlab)对这些数据进行处理,分析哪些因素会对累积轮廓造成影响,如时间尺度、相位预测模型、光行时修正和不同精度的时间转换方程等。这一点对信号仿真及脉冲星导航滤波研究很有帮助。

利用内嵌代码的方式提取 RXTE 的原始光子到达时间序列,然后经过光行时修正、相位计算和轮廓累积,得到 RXTE 观测数据的累积轮廓,如图 2-8 所示。

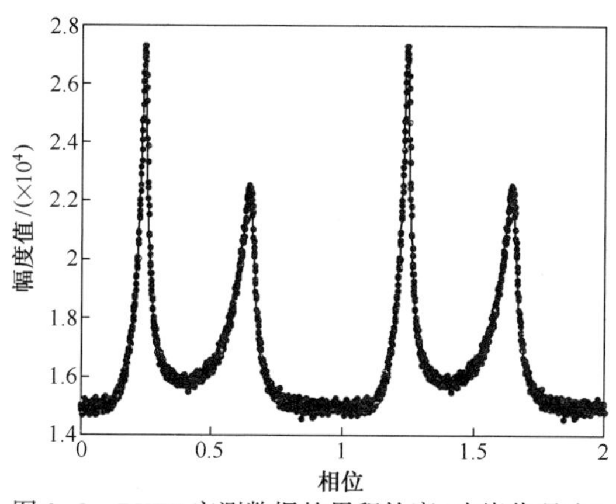


图 2-8 RXTE 实测数据的累积轮廓(内嵌代码法)

从图 2-8 可以看到,由内嵌代码方法提取的数据生成的累积轮廓和由 FTOOLS 提取的数据生成的累积轮廓高度一致。这说明内嵌代码的方法是可行的。

## 2.4 RXTE 实测数据的分析

在 2.3.2 节中,利用内嵌代码的方法提取了 RXTE 的实际观测数据,下面对这些观测数据进行简单的分析,观察光行时修正和相位预测模型分别会对累积轮廓有何影响。

### 2.4.1 光行时修正对累积轮廓的影响

为了分析光行时修正对累积轮廓的影响,分别对两组数据进行轮廓累积。一组是利用内嵌代码方法提取的原始光子时间序列,不经过光行时修正,如图 2-9所示;另一组是同一个原始光子时间序列经过光行时修正后的数据,如图 2-10所示。

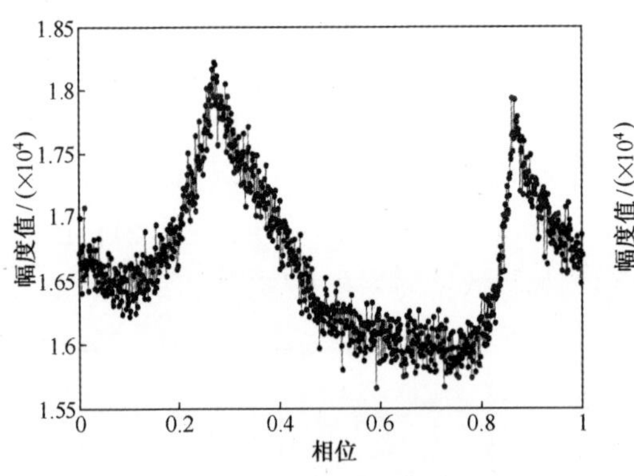


图 2-9 RXTE 实测数据的累积轮廓(光行时修正前)

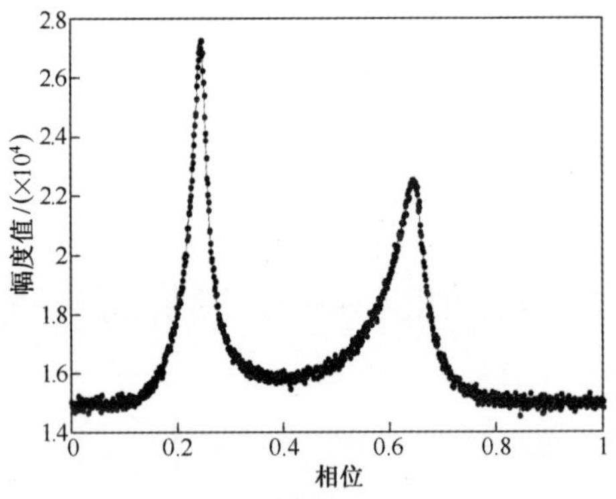


图 2-10 RXTE 实测数据的累积轮廓(光行时修正后)

从图 2-9 和图 2-10 可以看到,没有经过光行时修正的数据得到的累积轮廓模糊不清,畸变明显,而经过光行时修正得到的累积轮廓光滑清晰,与标准轮廓吻合度很高。关于光行时修正的方法将在第 4 章做详细介绍。

## 2.4.2 相位预测模型对累积轮廓的影响

轮廓累积是计算光子序列中每个光子的到达时间相对于初始历元的相位，然后“折叠”到一个周期内得到光子数统计直方图。因为脉冲星辐射的脉冲相位是逐渐演化的，其周期和频率会随着时间的推移逐渐变化，因此引入了相位预测模型，表达如下：

$$\Phi(t)=\Phi(t_0)+f(t-t_0)+\frac{f'}{2}(t-t_0)^2+\frac{f''}{6}(t-t_0)^3 \qquad (2-1)$$

式中：$\Phi(t)$为时刻$t$的脉冲相位；$\Phi(t_0)$为初始历元$t_0$的相位，一般设$\Phi(t_0)=0$；$f$、$f'$和$f''$分别为脉冲星频率、频率一阶导数和频率二阶导数。

以脉冲星 B0531＋21 为例，其频率的一阶导数和二阶导数分别为 $f'=-3.86228\times10^{-10}\mathrm{s}^{-2}$，$f''=1.2426\times10^{-20}\mathrm{s}^{-3}$。从脉冲星频率的一阶导数和二阶导数的数值可以看出，在相对于初始历元不大的时间段内，相位预测值主要由式(2-1)中的零阶项决定，式(2-1)中的一阶导数项和二阶导数项对相位预测值影响不大，可以忽略不计。但是，当时间差值$(t-t_0)$很大时，就要考虑一阶导数项和二阶导数项对相位预测值的影响。

相位预测模型也可以认为是一个泰勒展开式，一般取到二阶展开就能满足精度要求。为了分析相位预测模型对累积轮廓的影响，分别在不同阶数的相位预测模型下，对光行时修正后的观测数据进行轮廓累积，如图 2-11～图 2-13 所示。

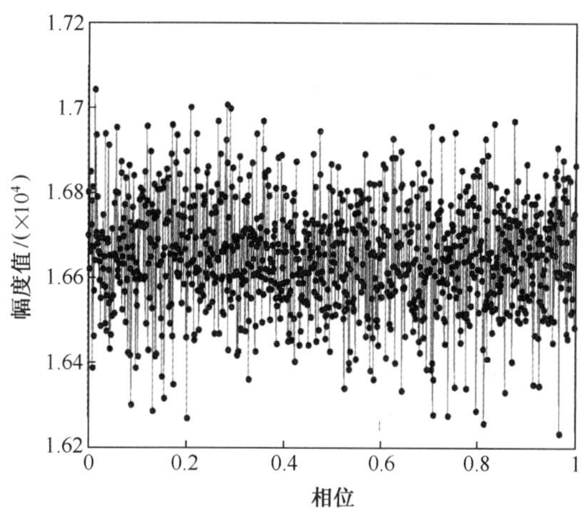


图 2-11 零阶相位预测模型下的累积轮廓

所提取的实测数据与初始历元的时间差值 $t-t_0$ 最小儒略日值为

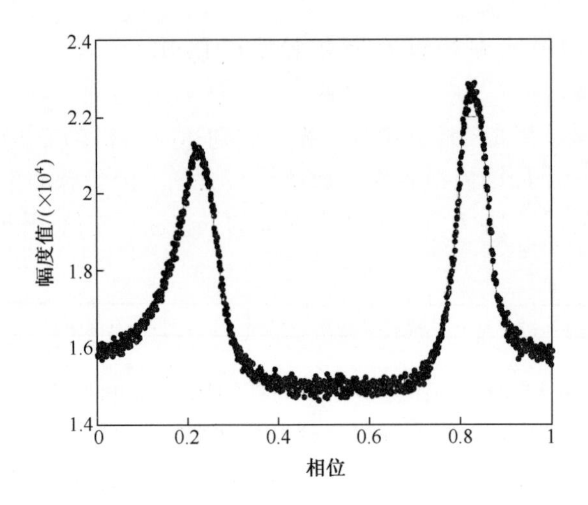


图 2-12　一阶相位预测模型下的累积轮廓

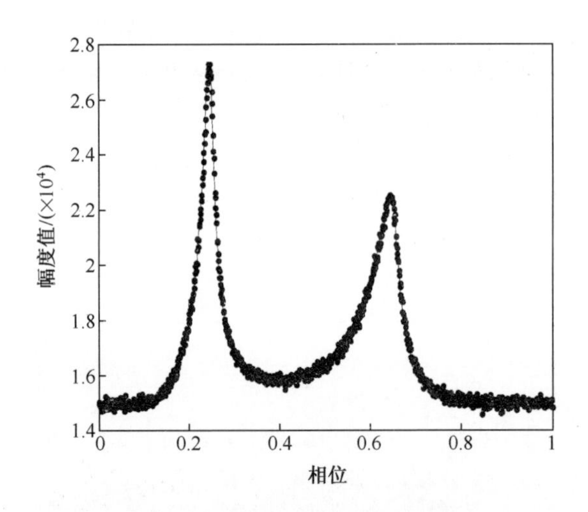


图 2-13　二阶相位预测模型下的累积轮廓

5.889896835555367×$10^7$s,相位预测模型中的一阶导数项和二阶导数项不能忽略。由于在零阶相位预测模型下得到的相位误差很大,故无法得到累积轮廓,如图 2-11 所示。而一阶相位预测模型精度有所提高,其得到的累积轮廓已经清晰可见,如图 2-12 所示。当相位预测模型泰勒展开至脉冲星频率的二阶导数时,相位计算的精度更高了,得到的累积轮廓质量更好,逼近标准轮廓,如图 2-13 所示。

## 2.5 小结

具有时辨能力的 RXTE 能够记录光子的到达时间,脉冲星导航利用光子的到达时标提取相位并提取位置差,这就使得 RXTE 的数据特别适合于做脉冲星导航的数据处理分析。实际上,我国的 XPNAV-1 星也是采用类似的数据记录方法。对于 RXTE 的数据处理方法,可以利用通用 X 射线分析软件 FTOOLS 提取 RXTE 实测数据的方法,而直接利用 FTOOLS 软件方法提取实测数据,往往只能获得轮廓,存在灵活性差不利于数据研究分析的缺点,因此建议修改 FTOOLS 软件,并重新编译获得处理前数据。通过对 RXTE 实测数据进行简单分析,包括对比实测数据在光行时修正前后得到的累积轮廓的区别、分析相位预测模型影响等,不难发现,信号的处理对轮廓和相位的影响是十分显著的,得到的累积轮廓差异很大。这同时说明,脉冲星信号处理十分复杂,必须考虑相位演化模型、相对论效应等多种因素。

# 第3章 脉冲星信号特征及模型

## 3.1 概述

太阳系内接收到的脉冲星信号之所以呈现稳定的脉冲形式,并不是由于脉冲星本身的对外辐射就是脉冲,而是由于脉冲星高速旋转所致。这就使脉冲星信号和脉冲星极端物理特征形成了密切关系。脉冲星具有极高的自旋稳定性,这也是接收到的脉冲星信号脉冲周期稳定的原因。有些脉冲星的周期长期稳定性优于高精度原子钟[31,32]。

脉冲星的辐射被认为是其超强磁场加速粒子形成的。由于遵循磁通量守恒,恒星坍塌形成脉冲星的过程中,表面积严重缩小,从而使得其表面磁场可以达到 $10^{12}$T 量级。在强磁场环境下,快速自转使粒子进行运动并产生辐射,磁场和电荷构成的磁层与中子星一同旋转,被牢固地束缚在中子星表面,封闭磁力线包围共转磁层区域,粒子可以通过它在中子星表面形成的真空间隙获得加速,沿着开放磁力线向外运动,从而产生辐射。

有一类脉冲星的辐射周期还与其超强引力场有关。脉冲星的半径仅有 10~15 km,然而它的质量高达太阳的 1~3 倍,这就造成了其具有极强的引力。泰勒根据多年的观测资料得到脉冲星的共转周期的变化率和广义相对论辐射阻尼理论的计算结果完全一致,为$(-2.40\pm0.09)\times10^{-12}$。这同时是引力波存在的第一个间接定量证据,也是对爱因斯坦广义相对论的一项重要验证[31,32]。

## 3.2 脉冲星信号的特征

### 3.2.1 周期特征

脉冲星辐射周期 $P$ 和周期一阶导数 $\dot{P}$ 的关系为[33,34]

$$\dot{P}=\frac{8\pi^2R^6B^2\sin^2\alpha}{3Ic^3P}\approx 10^{-39}\frac{B^2}{P} \tag{3-1}$$

式中:$R$ 为脉冲星的半径;$B$ 为脉冲星表面的磁场强度; $\alpha$ 为磁轴和旋转轴之间的夹角;$I$ 为脉冲星的转动角动量; $c$ 为光速。脉冲星的年龄特征、距地球的距离、表面磁场强度、转动能量损失率等基本物理参量可以根据式(3-1)和 $P$-$\dot{P}$ 关系得到[1,18]。

脉冲星自行对脉冲到达时间测量精度有一定影响,设脉冲星辐射脉冲周期为 $P$,周期变化率为 $\dot{P}$,横向速度为 $v$,距离为 $D$,光速为 $c$,则脉冲周期 $P$ 与周期变化率之间的关系为[35]

$$P=\frac{v^2}{Dc}\dot{P} \tag{3-2}$$

根据脉冲星周期和周期导数的关系,存在普通脉冲星(周期为 0.05~5s)和毫秒脉冲星(周期为毫秒级)这两种脉冲星。这两种脉冲星的主要演化轨迹各不相同。普通脉冲星,大多孤立存在,由简单的缓慢减速过程演化而来,演化时间约为 $10^6$年,典型的周期一阶导数值为 $10^{-15}$。毫秒脉冲星一般属于双星系统。通过中子星吸积伴星的物质获得加速演化,时间约为 $10^{10}$年,自转周期的一阶导数值为 $10^{-20}$量级[36,37]。

脉冲星周期具有周期噪声和跃变两种不规则变化。周期噪声称为小跃变,即自转周期出现正或负的小跳变。随机变化幅度通常小于 $10^{-10}$s/s。脉冲星的周期出现突然变短同时又经过很长的时间恢复的这种情况我们将其称为跃变,通常伴随能量释放和缓慢恢复。通常可观测到的跃变为 $10^{-10}$~$10^{-6}$s/s[38,39]。

它的自转不规则性来自相位、自转频率或自转频率变化率的随机变化,由此周期噪声又可以分为相位噪声(Phase Noise, PN)、频率噪声(Frequency Noise, FN)、自转减慢噪声(Slow-rotation Noise, SN)三小类。对这三种分别进行分析可知,PN 来自辐射区位置的随机变化,FN 来自脉冲星转动惯量的随机变化,SN 则是与脉冲星的辐射能量有关的随机过程。周期噪声则是由许多微小的周期跃变叠加在一个真正的随机过程上而产生的。这种小跳变的发生机制,目前普遍认为是中子星内部不同成分物质之间耦合而产生的内力矩变化产生的,还没有得到确切定论。

典型的跃变曲线包括自转周期的变化和恢复曲线两个部分。中子星内部有显著的惯性,恢复时间从几天到几年。表 3-1 列出了部分已知的跃变脉冲量和它们的跃变相对变化。

表 3-1　部分已知的跃变脉冲星和它们的跃变相对变化[33,40]

| PSR | 年龄/($10^3$年) | 周期/s | 周期导数/($10^{-15}$s/s) | $\Delta v/(v\times10^{-9})$ |
|---|---|---|---|---|
| B0355+54 | 560 | 0. 1564 | 4. 39 | 0. 006, 4. 4 |
| B0525+21 | 1480 | 3. 7455 | 40. 05 | 0. 0013, 0. 0003 |
| B0531+21 | 1. 3 | 0. 0334 | 420. 96 | 0. 01, 0. 04, 0. 01, 0. 08 |
| B1907+00 | 2950 | 1. 0169 | 5. 51 | 0. 0007 |
| B2224+65 | 1120 | 0. 6825 | 9. 67 | 1. 7 |
| B1046-58 | 20 | 0. 1237 | 95. 93 | 0. 28 |
| B0833-45 | 11 | 0. 0893 | 124. 68 | 2. 3, 2. 0, 2. 0, 3. 1, 1. 1, 2. 0, 1. 3, 1. 8, 2. 7, 0. 9, 0. 2, 2. 2, 0. 27, 3. 0 |
| B1105-6107 | 63 | 0. 063 | 15. 81 | 0. 75 |
| B1123-6259 | 818 | 0. 271 | 5. 25 | 0. 12 |
| B1325-43 | 2800 | 0. 5327 | 3. 01 | 0. 12 |
| B1338-62 | 12 | 0. 1933 | 253. 23 | 1. 5, 0. 03, 1. 0 |
| B1508+55 | 2340 | 0. 7397 | 5. 03 | 0. 0002 |
| B1338-62 | 12 | 0. 1933 | 253. 23 | 1. 5, 0. 03, 1. 0 |
| B1508+55 | 2340 | 0. 7397 | 5. 03 | 0. 0002 |
| B1535-56 | 790 | 0. 2434 | 4. 85 | 2. 8 |
| B1610-50 | 7 | 0. 2316 | 492. 55 | 6. 46 |
| B1641-45 | 350 | 0. 4551 | 20. 09 | 0. 2 |
| B1706-44 | 17 | 0. 1024 | 93. 04 | 2. 1, 2. 037 |
| B1727-33 | 26 | 0. 1394 | 85. 01 | 3. 1 |
| B1727-47 | 80 | 0. 8297 | 163. 67 | 0. 139 |
| B1736-29 | 650 | 0. 3229 | 7. 85 | 0. 003 |
| B1737-30 | 21 | 0. 6066 | 465. 67 | 0. 43, 0. 03, 0. 03, 0. 60, 0. 64, 0. 05, 0. 02, 0. 01, 0. 7 |
| B1757-24 | 15 | 0. 1249 | 127. 90 | 2. 0 |
| B1758-23 | 59 | 0. 4158 | 112. 98 | 0. 22, 0. 23, 0. 35, 0. 06, 0. 022, 0. 081 |
| B1800-21 | 16 | 0. 1336 | 134. 33 | 4. 1 |
| B1823-13 | 21 | 0. 1015 | 74. 95 | 2. 7 |
| B1830-08 | 150 | 0. 0853 | 9. 17 | 1. 9 |
| B1859+07 | 4360 | 0. 6440 | 2. 40 | 0. 03 |

只有在脉冲星的年龄在 $10^3$ ~ $10^6$范围内的年轻脉冲星,才会发生跃变现象。

蟹状星云脉冲星 PSR B0531+21 是已知最年轻的脉冲星(约 1000 年),从 1969 年 9 月至 1996 年 6 月,只观测到 6 次小幅度的周期跃变,恢复过程的时间常数为 6~18 天。PSR B1610-50 也是目前已知的年轻脉冲星,年龄约为 7413 年,在 1995 年 6 月观测到一次跃变,恢复过程大于 3 年。PSR B1737-30 是目前来说发生周期跃变十分频繁的脉冲星,在 1987 年 7 月 27 日到 1989 年 5 月 24 日的这两年中共发生了 5 次跃变,平均每次 220 天,有的间隔不到 2 个月。

可见,脉冲星的跃变发生时间找不到规律,无法预报,恢复时间较长且不稳定。由于跃变会改变脉冲星信号演化模型,因此对脉冲星导航有致命影响。实际脉冲星导航,需要维持尽量多的脉冲星模型,以应对跃变影响。另外,跃变的不可预知性,使得脉冲星导航的星载相位演化模型必须能够更新,这一定程度上影响了脉冲星导航的自主特性。鉴于此,有些观点认为,脉冲星还做不到真正的自主导航。

### 3.2.2 轮廓

不同的脉冲星辐射不同的脉冲信号,这些信号在到达时间、周期长度和信号波形轮廓上呈现出不同,可用单个脉冲和累积轮廓表征。

1. 单个脉冲

脉冲星自转一次的过程中,其辐射波束扫过地球而被观测到的一次脉冲星信号为单个脉冲。由于脉冲星和地球距离遥远,只有能量强烈的信号才能被观测到,尽管如此,即使能量最强的信号,到达太阳系时都变得非常微弱。根据图 3-1的单个脉冲辐射强度的时间序列图看出单个脉冲的强度和形状在不断变化[41]。

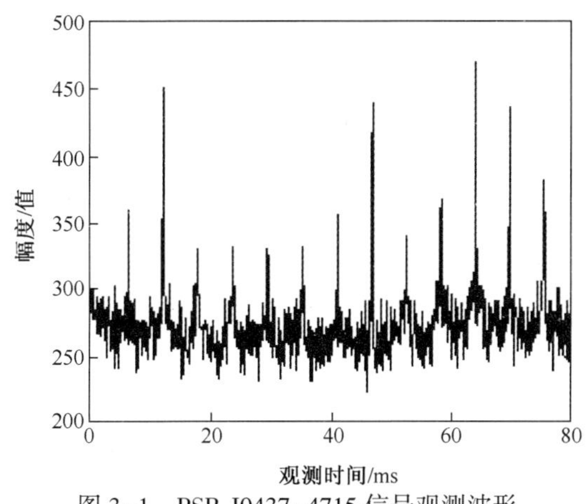


图 3-1　PSR J0437-4715 信号观测波形

2. 累积脉冲轮廓

对脉冲星的长期观测表明,累积脉冲轮廓具有很好的长期稳定性,反映了辐射窗口的平均辐射特征。图 3-2 给出了某个脉冲叠加成累积脉冲轮廓的示意图。

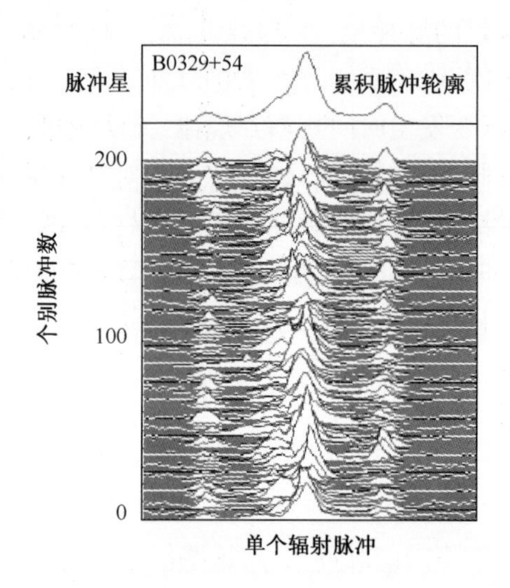


图 3-2 某个脉冲叠加形成累积脉冲轮廓[42]

累积脉冲轮廓的形状主要有单峰、双峰和多峰三种,宽度在 10 °~30 °之间变化,形状和其周期没有联系。脉冲星的脉冲宽度通常较窄,约占周期的 2%~10%。脉冲宽度和辐射区大小并无关系,脉冲较宽并不代表辐射区大。图 3-3 给出了脉冲星 B2111+46、B0031-07 和 B1133+16 等共 8 颗脉冲星的累积轮廓。

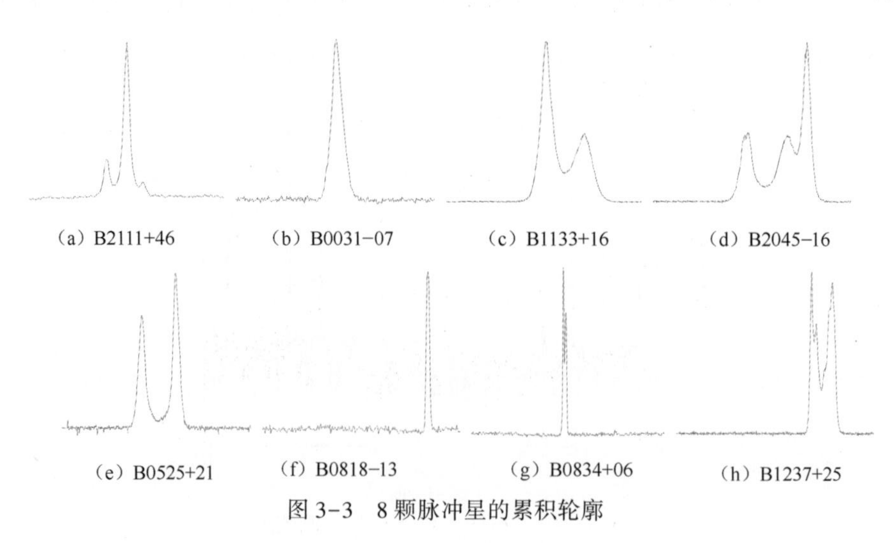


图 3-3 8 颗脉冲星的累积轮廓

对于某些脉冲星信号,有的累积脉冲轮廓在一个周期内存在有主脉冲和中间脉冲两个脉冲,中间脉冲的能量较小。还存在少数一些具有两个稳定的累积脉冲形状的脉冲星,分别称为正常模式和反常模式。反常模式经过几千个脉冲周期后,能够恢复到正常模式。通常情况下,累积脉冲轮廓形状随着观测频段的增高逐渐变窄。然而也存在少数脉冲星在某些较低频率上出现累积脉冲轮廓突然变窄的“吸收”现象。

由于脉冲星的自转轴、磁轴和观测者视线方向三者的关系不同,会造成不同的脉冲星的积累脉冲轮廓不同。以 X 射线脉冲星的累积脉冲轮廓为例,具有如下特点[35]。

(1) 脉冲宽度大。射电脉冲星的脉冲宽度 $\tau$ 与脉冲周期 $P$ 的比值 $\tau/P\approx 3\%$,而 X 射线脉冲星的 $\tau/P>50\%$。

(2) 脉冲调制度为 10%~90%。脉冲调制度 $M$ 定义为 $M=\frac{I_{\max}-I_{\min}}{I_{\max}}$。其中,$I_{\max}$为一个周期中 X 射线脉冲星辐射流量的最大值,$I_{\min}$为最小值。射电脉冲星的脉冲调制度通常为 100%。

(3) 脉冲形状有的对称,有的不对称,脉冲形状和脉冲周期之间没有确定的对应关系。

### 3.2.3 能谱

大多数脉冲星在射频波段具有辐射,少部分具有红外、X 射线甚至 $\gamma$ 射线辐射。对于射电辐射的观测来讲,通常情况下应运用大口径天线进行地面观测。由于大气层的吸收作用,对 X 射线等一些高能射线的探测只能在地外空间中进行。在外空间,相对于射电辐射来讲,X 射线所需要的天线的尺寸却要小得多。空间 X 射线的能谱范围一般定义在 0.1~200keV,根据能谱段的范围不同将其分为软 X 射线和硬 X 射线。软 X 射线能谱段为 0.1~20keV,硬 X 射线能谱段为 20~200keV。通常情况下,随着能谱增加 X 射线脉冲星的辐射能量会进行相应地降低。运用 X 射线探测器应具有较高的软 X 射线探测效率,从而提高探测效能。星际空间中其他 X 射线源数目远远多于 X 射线脉冲星的数目,在进行 X 射线脉冲星观测时这些则均表现为背景辐射,是观测噪声的重要组成部分[2,17]。

根据量子光学理论,$\lambda$ 为波长,$v$ 为频率,单个光子能量 $E_{ph}=hv=hc/\lambda$,$h$ 为普朗克常数。空间 X 射线信号强度通常用 X 射线辐射流量(单位时间单位面积上接收光子能量的总和)衡量。对于平坦谱 X 射线信号,对流量密度 $S_v$ 的积分

$F=\int_{v_{\min}}^{v_{\max}} S_v \mathrm{d}v$ 可以得到其流量。其中 $S_v$ 为每单位频率间隔内射线的流量，单位为 Jy，其中 $1\mathrm{Jy}=1\times10^{-23}\mathrm{erg}\cdot\mathrm{s}^{-1}\cdot\mathrm{cm}^{-2}\cdot\mathrm{Hz}^{-1}$。由于单个光子的能量已知，流量 $F$ 也可以用单位时间单位面积内探测的光子数量来定义。$F=\lim_{T\to\infty}\dfrac{n(T)}{AT}$：单位（$\mathrm{ph}/(\mathrm{cm}^2\cdot\mathrm{s}^{-1})$），这两种不同流量强度表示方法的单位之间可以互相转换[2]。通过对两种表示方法的比较，可以看出使用光子数表示可以对光子到达事件统计建模，同时也可以赋予探测器光子到达时间的概念，对 XPNAV 系统而言其物理意义更为明显。

### 3.2.4 噪声

X 射线脉冲星信号的噪声可能来自多个方面，如散射的 X 射线背景噪声、宇宙背景噪声、探测器噪声、时钟噪声、X 射线脉冲星周期噪声、X 射线源相位噪声、X 射线源相位抖动噪声等。归纳起来分为以下三类。

1. 周期噪声

脉冲星的旋转周期的高精度稳定是 X 射线脉冲星导航的保障。X 射线脉冲星长期稳定度较高，与之相对，短期稳定度往往会表现为随机波动。这种波动引入的噪声是 X 射线脉冲星信号的噪声源之一。

X 射线脉冲星的周期波动噪声具有统计相似性。每隔 $\tau$ 秒变化为 $\pm\xi$，其增量构成独立标准的高斯随机过程，其概率密度为[37]

$$p(\zeta,\tau)=\frac{1}{\sqrt{4\pi D\tau}}\exp(-\zeta^2/4D\tau) \tag{3-3}$$

2. 泊松噪声

当 X 射线光子被当作能量单位，以离散形式被探测器捕获时，可以用泊松分布对其建模。如果这些光子属于背景辐射，也当作噪声对待。探测器本身产生的暗计数，在电子读出时也可以用泊松分布建模。

用泊松分布建模时，光子计数过程为[43,44]

$$z_i^*=\alpha p(\lambda_s) \tag{3-4}$$

式中：$\alpha$ 为标度因子；$p(\lambda_s)$ 为服从参数 $\lambda_s$ 的泊松过程；$\lambda_s$ 为信号的函数。

3. 读出噪声

探测器在内部和输出过程中，由于电子器件本身以及外部环境引入的噪声，是一种服从于高斯分布的读出噪声。根据噪声与信号的相关性，可以分为相关模型和无关模型，其模型分别表示为

$$z = p(\lambda_s) + n(x) \tag{3-5}$$

$$z = p(\lambda_s) + f(p(\lambda_s) \cdot n_1(x)) + n_2(x) \tag{3-6}$$

式中：$n(x)$ 和 $n_2(x)$ 为与信号无关的随机高斯噪声；$n_1(x)$ 为与信号相关的随机高斯噪声。

其中，宇宙背景噪声也表现出随机性。其来源主要指由天体本身剧烈活动产生的强磁场或高能量，如太阳风暴、伽马射线暴、活动星系核、X 射线爆等现象。在这些现象发生时，短时间内 X 射线的辐射强度会发生迅速的改变，有可能严重干扰对 X 射线脉冲星信号的探测。伽马射线爆和活动星系核是 X 射线背景的主要噪声源，且大多数 X 射线背景发生在 10～60keV 之间。复杂的空间环境也是产生脉冲的重要原因，如高能异常区和地磁及太阳闪烁的干扰等。

可见，噪声产生的原因、数学模型、机理和分布都各不相同，对 X 射线脉冲星信号的影响也不同。对产生机理和特性不同的噪声使用同一方法难以实现有效的抑制，这对脉冲星信号处理来说是不小的挑战。

## 3.3 脉冲星信号仿真建模

### 3.3.1 基本原理

脉冲星信号的建模是复杂的过程，理论上是不可能完全重建脉冲星信号的，特殊情况下，比如脉冲星导航应用时，我们可能更关心脉冲星信号的累积轮廓和相位，因此建模过程简单化了。讨论建模之前，先简要说明脉冲星信号从生成到被标记到达时间的全部过程。脉冲星辐射 X 射线光子流形成脉冲星信号，通过长距离传播先到达太阳系，再到探测器位置处；此时探测器探测到脉冲星信号，在原子钟支持下，记录下光子到达时间，形成可供设备处理的光子到达时间序列。从这个基本过程出发，若要仿真脉冲星信号，大概有三种方式。

第一种方式：仿真刚离开脉冲星时的脉冲星信号，通过对脉冲星信号的传播过程模拟获得到达探测器位置处的脉冲星信号，再模拟探测器的工作方式最终得到光子到达时间序列。这种方式模拟了生成脉冲星信号到获取光子到达时间序列的整个过程，最为接近脉冲星的实际物理行为，实际操作性不高。这是因为：脉冲星距离太阳系的距离限制使信号不能直接观测；现有的脉冲星信号辐射模型只是太阳系内信号的反演；此外，脉冲星信号在传播过程中受宇宙介质和天体引力的影响，存在很大的不确定性。

第二种方式:仿真到达探测器位置处的脉冲星信号,再模拟探测器的工作方式,形成可处理的光子到达时间序列。仿真模拟的空间范围缩短,被限定在太阳系中,整个过程保证了脉冲星信号的特征,并且较为简单,但必须进一步验证才可以进行理论建模。

第三种方式:根据探测器参数,仿真脉冲星信号被探测器探测后形成的光子到达时间序列。若选用不同的探测器进行操作,在其他条件相同(如观测位置和观测对象相同)时,所得到的光子到达时间序列在流量强度和精度上并不相同,即探测器的选择会对整个仿真产生一定影响。但是在这种方式下得到的脉冲星信号与实际探测结果最为相符,并且获得的光子到达时间序列可以利用现有的大量实测数据进行有效验证。因此,主要选用第三种方式对脉冲星信号进行仿真模拟。

X 射线脉冲星信号经过探测形成的序列,常见的有两种建模方法,分别是泊松分布模型、指数分布模型。这两种算法在仿真计算时,效率较低。下面,将介绍这两种模型,并提出快速 X 射线脉冲星信号生成模型,即高斯模型。

### 3.3.2 泊松模型

1. 泊松模型介绍

为了表述方便,将脉冲星信号到达探测器,并探测到,称为光子到达探测器。利用泊松分布模型描述光子到达探测器,从而达到仿真脉冲星信号的目的。由于脉冲星向外辐射的脉冲信号强度呈周期性变化,可知到达探测器的光子流量强度随时间的分布也是不均匀的。对于某段时间内的光子流量强度采用数值积分的方法求取。

设 $\tau_1$、$\tau_2$($\tau_2>\tau_1$)为任意两个时刻,$\lambda(t)$ 为平均光子流量密度,则在时间段 $[\tau_1, \tau_2]$ 内,到达探测器的光子流量强度 $\Psi(\tau_1,\tau_2)$ 可表示[21,45]为

$$\Psi(\tau_1,\tau_2)=\int_{\tau_1}^{\tau_2}\lambda(t)\mathrm{d}t \tag{3-7}$$

式中:$\lambda(t)$ 为平均光子流量密度,$\lambda(t)=\lambda_s(t)+\lambda_n$,其中,$\lambda_s(t)$ 为信号流量密度;$\lambda_n$ 为各种噪声叠加的流量密度,包括背景辐射噪声、系统噪声等,可认为是定值。

由泊松分布性质可知,落在时间段 $[\tau_1, \tau_2]$ 内的光子数 $N(\tau_1,\tau_2)=m$ 的概率为

$$P\{N(\tau_1,\tau_2)=m\}=\frac{[\Psi(\tau_1,\tau_2)]^m}{m!}\mathrm{e}^{-\Psi(\tau_1,\tau_2)}$$

$$= \frac{\left[\int_{\tau_1}^{\tau_2} \lambda(t)\,\mathrm{d}t\right]^m}{m!} \mathrm{e}^{-\int_{\tau_1}^{\tau_2} \lambda(t)\,\mathrm{d}t} \tag{3-8}$$

根据式(3-8)可以很方便地计算某一时间段内出现若干个光子的概率。

2. 泊松模型的实现

把一个周期分成 $N$ 等份,以信号光子的平均流量密度为参数对第 $n$ 等份进行数值积分,求出第 $n$ 等份的流量强度;利用泊松函数求出第 $n$ 等份的光子数;若光子数非零,则以第 $n$ 等份的中间时刻作为光子到达时间。这是 X 射线脉冲星信号的泊松分布模型的实现过程表述。

下面介绍如何根据 X 射线脉冲星信号的泊松分布模型产生光子到达时间序列。

(1) 设 $t_{\mathrm{obs}}$ 为探测器观测时间,$P_0$ 为脉冲星的周期,则在观测时间段内脉冲星的周期数 $k=\mathrm{ceil}(t_{\mathrm{obs}}/P_0)$,其中 ceil( · )函数表示向上取整。

(2) 对第 $n$ $(0 \leqslant n \leqslant k)$个周期进行 $l$ 次等间隔采样,采样间隔 $\Delta\tau = P_0/l$ ,$[\tau_i, \tau_i + \Delta\tau]$ 表示第 $i$ $(0 < i < l)$段采样间隔的时间区间,取区间的中点作为光子落在区间 $[\tau_i, \tau_i + \Delta\tau]$ 内对应的光子到达时间值:

$$\tau_j' = nP_0 + N(\tau_i, \tau_i + \Delta\tau)(\tau_i + \frac{\Delta\tau}{2}) \tag{3-9}$$

式中:$j$ $(j > 0)$为在观测时间段内第 $j$ 个光子;$N(\tau_i, \tau_i + \Delta\tau)$为落在区间 $[\tau_i, \tau_i + \Delta\tau]$ 内的光子数。由平均光子流量密度 $\lambda(t)$ 计算得到:

$$N(\tau_i, \tau_i + \Delta\tau) = \mathrm{poissrnd}(\int_{\tau_i}^{\tau_i + \Delta\tau} \lambda(t)\,\mathrm{d}t) \tag{3-10}$$

其中,poissrnd( · )是泊松模型,输入的是光子流量强度,返回的是光子数。显然,要令式(3-10)有意义,采样间隔 $\Delta\tau$ 应尽量小,使得 $N(\tau_i, \tau_i + \Delta\tau) \subset \{0, 1\}$ ,即落在区间 $[\tau_i, \tau_i + \Delta\tau]$ 内的光子数不超过一个。

将式(3-10)代入式(3-9)可得

$$\tau'_j = nP0 + (\tau_i + \frac{\Delta\tau}{2})\mathrm{poissrnd}(\int_{\tau_i}^{\tau_i + \Delta\tau} \lambda(t)\,\mathrm{d}t) \tag{3-11}$$

(3) 遍历每个周期内的采样间隔数 $i(0<i<l)$ 以及观测时间内的周期数 $n$ $(0 \leqslant n \leqslant k)$,然后对光子到达时间值从小到大排序,从而得到光子时间序列。

根据上面介绍的实现步骤,在 Matlab 中对 X 射线脉冲星信号的泊松分布模型进行了仿真,其中探测器观测时间为 120s,脉冲星周期为 0. 033479901500059s,单周期采样点数为 16384,采样间隔为 2. 043451019290702×$10^6$ s。图 3-4 是泊松分布模型得到的累积轮廓。

共仿真了 3585 个周期,生成了 1963979 个光子,程序运行的时间为

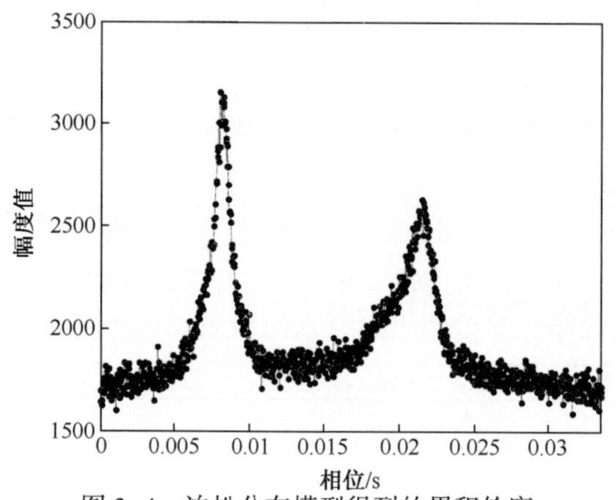

图 3-4　泊松分布模型得到的累积轮廓

41164. 625855 s,约 11. 4h。从图 3-4 中可以看到,累积轮廓基本清晰,但并不平滑,噪声仍然可见。

### 3.3.3　指数模型

1. 指数模型介绍

由泊松过程的相关定理可知,若光子到达强度服从泊松分布,则光子到达时间间隔序列服从指数分布。利用概率积分变换定理建立模型:设随机变量 $X$ 的分布函数 $F_x(x)$ 是连续函数,则 $Y=F_x(x)$ 在(0, 1)内服从均匀分布,即 $Y\sim U(0,1)$。利用连续随机变量的反变换法来获取满足特定分布的随机变量。设 $Y\sim U(0,1)$,对于任意分布函数 $F_x(x)$,设其反函数为 $X=F_x^{-1}(Y)$,则 $X$ 是服从其分布函数为 $F_x(x)$ 的随机变量。只需要知道其分布函数的反函数就可以获取满足某一概率分布的随机变量。下面介绍如何利用分布函数的反函数获得脉冲星信号的仿真数据[21]。

设脉冲星的平均光子流量强度为 $\lambda(t)$ ,根据脉冲星泊松分布模型,有

$$P\{N(\tau_i,\tau_i+T_i)=m\}=\frac{\left[\int_{\tau_i}^{\tau_i+T_i}\lambda(t)\,\mathrm{d}t\right]^m}{m!}\exp\left\{-\int_{\tau_i}^{\tau_i+T_i}\lambda(t)\,\mathrm{d}t\right\}\tag{3-12}$$

式中:$T_i=\tau_{i+1}-\tau_i$ 为第 $i$ 个光子与第 $i+1$ 个光子的到达时间间隔。

以相邻两个光子( $\tau_i$ 和 $\tau_{i+1}$ )的到达时间间隔 $T_i$ 为研究对象,$T_i$ 也是随机变量,假设第 $i$ 个光子到达时间 $\tau_i=\tau$ 已知,则 $T_i$ 的分布函数为

$$F_{T_i}(t)=P\{T_i\leqslant t\}\tag{3-13}$$

式中: $t$ 为时间间隔,则

$$P\{T_i \leqslant t\} = 1 - P\{T_i > t\} \tag{3-14}$$

由于 $\tau_i$ 和 $\tau_{i+1}$ 是两个相邻的光子时间,其时间间隔为 $T_i$,因此当 $T_i>t$ 说明在时间段[ $\tau_i$ , $\tau_i + t$ ]内没有光子到达,即

$$P\{T_i > t\} = P\{N(\tau,\tau + t) = 0\} \tag{3-15}$$

而

$$P\{N(\tau,\tau + t) = 0\} = \exp\{-\int_{\tau}^{\tau+t}\lambda(s)\mathrm{d}s\} \tag{3-16}$$

由式(3-12)~式(3-16)可得 $T_i$ 的分布函数:

$$F_{T_i}(t) = 1 - \exp\{-\int_{\tau}^{\tau+t}\lambda(s)\mathrm{d}s\} \tag{3-17}$$

令 $\Psi(t) = \int_0^t \lambda(s)\mathrm{d}s$ ,则式(3-17)变为

$$F_{T_i}(t) = 1 - \exp\{\Psi(\tau) - \Psi(\tau + t)\} \tag{3-18}$$

设 $\Psi^{-1}$为 $\Psi(t)$的反函数,且令 $F_{T_i}(t)= U'$,则

$$t =- \tau + \Psi^{-1}([\Psi(\tau) - \ln(1 - U')]) \tag{3-19}$$

即 $F_{T_i}(t)$的反函数为

$$F_{T_i}{}^{-1} =- \tau + \Psi^{-1}([\Psi(\tau) - \ln(1 - U')]) \tag{3-20}$$

令 $T_{T_i}^{-1} = V, 1 - U' = U$ ,由于 $U'$为均匀分布,故 $U$ 也为均匀分布,式(3-20)可写为

$$V =- \tau + \Psi^{-1}([\Psi(\tau) - \ln(U)]) \tag{3-21}$$

由前面介绍的随机变量反变换法可知,$V$ 服从指数分布。

2. 指数模型实现

(1) 设 $N$ 为需要产生的光子个数,$P_0$ 为脉冲星的周期, $\tau_k$ 为第 $k$ 个光子的到达时刻($0\leqslant k\leqslant N$),$T_{k+1}$为第 $k$ 个光子与第 $k$+1 个光子之间的时间间隔, $\lambda_e$ 为指数分布的参数。

(2) 求脉冲星标准轮廓的拟合曲线表达式,用 $h(t)$ 表示。本实验采用高斯拟合方式求 $h(t)$, 即

$$h(t) = \sum_{i=1}^{K} \frac{a_i}{\sqrt{2\pi}\sigma_i} \mathrm{e}^{-\frac{(t-\mu_i)^2}{2\sigma_i{}^2}} \tag{3-22}$$

式中: $a_i$ 、$\sigma_i$ 、$\mu_i$ 和 $K$ 均为高斯拟合系数。

(3) 设 $\lambda_s$ 和 $\lambda_n$ 分别为信号光子流量密度和噪声光子流量密度,$A$ 为探测器有效面积,则单位时间内的光子流量强度为 $\lambda(t) = A[\lambda_s h(t) + \lambda_n]$ 。

(4) 初始化参数 $k=0, \lambda_e=1, \tau_0=0$。

(5) 判断循环退出条件。如果 $k=N$,则结束,退出循环;否则,执行步骤(6)。

(6) 读取指数分布随机数。$z=\text{exprnd}(\lambda_e)$,$z$ 为中间变量,exprnd( · )为指数分布随机数生成函数。

(7) 求时间段$[\tau_k,\tau_k+y]$内的光子流量强度,用 $\Psi(y)$ 表示,则

$$\Psi(y)=\int_{\tau_k}^{\tau_k+y}\lambda(\tau)\mathrm{d}\tau \tag{3-23}$$

式中:$y$ 为相邻两个光子到达时间的时间间隔,是需要求解的变量。

(8) 求解微分方程

$$\Psi(y)-z=0 \tag{3-24}$$

得到光子到达时间间隔 $y$,更新当前的光子到达时间间隔 $T_{k+1}=y$。

(9) 更新光子到达时间和光子数 $\tau_{k+1}=\tau_k+T_{k+1}$,$k=k+1$,返回步骤(5)。

当循环结束后,可得到光子到达时间序列$\{\tau_k,0\leqslant k\leqslant N\}$。

在 Matlab 中对指数分布模型进行仿真,其中光子数为 70000,脉冲星的周期是 0.033479901500059 s,信号光子流量密度为 0.7042ph/(cm$^2$ · s),噪声光子流量密度为 0.5457ph/(cm$^2$ · s),探测器面积是 10000cm$^2$。仿真结果是:程序运行时间为 26668.628829 s,约 7.4h[46]。指数分布模型仿真数据的累积轮廓如图 3-5 所示。

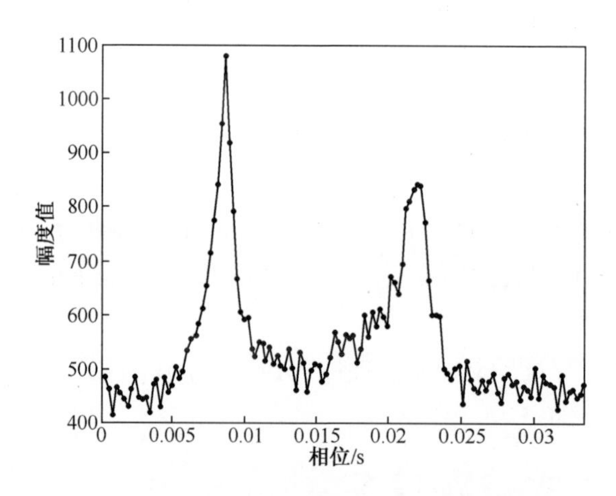


图 3-5 指数分布模型得到仿真数据的累积轮廓

从图 3-5 可以看出,得到的累积轮廓曲线不是很光滑,噪声尖峰明显。当累积的光子足够多时,使得信号流量强度增大,情况将会有所改善,但相应会增加仿真时间。

### 3.3.4 高斯模型

脉冲星的平均脉冲轮廓形状非常稳定,从而提供了关于脉冲星射电辐射物理过程的有价值的信息。Rankin 发现,在发射的电波中存在一个中心成分,在分析各种轮廓和它们的偏振属性之后可按照 1 倍、2 倍、3 倍、4 倍及 5 倍等不同类型对平均脉冲轮廓进行分类。因此,Rankin 提出发射的电波由一个中心核成分和两个周边的同心空心圆锥组成,这就是一核两圆锥模型[47]。基于这个模型,Wu 利用多元高斯函数和高斯拟合成分分离方法(Gaussian Fit Separation of the Average Profile, GFSAP)方法拟合了脉冲星累积脉冲轮廓[48]。通过 Effelsberg 对 MpifR 射频望远镜调查的 18 颗脉冲星约 200 个轮廓进行分析,Kramer 发现 GFSAP 方法可以很好地拟合独立成分[49]。这种方法可以很好地表达脉冲星轮廓的结构和细节。因此,通过一组标准平均脉冲轮廓的高斯函数来描述这种方法,即

$$h_g(\varphi_v) = \sum_{i=1}^{M} f_i(\varphi_v) \tag{3-25}$$

其中

$$f_i(\varphi_v) = a_i \frac{1}{\sqrt{2\pi\delta_i^2}} \exp\left[-\frac{(\varphi_v - \mu_i)^2}{\delta_i^2}\right] \tag{3-26}$$

式中:$i$ 是第 $i$ 个成分;$a_i$、$\mu_i$ 和 $\delta_i$ 分别为第 $i$ 个高斯分量的比例因子、均值和方差。

选用 RXTE 的 B0531+21 实测数据的累积轮廓作为标准轮廓数据进行高斯拟合。高斯拟合模型具有普遍通用性,只要能获得脉冲星的标准轮廓数据,就可以用高斯拟合模型生成仿真数据。

首先对标准轮廓进行归一化处理,然后根据式(3-26)的高斯累加函数对标准轮廓进行高斯拟合。拟合成分数的选择遵循的原则是:在拟合精度满足要求的情况下,如果成分数的增加对拟合精度的提高有限时,选择较少的成分数。虽然成分数增加会使拟合效果变好,但成分数过大会出现过拟合现象。

为了更直观地理解高斯拟合模型的基本思想,我们将标准轮廓、高斯拟合曲线以及各高斯成分曲线在同一幅图中绘制出来,加以对比,如图 3-6 所示。

从图 3-6 可以很直观地看到拟合曲线是各个高斯成分曲线叠加的结果,每个高斯成分曲线均位于一个周期内。

1. 高斯模型的仿真实现

仿真数据的生成要考虑轮廓信息,而且还要考虑信号流量强度、脉冲星周

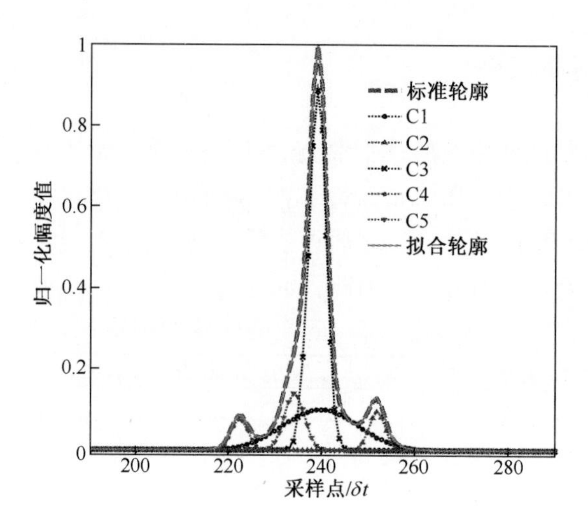


图 3-6 （见彩图）轮廓的高斯拟合成分分离图

期、相位演化模型以及背景辐射噪声等影响因素。下面介绍利用高斯拟合模型产生仿真数据的过程[11]。

（1）根据 RXTE 的实测数据，获取信号流量强度和噪声流量强度，计算单周期内平均信号流量强度 $\lambda_s$ 和平均噪声流量强度 $\lambda_n$ 。

（2）对标准轮廓进行高斯拟合，通过调整成分数使得高斯拟合曲线与标准轮廓的拟合程度最好，记录高斯拟合参数，包括成分数 $K$、幅度 $a_i$、均值 $\mu_i$ 和方差 $\sigma_i^2$ $(1\leqslant i\leqslant K)$。

（3）设 $t_{obs}$ 为探测器观测时间，$P_0$ 为脉冲星的周期，则在观测时间段内脉冲星周期数为 $k=\text{ceil}(t_{obs}/P_0)$，ceil( · )函数表示向上取整。

（4）在一个周期内分别对高斯成分曲线进行积分，求出曲线包含的面积 $s_i$ $(1\leqslant i\leqslant K)$，以及总面积 $S=\sum_{i=1}^{K} s_i$ 。

（5）求出每个高斯成分曲线所包含的面积在总面积中所占的比例 $p_i=s_i/S$，计算每个高斯成分的平均光子流量强度 $\lambda_i=\lambda_s p_i$ 。

（6）利用泊松分布控制光子流量。根据 $\lambda_i$ 计算每个高斯成分在一个周期内的信号光子数 $N_i=\text{poissrnd}(\lambda_i)$，根据 $\lambda_n$ 计算一个周期内的噪声光子数 $N_{noise}=\text{poissrnd}(\lambda_n)$。其中 poissrnd( · )是泊松随机数生成函数，根据输入的流量强度返回光子数。

（7）对于每个高斯成分 $g_i(x;a_i,\mu_i,\sigma_i)$，根据均值 $\mu_i$ 和方差 $\sigma_i{}^2$ 产生一个高斯随机数 $ph=\text{poissrnd}(\mu_i,\sigma_i)$ $(0<ph<P_0$，$P_0$ 为脉冲星周期)，$ph$ 可看作是到达探测器的一个信号光子，其数值表示该信号光子在轮廓中的位置。循环 $N_i$

次,产生高斯成分 $g_i(x;a_i,\mu_i,\sigma_i)$ 在一个周期内的 $N_i$ 个信号光子。

(8) 产生 $N_{\text{noise}}$ 个在区间 $(0,P_0)$($P_0$ 为脉冲星周期)内服从均匀分布的随机数作为到达探测器的噪声光子,其数值表示该信号光子在轮廓中的位置。

(9) 对于第 $n$($0 \leqslant n \leqslant k$)个周期,用 $\Phi_n$ 表示光子集合(包括信号光子和噪声光子),有

$$\Phi_n = \{ph_{\text{s}}(n,i,j), ph_n(n,l), 1 \leqslant j \leqslant N_i, 1 \leqslant i \leqslant K, 1 \leqslant l \leqslant N_{\text{noise}}\} \tag{3-27}$$

式中:$ph_{\text{s}}(n,i,j)$ 为第 $n$ 个周期里高斯成分 $g_i(x;a_i,\mu_i,\sigma_i)$ 中第 $j$ 个信号光子;$ph_{\text{n}}(n,l)$ 为第 $n$ 个周期里第 $l$ 个噪声光子。

(10) 对 $\Phi_n$ 中的光子时间从小到大排序得到第 $n$ 个周期的光子时间序列,遍历观测时间内的所有周期,得到观测时间内的光子时间序列。

2. 高斯模型的仿真结果

我们在 Matlab 中对高斯拟合模型进行了仿真,其中探测器观测时间为 900s,脉冲星的周期为 0.033479901500059s,信号光子流量密度为 0.064092419551171,噪声光子流量密度为 0.445211779062184ph/($\text{cm}^2$ · s),探测器面积为 10000$\text{cm}^2$,高斯拟合成分数取 5。仿真结果是:生成的光子总数为 4569160,程序运行时间是 23.934204s。高斯拟合模型得到的累积轮廓如图 3-7 所示[11]。

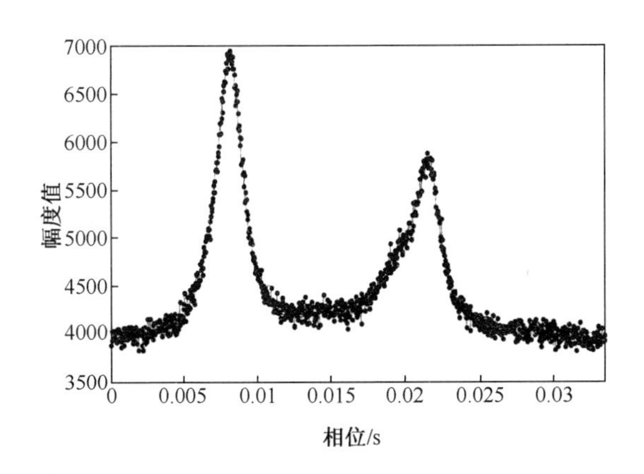


图 3-7 高斯拟合模型得到的累积轮廓

从图 3-7 可以看到,根据高斯拟合模型生成的仿真数据所得到的累积轮廓较清晰,与标准轮廓吻合程度较好。由于所加的噪声流量是信号流量的 8 倍,因此从轮廓中还是可以明显地看到噪声的存在。

## 3.4 模型的对比

本章所讨论的模型不用来表述脉冲星的物理特性，主要关心模型对脉冲星导航影响，因此重点从仿真精度、仿真计算效率方面来对比模型[46]。

### 3.4.1 泊松分布模型

泊松分布模型给出的只是采样间隔内的光子数，而不能指出光子在采样间隔内的具体位置，并且要求采样间隔内的光子数最好不超过1个，否则将无法给每个光子标定时间值。若要使精度得到提高，需增加采样点数的方式来实现，但同时计算量大大增加。由于泊松分布模型是以采样间隔为单位的，其光子到达时间的最小误差均为一个采样间隔。

在计算量方面，要提高泊松分布模型的精度，则要通过增加采样点数缩小采样间隔的方式来实现，这种方法下，采样点数增加，计算量也相应增大。为了分析采样点数和计算时间的关系，做以下实验：在相同的观测时间，如0.3s，从小到大地改变采样点数，观察采样点数对计算时间的影响。其结果如图3-8所示。

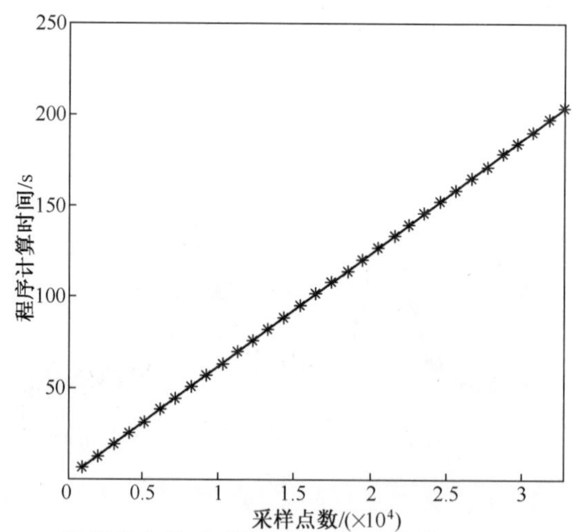


图3-8 泊松分布模型采样点数与程序计算时间的关系曲线

从图3-8可以看到，随着采样点数的增加，计算时间也跟着增加，两者呈正比例关系。

由于不同的光子数目对计算时间会有影响，且光子数越大计算时间越长。为了消除光子数对计算时间的影响，利用生成单个光子所需要的平均时间来反映信号模型的计算效率,用 $\eta$ 来表示。$\eta$ 越大表示计算效率越低,$\eta$ 越小表示计算效率越高。

对于图 3-8 介绍的实验,从计算效率的角度,看采样点数和计算效率关系,如图 3-9 所示。

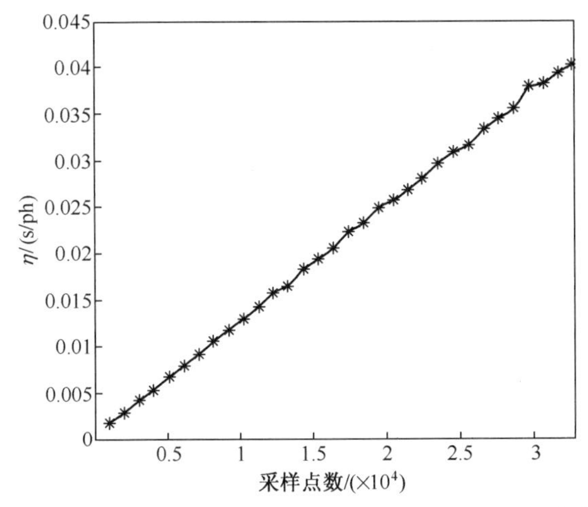


图 3-9 泊松分布模型采样点数与计算效率的关系曲线

从图 3-9 可以看到,随着采样点数增加,$\eta$ 也跟着增加,它们大致呈正比例关系。

综上,泊松分布模型较简单,容易实现,与脉冲星信号的物理行为比较接近,在很多文献中已被验证过,但泊松分布存在模型时间精度不高,光子到达时标定不严格计算效率比较低等缺点。

### 3.4.2 指数分布模型

指数分布模型有完备的理论基础,“相邻两个光子的到达时间间隔服从指数分布”是它主要的理论依据。在实现的过程中需要不断生成指数分布随机数,通过求解微分方程从而获得相邻两个光子的到达时间间隔。理论上可以得到非常精确的光子到达时间,但由于指数模型直接得到的是时间间隔,需要叠加前一个光子到达时间才能得到当前的光子到达时间,这样会引入累积误差。此外,生成指数分布随机数以及求解微分方程也会引入误差。

在计算量上,由于对每个光子到达时间都要求解一次微分方程,因此指数分布模型中最耗时的部分就是求解微分方程。在脉冲星导航仿真系统中,导航所需要的观测时间一般为 500s,对于流量强度较大的脉冲星(如脉冲星 B0531+

21)，在 500s 的时间内的光子总数约为 200 万。可见指数分布模型由于其计算速度慢的原因不适宜应用于工程实践中。为了了解光子数与计算时间的关系，我们做了指数分布模型的仿真试验：分别产生 10000、30000、50000 和 70000 个光子，统计各自需要的程序计算时间，统计曲线如图 3-10 所示。

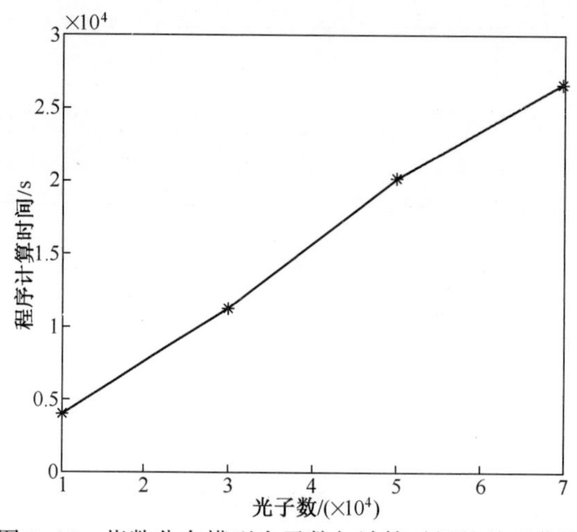

图 3-10 指数分布模型光子数与计算时间的关系曲线

从图 3-10 可以看出，当光子数为 50000 个时，程序运行时间已经达到 20000s，约 5.5h。不同的硬件计算性能计算时间会有差别。

在计算效率方面，图 3-11 给出了指数分布模型在不同光子数下的计算效率。

从图 3-11 可以看出，指数分布模型的 $\eta$ 在一个较大的值附近波动，没有随光子数的增加出现明显的递增或递减。可见指数分布模型的计算效率还是比较低。

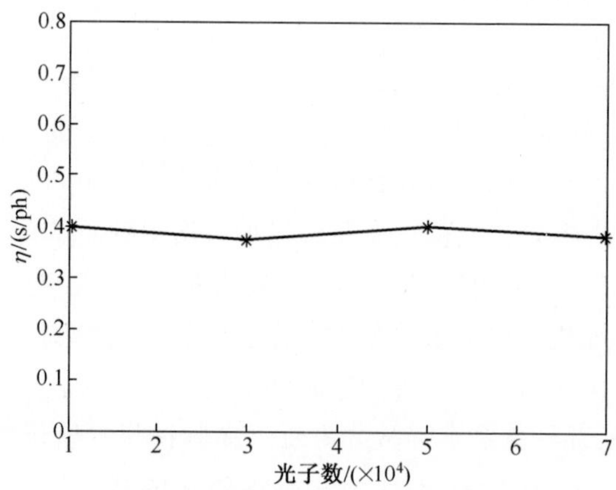

图 3-11 指数分布模型光子数与计算效率的关系曲线

指数分布模型的优点是理论基础比较完备,理论上能得到精确的光子到达时间,缺点是实现较难,每个光子到达时间都需要求解一次微分方程,计算量大且计算效率也不高。

### 3.4.3 高斯拟合模型

高斯拟合模型从脉冲星标准轮廓入手,对轮廓进行高斯拟合,获取高斯拟合系数(每个高斯成分的幅度、均值和方差)。然后利用高斯拟合系数生成分布分别服从各个高斯成分的高斯随机数,作为光子到达时间。由于直接将生成的随机数作为光子到达时间,显然,时间精度高于指数分布模型,且不存在时间误差。但是,高斯拟合模型也有局限性,当脉冲星标准轮廓不光滑时,由高斯拟合得到的拟合曲线与标准轮廓之间会有拟合残差。此外,高斯拟合模型要求所有高斯拟合系数必须为正,这就容易造成满足此条件的高斯拟合曲线并非拟合最好的曲线。高斯拟合模型的累积轮廓效果主要受高斯分布随机数生成函数和泊松分布生成函数效率的影响。

在计算方面,高斯模型拥有很高的计算效率。因为在高斯拟合模型中,生成一个光子到达时间一般只需调用一次高斯分布随机数生成函数,对于每个周期的每个高斯成分只需调用一次泊松分布随机数生成函数。在工程应用方面,还可以将一部分重复的数据生成好并预先存储到内存中,计算时通过查表的方式获取,可以进一步提高计算效率。给出了由高斯拟合模型生成不同数量的光子序列分别需要的程序计算时间。

从图 3-12 可以看出,生成光子数量约 450 万的光子序列所需要的计算时间还不到 30s。由此可见,高斯拟合模型的计算速度远远快于泊松分布模型和指数分布模型。

从计算效率角度看光子数与计算效率的关系,如图 3-13 所示。

从图 3-13 可以看出,高斯拟合模型的 $\eta$ 没有随着光子数的增加出现明显的递增或递减现象,而是在一个很小的值附近波动。

综上所述,高斯拟合模型的优点是计算速度快、效率高,只需要知道脉冲星的标准轮廓就能生成脉冲星信号,容易实现,通用性强等,并且由于直接将随机数作为光子到达时间,所以仿真精度很高。高斯拟合模型的局限性在于,它对脉冲星标准轮廓要求比较高,如果轮廓不光滑尖峰多,会出现拟合残差过大的问题,而且对高斯拟合系数的选择比较苛刻。

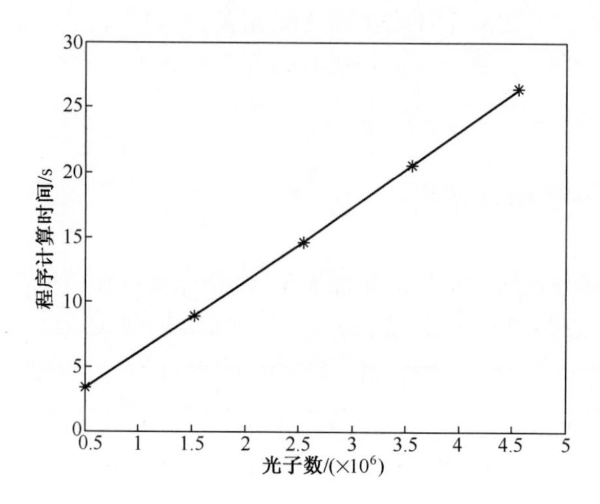


图 3-12　高斯拟合模型光子数与计算时间的关系曲线

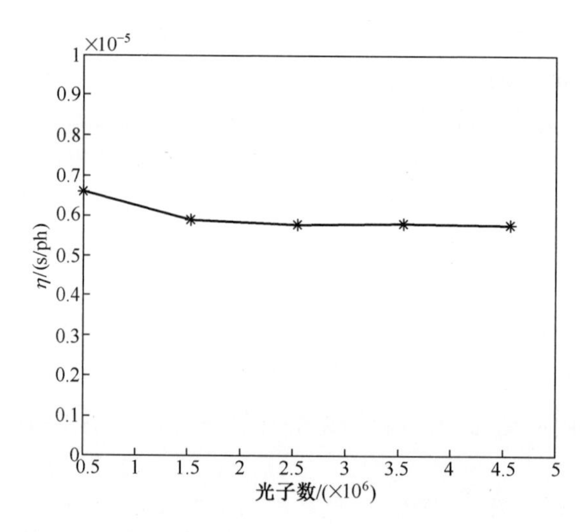


图 3-13　高斯拟合模型光子数与计算效率的关系曲线

### 3.4.4　三种模型的比较

从仿真精度、计算量和计算效率等方面分别对泊松分布模型、指数分布模型和高斯拟合模型进行分析,并指出了各自的优缺点。为了能更直观地比较这三种模型,我们将实验中三种模型的光子数、最小时间间隔、程序计算时间和模型的 $\eta$ 等参数列在同一个表中,加以对比,如表 3-2 所列[46]。

表 3-2 三种模型的比较

| 模型名称 | 光子数/ph | 最小间隔/s | 计算时间/s | $\eta$/(s/ph) |
|---|---|---|---|---|
| 泊松分布模型 | 1963979 | $2.043451\times10^{-6}$ | 41164.625855 | 0.020959 |
| 指数分布模型 | 70000 | $3.656380\times10^{-9}$ | 26668.594046 | 0.380979 |
| 高斯拟合模型 | 4566630 | $1.557510\times10^{-10}$ | 26.397311 | $5.780479\times10^{-6}$ |
| 注:表中的计算时间是在 Matlab 7.5.0 环境中测得的程序运行时间,计算机配置:CPU E5800 @ 3.20GHz 3.19GHz,内存 1.96GB,操作系统 Windows XP Professional SP3 | | | | |

从表 3-2 可以看出,如果以相邻两个光子的最小到达时间间隔来反映时间精度,时间精度最好的是高斯拟合模型 $1.557510\times10^{-10}$s,其次是指数分布模型 $3.65638\times10^{-10}$s,再次是泊松分布模型,为 $2.043451\times10^{-6}$。由模型的计算效率可以看出,计算效率最低的是指数分布模型,平均每个光子耗时 0.380979s;泊松分布模型的计算效率稍微有所提升,平均每个光子耗时 0.020959s,约是指数分布模型的 1/18;计算效率最高的是高斯拟合模型,平均每个光子耗时 $5.780479\times10^{-6}$s,是泊松分布模型的 1/3626,是指数分布模型的 1/65908。

在工程应用中,系统实时性是一个非常重要的指标。例如,在 X 射线脉冲星导航仿真模拟系统中,需要使用 3 颗脉冲星进行导航,每颗脉冲星观测时间是 500s(虚拟时间)。对于每颗脉冲星,要获得一个轨道点误差值,首先生成脉冲星信号,接着对每一个光子到达时间需要完成两次时间尺度转换、4 次航天器轨道预测、8 次行星星历计算、一次轨道调制和 4 次光行时修正等运算,然后是轮廓累积、相位比较和导航滤波,最终得到轨道误差。仿真模拟系统要求获得一个轨道点误差值所用的时间不超过 13s(实际时间),可见,如果使用泊松分布模型或指数分布模型来产生光子到达时间序列则无法满足系统的实时性要求。因此,X 射线脉冲星导航仿真模拟系统设计,应优先选用高斯拟合模型作为生成脉冲星信号仿真数据的模型。

## 3.5 小结

大气遮挡导致 X 射线脉冲星信号无法在地面接收,因此信号仿真是解决 X 射线脉冲星导航算法验证的重要内容。本章在分析脉冲星信号噪声的基础上,给出了三种模型,其中泊松分布模型和指数分布模型是较常用的模型,通常可以得到满意的结果,其最大的不足是信号仿真计算复杂度太高,做到实时仿真几乎不可能。本章提出的高斯模型方法,效果上与泊松模型和指数模型相当,但是计算速度却提高了 2 个量级,可以实时模拟,而且对较强和较弱的信号都适用,这一点上也比传统两种方法要好。

# 第4章 X射线脉冲星仿真信号的有效性验证

## 4.1 概述

仿真信号是否和实测信号具有一致性,是其能用于验证脉冲星导航的重要因素。第3章主要分析比较泊松分布模型、指数分布模型和高斯拟合模型这三种脉冲星信号生成模型。本章以高斯拟合模型为例,对X射线脉冲星导航仿真信号生成模型进行验证,并给出三种验证方法。从本质上讲,这三种验证方法,分别针对不同的信号特征面进行了相关性检验,并非标准方法,期望这些方法对脉冲星导航一致性检验起到抛砖引玉的作用。该模型适用于所有具有清晰累积轮廓的脉冲星,为了方便与RXTE的X射线脉冲星信号实测数据比较,本章选用脉冲星B0531+21的信号仿真数据来进行有效性验证,因为B0531+21的RXTE数据较清晰。

## 4.2 仿真信号和实测信号的一致性分析

### 4.2.1 仿真信号生成

仿真信号的生成可以采用多种模型,在第3章中做过讨论。仿真信号生成可以采用其中任何一种信号模型。考虑到计算效率,高斯模型优势明显。为了使仿真数据和实测数据的参数匹配,首先要计算实测数据的信号光子流量密度和噪声光子流量密度。

对实测数据进行轮廓累积并对其归一化处理,从而得到归一化平均积累轮廓;再分别通过拟合和数值积分的方法获取轮廓包络曲线,并求出光子流量的信噪比;最后根据光子总数、总的累积时间以及信噪比求出信号光子流量密度 $\rho_s$ 和噪声光子流量密度 $\rho_n$ 。取脉冲星周期为 0.033479901500059 s,探测器有效面积为 10000cm$^2$,光子总数为 17051344,总的累积时间为 3347.968473s,光子信噪比为 0.143959401797996,计算结果为 $\rho_s = 0.064092419551171\text{ph}/(\text{cm}^2 \cdot \text{s})$,$\rho_n = 0.445211779062184\text{ph}/(\text{cm}^2 \cdot \text{s})$[46]。

对于仿真信号,根据计算得到的信号光子流量密度 $\rho_s$ 和噪声光子流量密度 $\rho_n$ ,结合高斯拟合模型,分别生成累积时间为 100s、300s、500s、700s 和 900s 的脉冲星信号仿真数据。

### 4.2.2 轮廓的一致性分析[46]

根据 X 射线脉冲星导航的基础和前提条件,要求首先要获取脉冲星信号的积累轮廓,然后对脉冲星信号仿真数据进行轮廓的一致性分析。根据实测数据的信号光子流量强度和噪声光子流量强度生成脉冲星信号仿真数据,比较不同累积时间下仿真数据与实测数据的累积轮廓,并计算它们的相关系数。

对所有仿真数据进行轮廓累积,与相同累积时间下的实测数据的累积轮廓比较,利用相关系数作为实测数据和仿真数据累计轮廓相关程度的评价指标从而进行定量分析。相关系数的定义为

$$\rho_{XY} = \frac{\text{Cov}(X,Y)}{\sqrt{\text{Cov}(X,X)\text{Cov}(Y,Y)}} \tag{4-1}$$

式中:$X$、$Y$ 为两个连续型随机变量;$\rho_{XY}$ 为 $X$、$Y$ 的相关系数;$\text{Cov}(X,Y)$ 为 $X$、$Y$ 的协方差,而且有

$$\text{Cov}(X,Y) = E\{[X - E(X)][Y - E(Y)]\} \tag{4-2}$$

式中:$E(X)$ 、$E(Y)$ 分别为 $X$、$Y$ 的期望。

分别对 $X$、$Y$ 采样,得到下式的离散化形式:

$$\text{Cov}(x,y) = \frac{1}{N}\sum_{j=0}^{N-1}\left[x(j) - \frac{1}{N}\sum_{m=0}^{N-1}x(m)\right]\left[y(j) - \frac{1}{N}\sum_{n=0}^{N-1}y(n)\right] \tag{4-3}$$

式中:$x(j)$ 、$y(j)$ 分别为 $X$、$Y$ 的采样点;$N$ 为采样点数。

在不同累积时间下,计算脉冲星信号仿真数据与实测数据两者累积轮廓的相关系数。脉冲星信号仿真数据和实测数据的累积轮廓对比图如图 4-1~图 4-5所示。

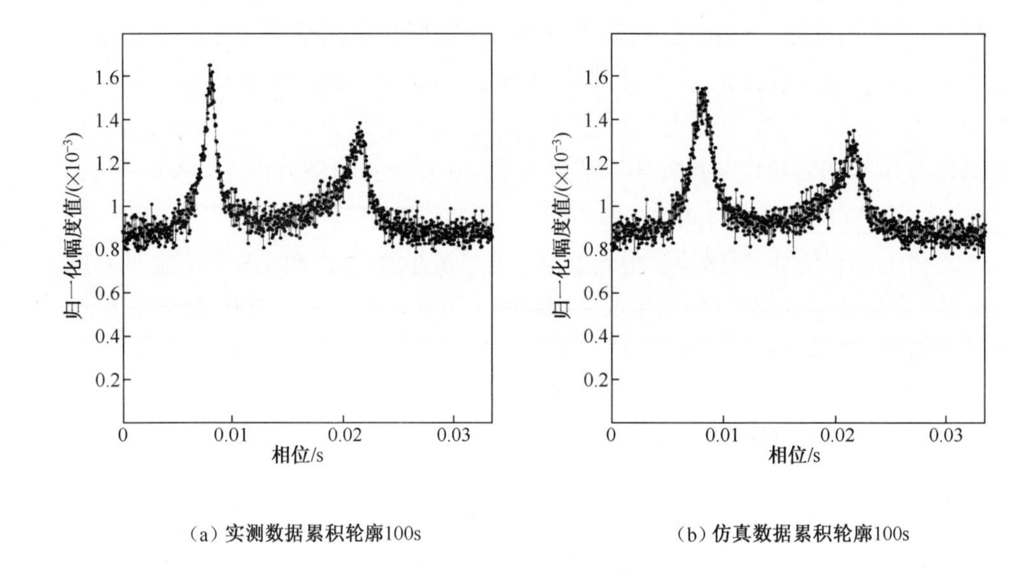


（a）实测数据累积轮廓100s　　（b）仿真数据累积轮廓100s

图 4-1　累积时间 100s 的累积轮廓对比图

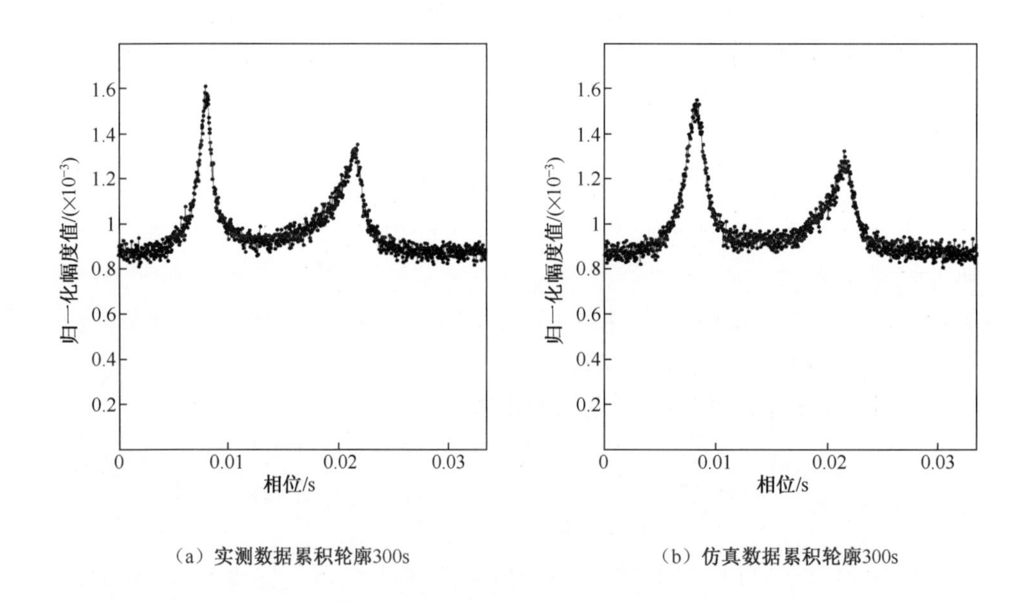


（a）实测数据累积轮廓300s　　（b）仿真数据累积轮廓300s

图 4-2　累积时间 300s 的累积轮廓对比图

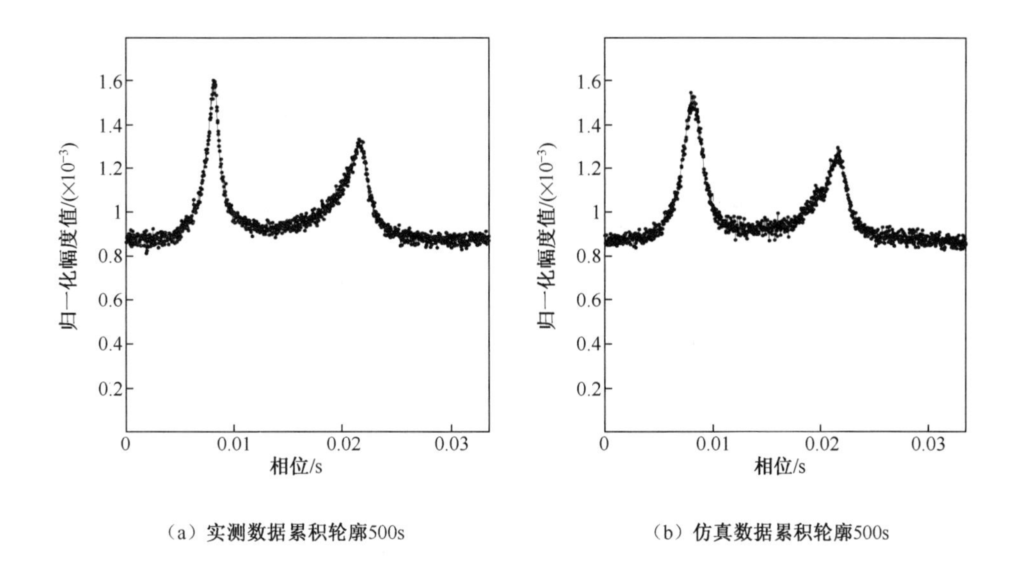


（a）实测数据累积轮廓500s　　（b）仿真数据累积轮廓500s

图 4-3　累积时间 500s 的累积轮廓对比图

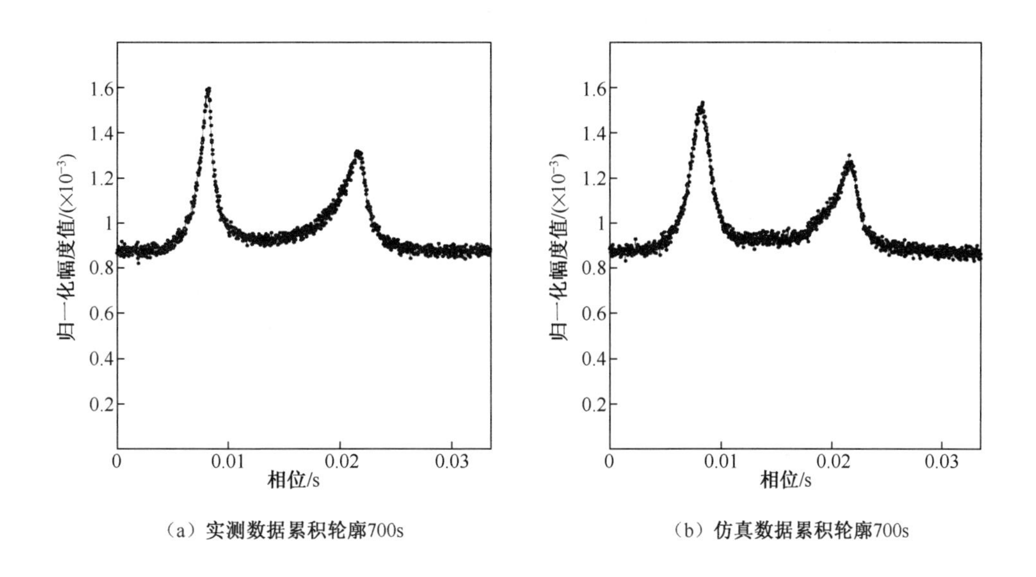


（a）实测数据累积轮廓700s　　（b）仿真数据累积轮廓700s

图 4-4　累积时间 700s 的累积轮廓对比图

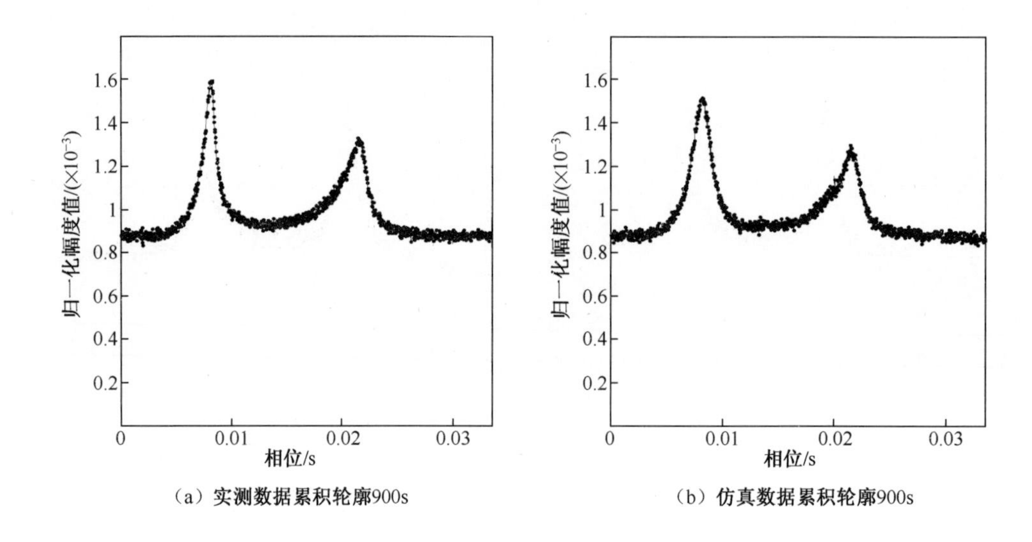

（a）实测数据累积轮廓900s　　（b）仿真数据累积轮廓900s

图 4-5　累积时间的 900s 累积轮廓对比图

从以上累积轮廓对比图可以看出,在不同累积时间下,仿真数据的累积轮廓和实测数据的积累轮廓,均在波形方面吻合度较高,二者的信噪比也基本相同。从累积时间方面来看,时间越长,轮廓越清晰,二者吻合度越高。

在不同累积时间下,脉冲星信号仿真数据与实测数据的累积轮廓相关系数随累积时间的变化曲线如图 4-6 所示。

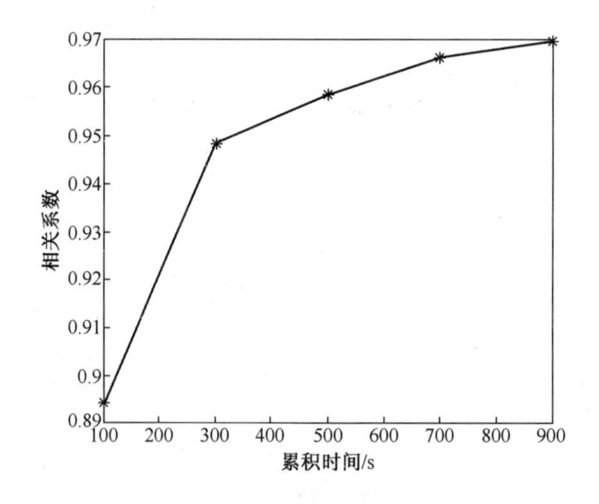


图 4-6　累积轮廓相关系数随累积时间的变化曲线

从图 4-6 可以看到,随着积累时间增加,仿真数据和实测数据的相关系数也相应增加,时间增加到一定程度轮廓相关系数增加则变缓。当累积时间增大到 900s 时,相关系数约达到 97%。可以认为仿真数据和实测数据具有较好的一致性。

### 4.2.3 时域的一致性分析

通过 4.2.2 节对不同时间下的轮廓形状和相关系数的分析可知,仿真数据和实测数据在轮廓上具有很好的一致性。由于轮廓是大量光子到达时间经过周期折叠及归一化后的结果,仅在轮廓上具有一致性并不能够反映仿真数据在光子到达时间统计层面上是否与实测数据一致。因此,有必要直接对时域序列进行一致性验证。这里选用假设检验中的卡方检验方法进行验证。

卡方检验指出对于样本的某种分类而言,实际观察次数 $f_o$ 与服从某种分布的理论次数 $f_e$ 之差的平方再除以理论次数所得的统计量,近似服从卡方分布,即

$$\chi^2 = \sum \frac{(f_o - f_e)^2}{f_e} \chi^2(k - p - 1) \tag{4-4}$$

式中:$p$ 为根据样本数据来估计的参数的个数;$k$ 为卡方分布的参数;$x^2(k-p-1)$ 为服从参数为 $k-p-1$ 的卡方分布。

用卡方检验验证实测数据和仿真数据,是否都服从泊松分布,判断二者是否具有时域一致性。任意截取长度为连续 $N$ 个脉冲星周期的实测数据作为卡方检验的样本数据[46]。

(1) 对样本数据的每个脉冲星周期等间隔采样 $l+1$ 点,得到 $l$ 段采样间隔,对每段采样间隔进行 $1,2,\cdots,l$ 编号。即第 1 个周期内的采样间隔编号为 $1,2,\cdots,l$,第 2 个周期内的采样间隔编号也为 $1,2,\cdots,l$,依此类推。

(2) 对样本数据的每个光子时间进行判断,若某个光子时间落在第 $n$ $(0<n\leqslant N)$ 个周期且编号为 $i(0<i\leqslant l)$ 的采样间隔内,则光子计数序列 $Q$ 中该采样间隔对应的计数值 $C_{n,i}+1$。

(3) 遍历所有样本数据,得到光子计数序列 $Q$,其长度为 $Nl$,数值为光子计数值 $C_{n,i}$。

(4) 将光子计数序列 $Q$ 所有周期中编号为 $i$ 的计数值 $C_{n,i}$ 单独提取出来形成序列 $Q_i$,接下来对序列 $Q_i$ 进行卡方检验。

(5) 对序列 $Q_i$ 的计数值 $C_{n,i}$ 进行统计分类,即统计 $C_{n,i}=0$ 的个数 $B_{i,0}$,$C_{n,i}=1$ 的个数 $B_{i,1}$,依此类推,将统计个数小于 6 的分类合并。设序列 $Q_i$ 的计

数值 $C_{n,i}$分成 $k$ 类。

(6) 计算第 $j$ ( $0 \leqslant j \leqslant k-1$)类统计值出现的概率 $p_j$ 和序列 $Q_i$ 期望值 $\mu_i$ 。

(7) 以期望值 $\mu_i$ 为参数,根据泊松分布公式计算第 $j$ ( $0 \leqslant j \leqslant k-1$)类统计值出现的理论概率:

$$p'_j = \frac{(\mu_j)^j}{j!} e^{-\mu_j} \tag{4-5}$$

(8) 根据 $p'_j$ 计算光子数等于 $j$ 的理论计数值 $B'_{i,j}$ 。

(9) 计算 $Q_i$ 的卡方值:

$$\chi_i^2 = \sum_{j=0}^{k-1} \frac{(B_{i,j} - B'_{i,j})^2}{B'_{i,j}} \tag{4-6}$$

(10) 根据自由度 d$f = k - p - 1$ 以及显著水平 $\alpha$ (默认取 $\alpha = 0.05$),查卡方分布表寻找对应的卡方值$\chi_i^{2'}$ 。

(11) 卡方检验结果判断。若 $x_i^2 < x_i^{2'}$,则在显著性水平 $\alpha$ 下接受假设。

$H_0$:序列 $Q_i$( $0 < i \leqslant l$ )不同光子数的统计值 $B_{i,j}$服从均值为 $\mu_i$ 的泊松分布;否则,拒绝假设 $H_0$。为了方便表示,设 $H_0 = 0$ 时接受假设 $H_0$,$H_0 = 1$ 时拒绝假设 $H_0$。

实验结果及分析如下。

(1) 截取连续 10240 个周期的实测数据作为样本,每个周期等间隔采样 256 点,即 $N = 10240$, $l = 256$。对样本数据进行卡方检验,得到卡方检验的结果,如图 4-7 所示。

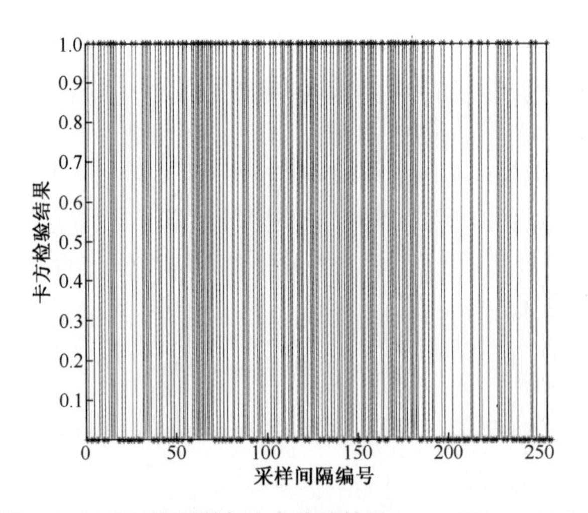


图 4-7 RXTE 实测数据卡方检验结果( $N = 10240$, $l = 256$)

从图 4-7 的实测数据卡方检验结果可看到,在 256 个序列中,光子数统计值服从泊松分布的有 117 个,占总数的 45.7%,这是因为实测数据受 RXTE 的时间分辨率以及噪声的影响。此外我们所获取的 RXTE 实测数据是经 16μs 采样过的数据,因此利用泊松分布进行卡方检验其通过率会比较低。

(2) 首先分别对仿真数据加 1μs、2μs、3μs 和 4μs 的死区时间;然后分别按照与实测数据相同的处理方法进行卡方检验,其卡方检验结果如图 4-8~图 4-11所示。

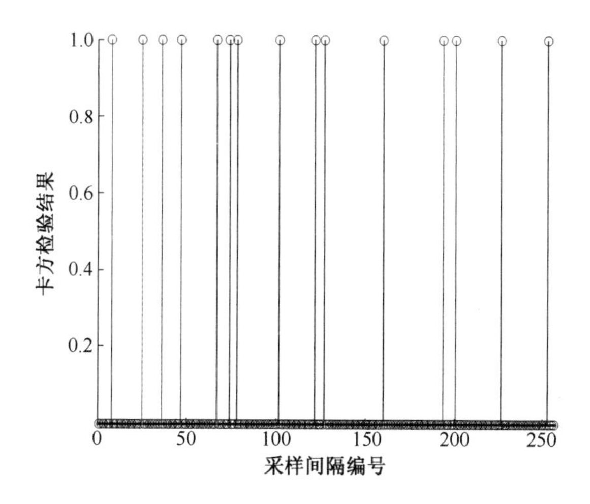


图 4-8　1μs 死区时间下仿真数据的卡方检验结果

(仿真数据加死区 $1\times10^{-6}$)

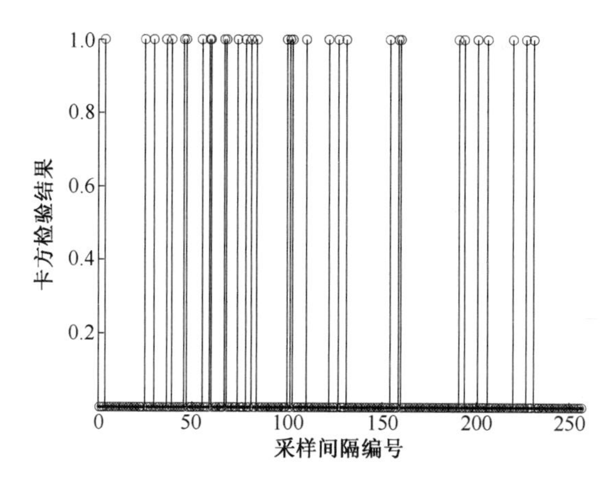


图 4-9　2μs 死区时间下仿真数据的卡方检验结果

(仿真数据加死区 $2\times10^{-6}$)

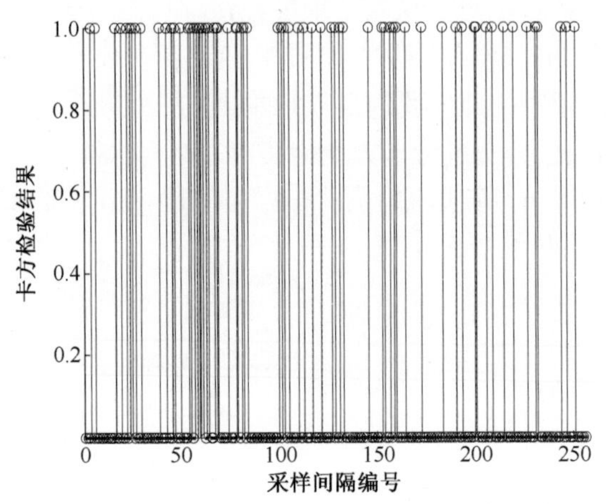

图 4-10　3μs 死区时间仿真数据的卡方检验结果

（仿真数据加死区 $3\times10^{-6}$）

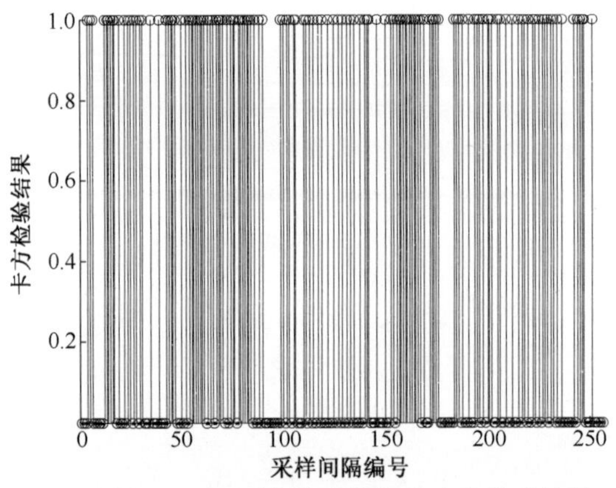

图 4-11　4μs 死区时间仿真数据的卡方检验结果

（仿真数据加死区 $4\times10^{-6}$）

从图 4-8～图 4-11 可以看到，仿真数据死区时间为 1μs、2μs、3μs 和 4μs 对应的泊松分布卡方检验，通过率分别为 94.14%、87.11%、73.83%、46.88%。其中死区时间为 4μs 的仿真数据与实测数据的卡方检验结果近似。但是，这并不足以说明实测数据的死区时间就是 4μs，因为实测数据是经过 16μs 采样后的数据，并伴有噪声。由于 RXTE 探测器的噪声和系统软硬件密切相关，在资料不足的情况下难以重建。但是从对仿真数据增加死区时间得到的卡方检验结果来看，死区时间对光子分布的影响是比较大的，能够说明死区时间是探测器以及数据仿真中一个十分重要的参数。

（3）为了更为直观地观察不同采样间隔内不同光子计数的分布规律，将不同采样间隔内不同光子计数的统计值 $B_{i,j}(0<i\leqslant l,1\leqslant j\leqslant k)$ 提取出来绘制成曲线,同时将相同强度下生成的泊松分布理论值 $B'_{i,j}(0<i\leqslant l,1\leqslant j\leqslant k)$ 绘制在同一幅图中加以对比。图 4-12 是经 16μs 采样后的实测数据统计值与理论值的对比图,从上到下显示的是光子数为 0、1、2 和 3 的统计值和理论值曲线。

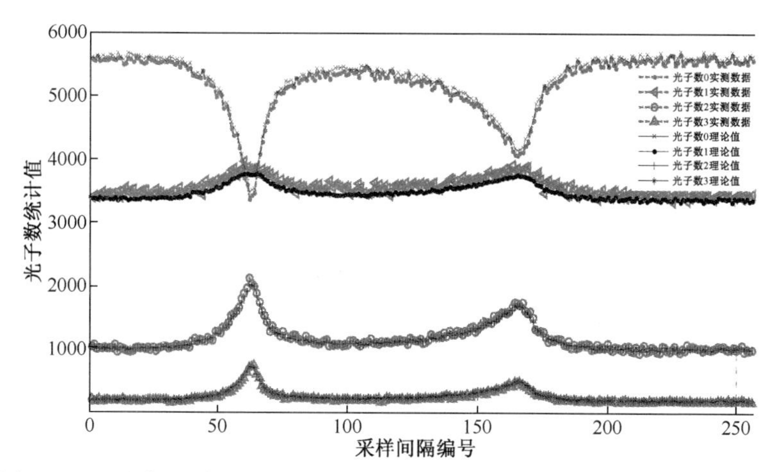


图 4-12　(见彩图)实测数据与理论值在不同采样间隔内的光子计数统计规律

从图 4-12 可以看到,光子数为 0、2 和 3 对应的统计值曲线和理论值曲线吻合程度较好,而光子数为 1 对应的曲线吻合程度较差,这导致实测数据的卡方检验通过率不高。

图 4-13 是仿真数据加 1μs 死区时间且经 16μs 采样后统计值与理论值的对比图,图中从上到下显示的是光子数为 0、1、2 和 3 的统计值和理论值曲线。

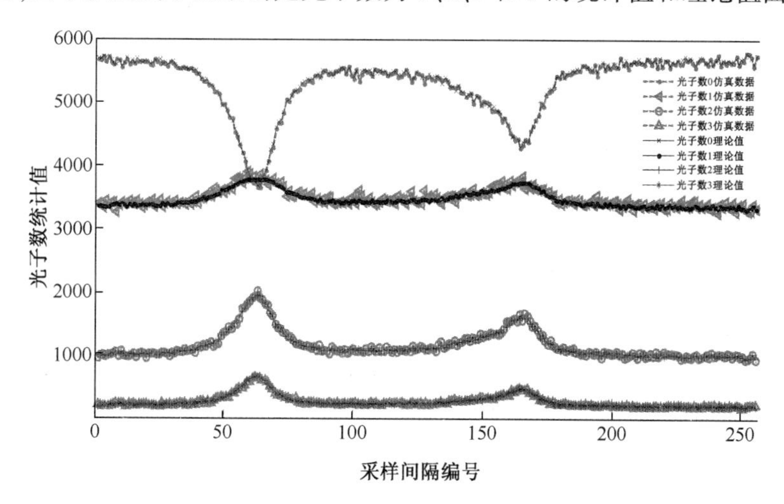


图 4-13　(见彩图)仿真数据与理论值在不同采样间隔内的光子计数统计规律

从图 4-13 可以看到,仿真数据的统计值和理论值在不同光子数下的曲线吻合度都非常好,这说明仿真的光子流量强度大致服从泊松分布。

综上所述,从实测数据和仿真数据卡方检验结果看,可以认为实测数据与加 4μs 死区时间的仿真数据在时域上具有一致性。

### 4.2.4 频域的一致性分析

在 4.2.3 节中通过卡方检验在时域对仿真数据和实测数据的一致性进行了分析。为了能从多角度进一步分析两者的一致性,本节将从频域对仿真数据和实测数据进行一致性分析。

以脉冲星周期的 1/1024 为采样间隔,对任意连续 10240 个周期的实测数据进行采样得到样本序列,并做 FFT 运算,得到样本序列的频谱,如图 4-14 所示。

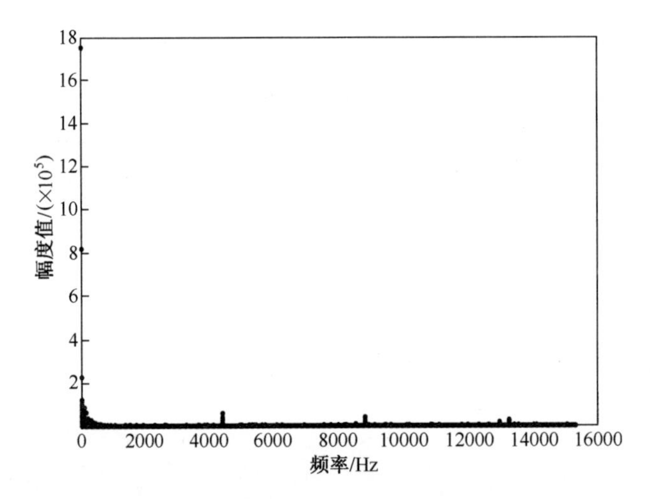


图 4-14 实测数据样本序列的频谱图

图 4-14 显示的频率范围是 0~15.293kHz,从图中可以看到,大部分谱线集中在低频区,少量谱线出现在高频区。以相同的方法计算仿真数据样本序列的频谱,如图 4-15 所示。

图 4-15 显示的频率范围为 0~15.293kHz。从图 4-15 可以看出,与实测数据的频谱类似,大部分谱线都集中在低频区。而在 4300Hz、8800Hz 和 13100Hz 这三处频率点附近的高频分量与实测数据吻合得也比较好。

图 4-16 和 图 4-17 显示的是实测数据和仿真数据样本序列频谱图的低频部分细节,频率范围为 0~350Hz。

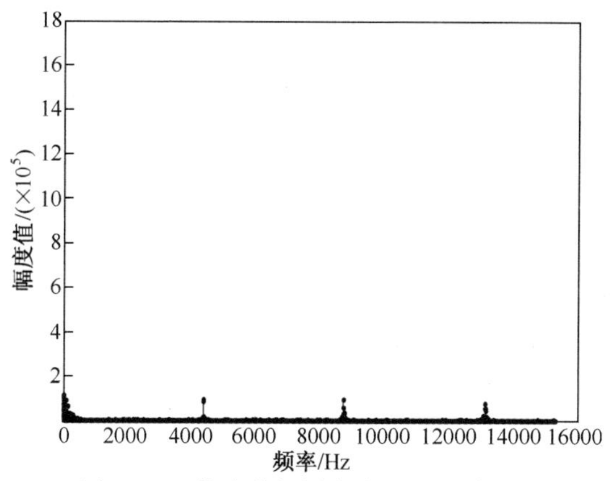

图 4-15　仿真数据样本序列的频谱图

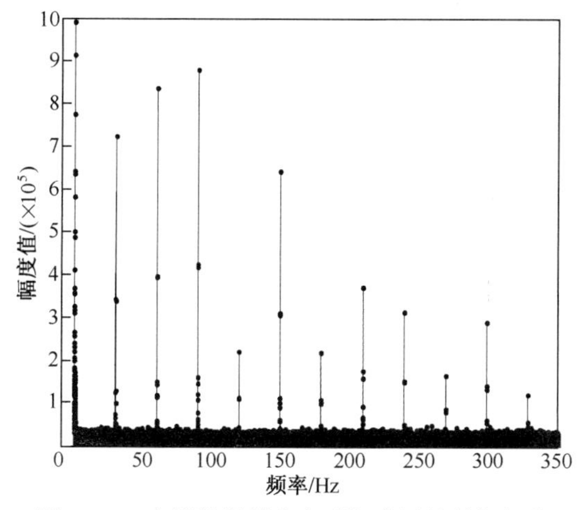

图 4-16　实测数据样本序列频谱图的低频部分

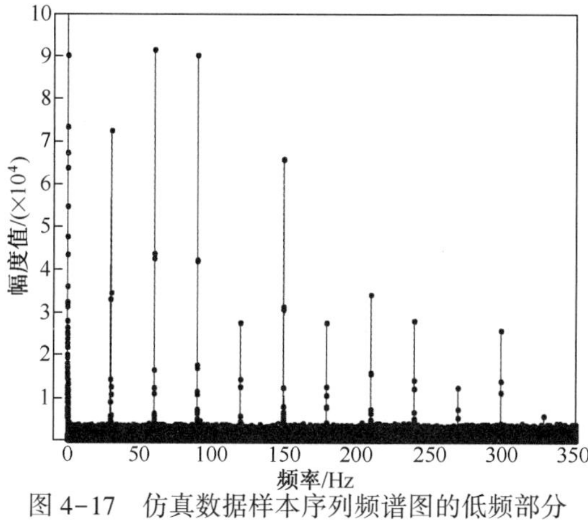

图 4-17　仿真数据样本序列频谱图的低频部分

对比图 4-16 和 图 4-17 可以看到,仿真数据和实测数据的频谱在低频段的分布吻合得非常好。

综上所述,仿真数据和实测数据的频谱在低频段和高频段的分布吻合程度很好,可以认为仿真数据和实测数据在频域具有一致性。

## 4.3 轨道调制下的 X 射线脉冲星仿真信号有效性验证

一致性分析的基础是标准轮廓已知,而标准轮廓通常是将光子到达时间转换到 SSB 处得到的。实际中,用于导航的数据输入,是没有经过转换的 X 射线探测器获得的直接数据。因此,模拟出 X 射线探测器处的信号十分必要。直接探测到的信号,最大的特点是信号被卫星轨道所调制。

### 4.3.1 轨道调制信号的生成

太阳系质心(Solar System Barycenter, SSB)是太阳系的质量中心,位于太阳附近,位置固定不变。光子在 SSB 处所受的引力矢量和为零,其他行星对其影响最小,脉冲星导航通常选 SSB 为惯性坐标系的原点。因为在 SSB 处可以最大程度反映信号的原始特性,所以之前讨论的仿真信号都是在 SSB 处生成的建模仿真信号。在脉冲星实际应用中,所使用的信号是航天器所在轨道位置处的脉冲星信号,因此 SSB 处生成的光子到达时间(建模仿真信号)必须转换到航天器轨道上,即对仿真信号做轨道调制。转换过程中有两个问题,即 SSB 与航天器轨道位置的时间尺度不一样;光子到达时间在从 SSB 向航天器轨道位置转换过程中,航天器轨道位置会导致相位不一致。

对于第一个问题,可以通过时间尺度转换方程,或者数值转换方法。对于第二个问题,采用光行时转换方程,逆推迭代的求解。经分析,时间转换方程实际只与航天器当前时刻 $t$ 及当前轨道位置 $\boldsymbol{r}_{SC}$ 有关,其返回值为时间差值 $\Delta t$ 。为了方便描述,用函数 $g(\cdot)$ 表示时间转换方程,则 $t_i$ 时刻航天器轨道位置是 $\boldsymbol{r}_{SC,i}$ 对应的光子光行时可表示为 $\Delta t_i = g(t_i, \boldsymbol{r}_{SC,i})$ 。

将光子到达时间从 SSB 转换到航天器轨道处的求解过程可描述如下[46]。

(1) 设某一个光子在 SSB 处的时间值为 $t_1$,此时航天器轨道为 $\boldsymbol{r}_{SC,1}$ ,计算此时的光行时 $\Delta t_1 = g(t_1, \boldsymbol{r}_{SC,1})$。

(2) 设 $t_1$ 前 $\Delta t_1$ 时刻是 $t_2$,即 $t_2 = t_1 - \Delta t_1$,航天器的轨道值为 $\boldsymbol{r}_{SC,2}$, 计算 $t_2$ 时刻对应的光行时 $\Delta t_2 = g(t_2, \boldsymbol{r}_{SC,2})$。

(3) 设 $t_1$ 前 $\Delta t_2$ 秒时刻是 $t_3$,即 $t_3 = t_1 - \Delta t_2$,航天器的轨道值为 $\boldsymbol{r}_{\mathrm{SC},3}$,计算 $t_3$ 时刻对应的光行时 $\Delta t_3 = g(t_3, \boldsymbol{r}_{\mathrm{SC},3})$。

(4) 设 SSB 处的光子到达时间 $t_1$ 转换到航天器处是 $t_1'$,则 $t_1' = t_1 - \Delta t_3$。

以上过程只迭代少数几次,$\Delta t_1' = g(t_1', \boldsymbol{r}'_{\mathrm{SC},1})$ 与 $\Delta t_3$ 之间的误差已达到纳秒级,已满足精度要求。虽然增加迭代次数可以进一步提高精度,但同时也会增加运算量,而且纳秒级的误差已完全满足要求,故建议只做两到三次迭代。

将所有在 SSB 处通过高斯拟合模型生成的光子时间(仿真数据),利用逆推迭代的方法转换到航天器轨道位置处,得到轨道调制下的 X 射线脉冲星信号。将采用轮廓、时域和频域一致性分析的验证方法,对轨道调制下的 X 射线脉冲星信号进行有效性验证。

### 4.3.2 时间转换方程

当脉冲星(PSR)辐射的脉冲信号到达目标行星轨道时,航天器(SC)、目标行星(P)、太阳质心(S)以及 SSB 之间的位置关系如图 4-18 所示。

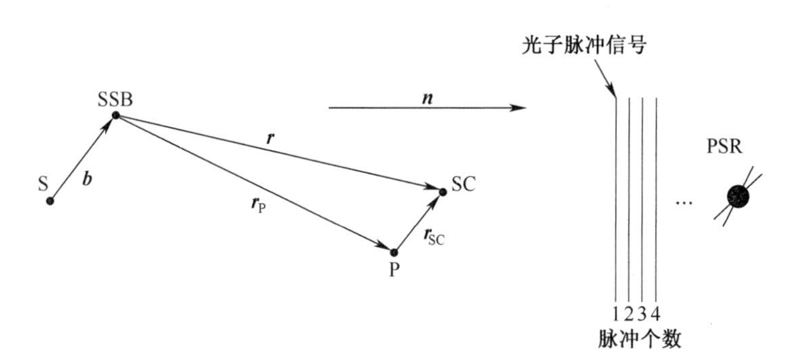


图 4-18 航天器与太阳系行星的几何关系

从图 4-18 可以看到,脉冲星以固定的周期向外辐射一个个光子脉冲信号,其中 $\boldsymbol{r}_{\mathrm{P}}$ 表示目标行星 P 相对于 SSB 的位置矢量,$\boldsymbol{r}_{\mathrm{SC}}$ 表示航天器 SC 相对于目标行星 P 的位置矢量,$\boldsymbol{r}$ 表示航天器 SC 相对于 SSB 的位置矢量,由矢量的加减易得 $\boldsymbol{r} = \boldsymbol{r}_{\mathrm{P}} + \boldsymbol{r}_{\mathrm{SC}}$。$\boldsymbol{b}$ 表示 SSB 相对于太阳质心 S 的位置矢量,$\boldsymbol{n}$ 表示脉冲星在视线方向上的单位矢量。

工程上常用的从航天器到 SSB 的时间转换方程为

$$t_{\mathrm{ssb}} - t_{\mathrm{sc}} = \frac{\boldsymbol{n} \cdot \boldsymbol{r}}{c} + \frac{1}{2cD_0}[(\boldsymbol{n} \cdot \boldsymbol{r})^2 - r^2 + 2(\boldsymbol{n} \cdot \boldsymbol{b})(\boldsymbol{n} \cdot \boldsymbol{r}) - 2(\boldsymbol{b} \cdot \boldsymbol{r})]$$

$$+\sum_{j=1}^{M}\frac{2\mu_j}{c^3}\ln\left|\frac{\boldsymbol{n}\cdot\boldsymbol{r}+r}{\boldsymbol{n}\cdot\boldsymbol{b}+b}+1\right| \tag{4-7}$$

式中：$t_{ssb}$ 为光子在 SSB 处的坐标时；$t_{sc}$ 为光子在 SC 处的坐标时；$r$ 和 $b$ 分别为矢量 $\boldsymbol{r}$ 和 $\boldsymbol{b}$ 的模；$c$ 为光速；$D_0$ 为第 0 个脉冲离开脉冲星时脉冲星到航天器的距离，为常数；$\mu_j$ 为太阳系各大行星的引力常数；$M$ 为行星的个数。

由于在太阳系中，主要的引力场来自太阳，如果只考虑太阳的引力场影响，有

$$t_{ssb}-t_{sc}=\frac{\boldsymbol{n}\cdot\boldsymbol{r}}{c}+\frac{1}{2cD_0}[(\boldsymbol{n}\cdot\boldsymbol{r})^2-r^2+2(\boldsymbol{n}\cdot\boldsymbol{b})(\boldsymbol{n}\cdot\boldsymbol{r})-2(\boldsymbol{b}\cdot\boldsymbol{r})]$$

$$+\frac{2\mu_s}{c^3}\ln\left|\frac{\boldsymbol{n}\cdot\boldsymbol{r}+r}{\boldsymbol{n}\cdot\boldsymbol{b}+b}+1\right| \tag{4-8}$$

式中：$\mu_s$ 为太阳的引力常数。

在式(4-8)中，$c$、$\boldsymbol{n}$、$D_0$ 和 $\mu_s$ 均为常数，可以通过查找相关资料获。$\boldsymbol{b}$ 可以通过计算太阳的 JPL 星历得到，$\boldsymbol{r}$ 可以通过计算目标行星 P 的星历以及航天器的轨道位置获取。

令式(4-8)等号右边的式子为 $\Delta t$，则

$$t_{ssb}=t_{sc}+\Delta t \tag{4-9}$$

在已知航天器处的光子到达时间 $t_{sc}$ 以及光行时 $\Delta t$ 的情况下，可求得在 SSB 处的光子到达时间 $t_{ssb}$。

### 4.3.3 轨道调制信号的有效性验证[46]

通过高斯拟合模型和 4.3.1 节介绍的逆推迭代方法可产生轨道调制下的脉冲星信号仿真数据。与前面介绍的 X 射线脉冲星仿真信号有效性验证一样，分别从轮廓、时域和频域对轨道调制下的 X 射线脉冲星仿真信号进行有效性验证。

1. 轮廓的一致性分析

(1) 对于由高斯拟合模型生成的原始仿真数据首先加 4μs 死区时间；然后经过轨道调制获得航天器处的仿真数据；最后进行轮廓累积得到仿真数据的累积轮廓，如图 4-19 所示。对航天器处的 RXTE 原始实测数据进行轮廓累积，得到原始实测数据的累积轮廓，如图 4-20 所示。

从图 4-19 和图 4-20 可以看到，由于探测器探测到光子后所记录的原始光子到达时间是相对于航天器的，而航天器在不断进行运动，若以航天器处的光子

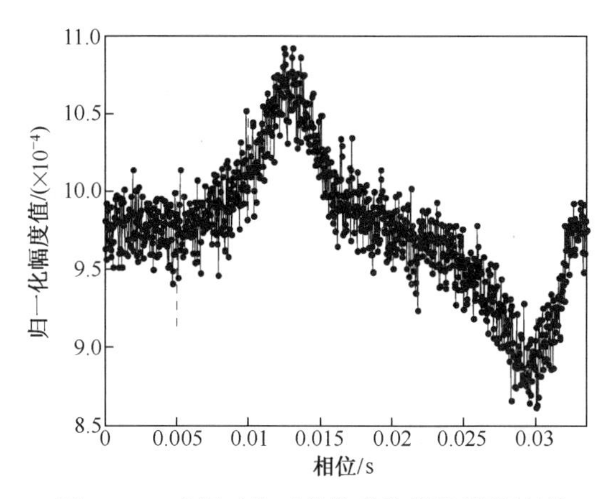


图 4-19　光行时修正前仿真数据的累积轮廓

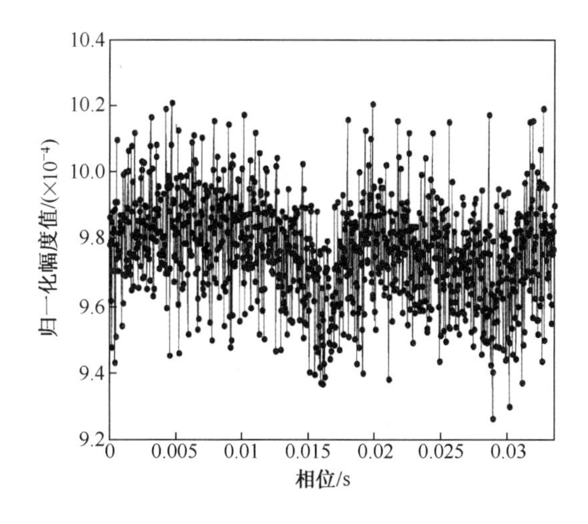


图 4-20　光行时修正前实测数据的累积轮廓

到达时间进行轮廓累积,使用航天器处的光子到达时间累积得到的轮廓模糊不清,无法真实反映脉冲星的特性。

同时,也很容易看到图 4-19 和图 4-20 累积轮廓差别很大。这是因为本实验采用的 RXTE 实测数据的观测时间段为 1999-12-18 15：11：36.378~1999-12-18 16：09：16.361,距探测器发射升空的时间 1995-12-30 相差近 4 年,相位预测模型中脉冲星频率一阶导数和二阶导数影响不能忽略。而所采用的仿真数据最大时间跨度才 900s,相位预测模型中脉冲星频率一阶导数和二阶导数影响可以忽略不计。正是这样的区别造成了实测数据和仿真数据在光行时修正前的累积轮廓差别很大。

(2) 对于由高斯拟合模型生成的原始仿真数据首先加 4μs 死区时间;然后进行轨道调制获得航天器处的仿真数据,根据式(4-8)对仿真数据进行光行时修正;最后进行轮廓累积,累积轮廓如图 4-21 所示。根据式(4-8)对航天器处的 RXTE 原始实测数据进行光行时修正,然后进行轮廓累积,得到 SSB 处实测数据的累积轮廓,如图 4-22 所示。

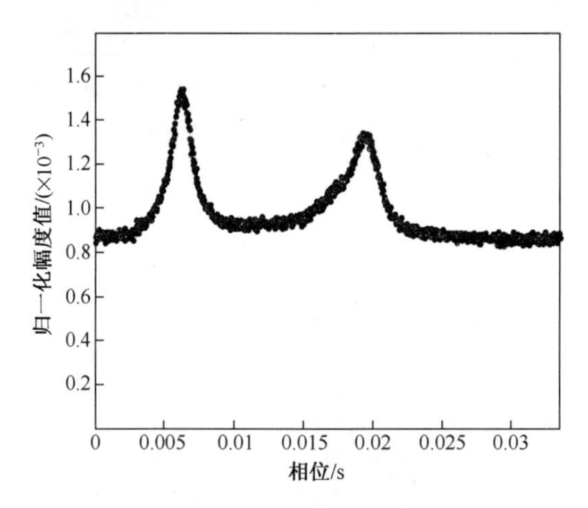


图 4-21　光行时修正后仿真数据的累积轮廓

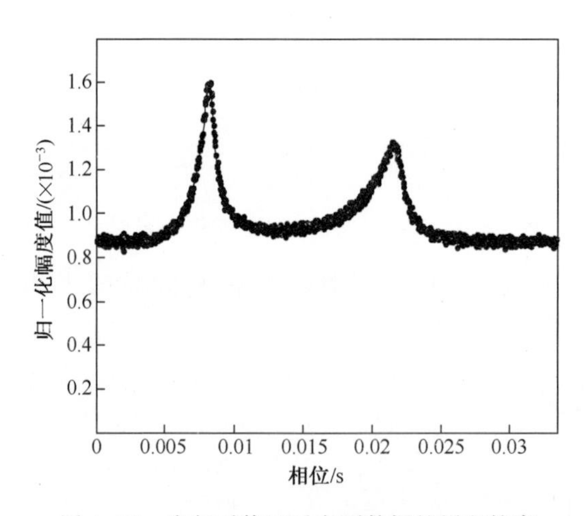


图 4-22　光行时修正后实测数据的累积轮廓

从图 4-21 和图 4-22 可以看到,经过光行时修正后,实测数据和仿真数据的累积轮廓变得清晰,吻合程度很好,可与标准轮廓进行相位比较,获取相位差值，用于后续的导航滤波。

综上所述，可以认为轨道调制下加 4μs 死区时间的脉冲星信号仿真数据和航天器处的实测数据，经过光行时修正后在轮廓上具有一致性。

2. 时域的一致性分析

（1）对于由高斯拟合模型生成的原始仿真数据首先加 4μs 死区时间；然后进行轨道调制获得航天器处的仿真数据；最后进行光行时修正，得到 SSB 处的仿真数据，并作为样本数据进行卡方检验。仿真数据的卡方检验结果如图 4-23 所示。

（2）将航天器处的原始实测数据进行光行时修正，得到 SSB 处的实测数据，并作为样本数据进行卡方检验。实测数据的卡方检验结果如图 4-24 所示。

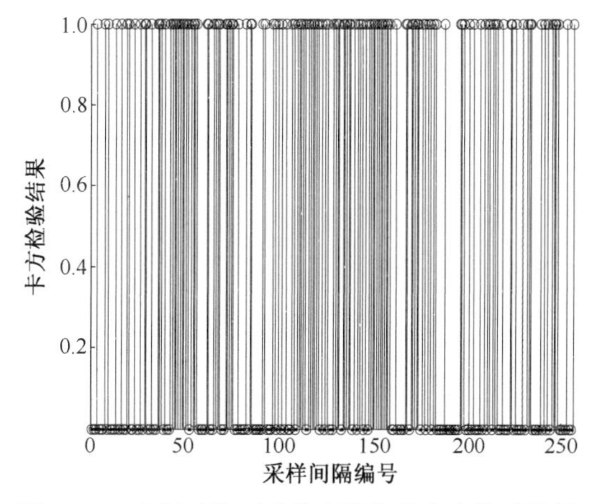


图 4-23　光行时修正后仿真数据的卡方检验结果

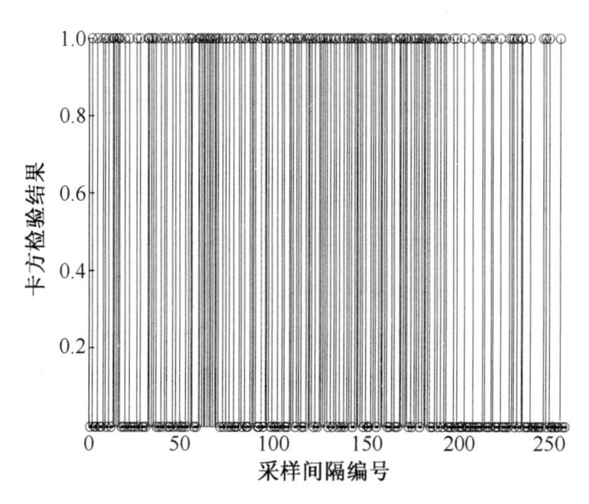


图 4-24　光行时修正后 RXTE 实测数据的检验结果

从图 4-23 和图 4-24 可以看到,光行时修正后的仿真数据和实测数据的卡方检验通过率分别为 46.093750%和 45.703125%,两者相差无几。可以认为,轨道调制下加 4μs 死区时间的脉冲星信号仿真数据和航天器处的实测数据,经过光行时修正后在时域上具有较好一致性。

3. 频域的一致性分析

(1) 对于由高斯拟合模型生成的原始仿真数据首先加 4μs 死区时间;然后进行轨道调制获得航天器处的仿真数据;其次进行光行时修正,得到 SSB 处的仿真数据;最后以脉冲星周期的 1/256 为采样间隔对任意连续 10240 个周期的仿真数据进行采样得到样本序列,对样本序列做快速傅里叶变换(FFT)运算,得到仿真数据样本序列的频谱图,如图 4-25 所示。

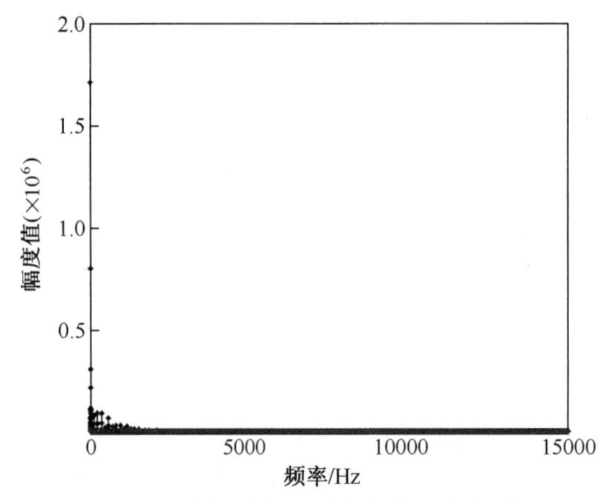

图 4-25　光行时修正后仿真数据的频谱图

(2) 将航天器处的原始实测数据进行光行时修正,得到 SSB 处的实测数据,以脉冲星周期的 1/256 为采样间隔对任意连续 10240 个周期的实测数据进行采样得到样本序列,对样本序列做 FFT 运算,得到实测数据样本序列的频谱图,如图 4-26 所示。

对比图 4-25 和图 4-26 可以看到,仿真数据和实测数据的频谱分布基本一致,特别是低频部分吻合得很好。仔细观察发现,实测数据的高频部分约 13000Hz 处有一频率分量,而仿真数据没有。经查阅相关资料后发现,RXTE 实测数据中的这一个高频分量来源于时钟噪声。由于仿真数据中没有添加时钟噪声,故频谱中没有这一个高频分量。因为不同探测器的噪声特性一般不相同,即噪声存在多样性,因此在信号建模中并没有考虑对时钟噪声进行建模,只考虑背景辐射噪声。如果忽略这点区别,可以认为轨道调制下加 4μs 死区时间的脉冲

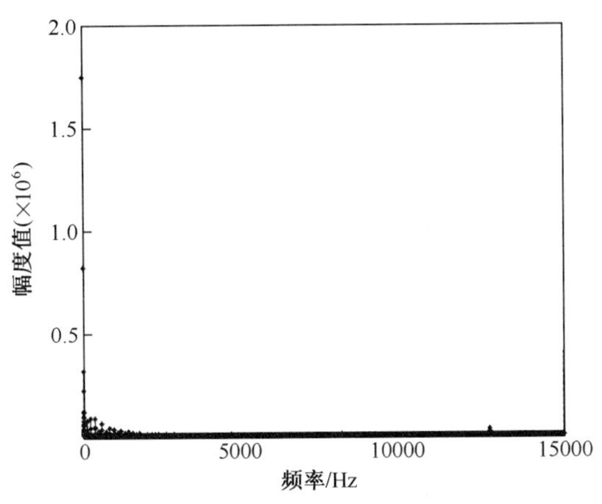

图 4-26 光行时修正后 RXTE 实测数据的频谱图

星信号仿真数据和航天器处的实测数据，经过光行时修正后在频域上具有较好一致性。

## 4.4 小结

本章主要介绍了 X 射线脉冲星仿真信号的有效性验证。对三种验证方法进行介绍：①轮廓一致性分析，包括比较不同累积时间下仿真数据和实测数据的累积轮廓，计算不同累积时间下仿真数据与实测数据累积轮廓之间的相关系数；②时域一致性分析，介绍假设检验中的卡方检验，并利用卡方检验分别检验仿真数据和实测数据是否服从泊松分布；③频域一致性分析，分别对仿真数据和实测数据采样并作 FFT 计算，并比较两者频谱的分布是否一致。介绍了时间转换方程以及如何利用“逆推迭代”方法将 SSB 处生成的原始仿真信号转换为轨道调制的仿真信号。结果表明，仿真得到的数据和实测数据具有较高的一致性，可以替代真实数据由于 X 射线脉冲星导航仿真。

# 第5章 脉冲平均轮廓累积方法及相位测量性能

## 5.1 概述

从原理来看,XPNAV 的基本输入信息是测量得到光子到达时间,一种基本的测量方法为在参考系下对比相位预测模型保持的标准轮廓和观测到的累积轮廓而得到相位差,进而转换为距离信息。本章将要讨论两个问题:一是如何从观测数据中提取累积轮廓,即脉冲平均轮廓的累积问题;二是利用轮廓测量相位性能问题。获得脉冲星辐射信号累积轮廓的传统方法首先识别信号周期,然后再按照周期对信号进行折叠累加,此方法操作简单,缺点是依赖于周期识别的准确性,并且对累积轮廓质量也无评价标准。本章基于脉冲星累积轮廓以及周期的强相关性,尝试以最小熵为准则,进行轮廓累积,为轮廓累积提供了一种新思路。为了考量相位测量精度与轮廓结构之间的关系,利用高斯函数拟合方法对 X 射线脉冲星累积轮廓成分建模,从而得到解析轮廓,再与泊松分布模型相结合,分析轮廓相位和相位速率测量的 Cramér-Rao(克拉美罗)下界(CRLB),以及该界与轮廓成分的关系。

## 5.2 轮廓累积的基本概念

脉冲星信号经过几千光年的宇宙空间传播,到达太阳系时已经非常微弱。在能够分析利用这些信号之前,必须提高信噪比。既然脉冲星信号具有稳定周期性,也具有唯一的轮廓,一种显而易见的方法就是将这些周期信号进行周期折叠,然后累加在一起。这一方法的前提是背景噪声在整个时间轴上独立同分布,具有平稳性,而信号则随轮廓呈现周期性强弱变化。按周期折叠累加的过程中,根据大数定理和中心极限定理,噪声和信号均逐渐趋于平稳,由于噪声的平稳性,经过累积后在整个周期上趋近一个常值,而信号经过累积则按照轮廓形状呈现强度变化。此时,可以将累积之后的结果视为噪声和信号的和,在此基础上扣除噪声部分,就得到了累积轮廓。整个过程称为轮廓累积。

轮廓累积的方法有多种,模型也各不相同。常用的方法有两种:一种方法是采样后累积。其基本思路是将脉冲星周期等间隔划分成若干份,顺序编号,在周期折叠累加时,将不同周期内编号相同的间隔加在一起即可。一般来讲,为了表现出轮廓细节,采样间隔不宜太大,这导致每个间隔内的信号非常弱,这种情况下,每个间隔强度可用伯努利分布建模。另一种方法是相位取余后累积。其基本思路是,选定一个初始时刻,对每个光子到达时间和初始时刻做差,差值除以周期,取余数,实际就是扣除整周期部分,这些扣除整数部分的光子在一个周期内叠加,形成一个轮廓。这种方法实际利用了光子在一个周期内的位置分布,该位置分布函数就是轮廓。这一概念在 3.3.4 节中做了解释。

轮廓累积过程受到多种因素的影响,如探测器的速度、加速度,会导致周期变化,从而使累积过程周期无法完全对齐,导致轮廓出现变形。

不管用哪种方法进行累积,最终得到的结果都是累积轮廓,只是方法和理论基础不一样,最终得到的轮廓基本相同,误差通常较小,可谓殊途同归。

## 5.3 X 射线脉冲星脉冲轮廓累积的最小熵方法

脉冲星累积脉冲轮廓,是通过对来自于脉冲星的大量形状不同的、具有稳定周期的极弱脉冲信号序列按照周期折叠累加平均而得到一类具有丰富细节和特殊结构的波形,对特定脉冲星的特定频段而言,它是独一无二且极其稳定的,因此它在脉冲星辐射机制、磁层结构和脉冲星定时、深空定位等研究中都起着非常重要的作用。脉冲星轮廓累积的传统方法的思路是将脉冲星信号按周期折叠,其前提是能够精确识别脉冲星周期。在脉冲星周期识别方面,通常使用基于 FFT 的频域周期检测法,此方法适用于噪声为高斯白噪声的情况。另外,轮廓结构复杂,导致频域变换使信号能量分散于谐波之中,增加了漏判概率;当噪声包括频率成分与谐波接近时,谐波能量增强,这将导致信号及其周期被误检测。例如,利用快速傅里叶变换(FFT)对 ROSAT 望远镜观测到的光变曲线数据进行周期检测时就会存在失效情况。在周期识别错误或者不精确的情况下,将不能得到准确的轮廓。

### 5.3.1 脉冲星轮廓累积的最小熵准则

既然累积脉冲轮廓可以通过周期叠加得到,那么不难想象,如果周期识别不准确,就会导致累加过程中前后两个周期的脉冲信号不能严格对齐,包含脉冲信号的观测值将会被分散于整个周期内,使得信号区的分辨率下降,轮廓剖面的波形钝化。如图5-1所示,以脉冲星B0329+54为例(仿真条件见5.5.1节),给出了不同周期误差下的累积轮廓(为了方便区分,各累积轮廓加上了偏置量),由图5-1可看出,当周期无误时能够得到清晰且尖锐的轮廓,当周期误差 $\Delta T/T=10^{-5}$ 时轮廓变得很模糊,而周期误差 $\Delta T/T=5\times10^{-5}$ 时几乎看不出明显轮廓,这就说明累积轮廓波形是轮廓累积质量的直接反映,并且与累积周期有着很强的相关性[11,50]。鉴于此,可以利用累积脉冲轮廓的锐化度作为对齐的标准,即对一段观测信号,依次改变累积周期,求出该信号的累积脉冲轮廓。当轮廓锐化度达到最大时,就认为得到了最优轮廓,这时的周期为真实信号周期,此过程与先识别周期再累积得到轮廓的传统方法正好相反。

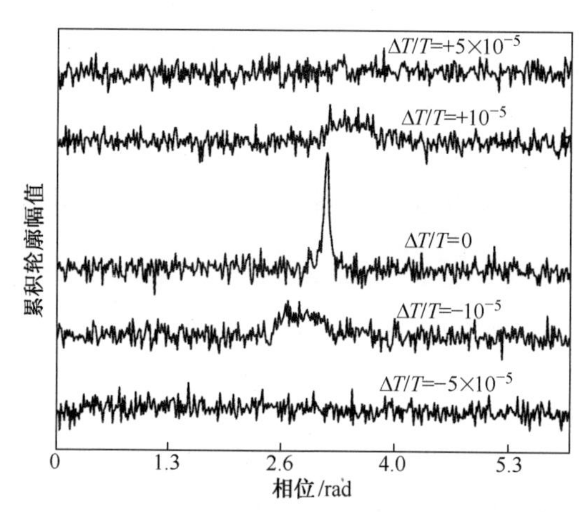


图5-1　累积轮廓与周期误差的关系示意图[50]

以香农熵作为分析工具,它可以表示为概率密度函数的对数期望。设随机变量 $x$ 的密度函数为 $p(x)$ ,其熵为

$$H(x)=E\{-\ln p(x)\}=-\int_{-\infty}^{\infty}p(x)\ln p(x)\mathrm{d}x \tag{5-1}$$

其离散形式为

$$H(x)=-\sum_{i}p_i\log p_i \tag{5-2}$$

式中: $p_i=P\{\boldsymbol{x}=x_i\}$ 。

熵用于衡量随机变量的不确定性,从随机变量分布角度看,也可以认为是对平均分散程度的测量。以脉冲星累积轮廓为例,如果脉冲信号平均分布于整个周期,轮廓波形幅度将处处相等,熵最大;反之,若脉冲信号分布越不平衡,则波形锐化度越高,熵越小。由此可见,利用轮廓最小熵作为脉冲星轮廓累积的准则是可行的,这种方法称为脉冲星轮廓累积的最小熵方法。

### 5.3.2 脉冲星轮廓累积的最小熵方法及其证明

5.3.1 节结合脉冲星轮廓累积过程简单说明了最小熵方法的可行性,即利用最小熵方法累积出的轮廓应该是最优的。本节将给出具体分析方法,并对最小熵方法进行证明[50]。

如图 5-2 所示,一段 X 射线脉冲星观测信号,它由 $\boldsymbol{N}$ 个采样构成,采样间隔为 $\delta_t$,起始时刻为 $t_0$,周期为 $T_{\mathrm{P}}$, $N\delta t = mT_{\mathrm{P}}$, $m$ 为观测信号中的周期数,$z_i(i=1,2,\cdots,N)$ 为每个采样间隔内光子计数,写成矢量形式可表示为 $\boldsymbol{z} = [z_1, z_2, \cdots, z_N]^{\mathrm{T}}$,令 $\|\boldsymbol{z}\| = \sum_{i=1}^{N} |z_i|$。为了区别观测信号,用 $\boldsymbol{x} = [x_1, x_2, \cdots, x_m]^{\mathrm{T}}$ 表示累积后的信号,令 $p_i = |x_i| / \|\boldsymbol{z}\|$,将 $\boldsymbol{x}$ 的熵定义为

$$H(\boldsymbol{x}) = -\sum_{i=1}^{m} p_i \log p_i \tag{5-3}$$

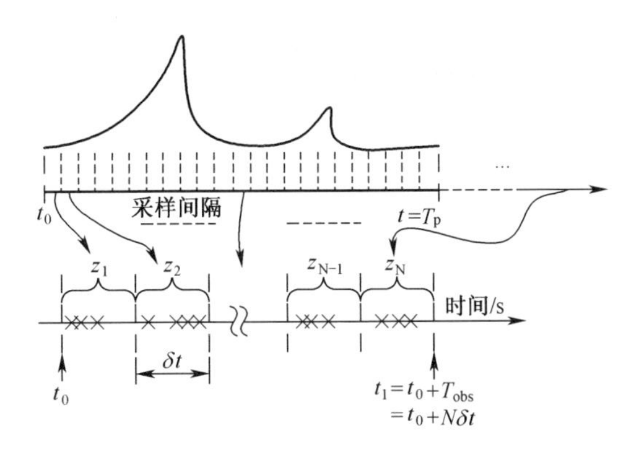


图 5-2 脉冲星信号采样序列示例[50]

如果把脉冲星标准累积轮廓分为辐射区和非辐射区,在使用周期折叠法进行累加的过程中,当每个周期都严格对齐时,信号就会被集中在辐射区,$H(\boldsymbol{x})$ 较小;反之,当周期出现偏差时,前后两个周期之间会出现错位,前一次周期折叠过程将会不断影响后续的周期对齐,此时辐射区的部分信号会随着累积过程而分布到非辐射区,使得 $\boldsymbol{x}$ 的各分量趋于相等,$H(\boldsymbol{x})$ 增大。这一过程可等价为证明 $H(\boldsymbol{x}) < H_{\mathrm{d}}(\boldsymbol{x})$,$H_{\mathrm{d}}(\boldsymbol{x})$ 表示周期未严格对齐的 $\boldsymbol{x}$ 的熵。不失一般性,令 $x_j(j \in [1, m])$ 为信号 $\boldsymbol{x}$ 中辐射区分量,它表示 $m$ 个周期的观测信号 $\boldsymbol{z}$ 的辐射区分量 $y_k$ 叠

加的结果,即 $x_j=\sum_{k=1}^{m} y_k$ 。从 $x_j$ 中任取 $y_a,(a\in[1,m])$ 。假设 $y_a$ 在累加过程中被分配到非辐射区 $x_w,(x_w\in[1,m])$ ,且 $x_w<x_w+y_a\leqslant x_j-y_a<x_j$,令 $\phi(\alpha)=-\alpha/\|z\|\log(\alpha/\|z\|)$ ,先证明

$$\phi(x_j)+\phi(x_w)<\phi(x_j-y_a)+\phi(x_w+y_a) \tag{5-4}$$

由拉格朗日中值定理,存在 $\xi_1\in(x_w,x_w+y_a)$ 和 $\xi_2\in(x_j-y_a,x_j)$ ,使得

$$\phi(x_w+y_a)-\phi(x_w)=\phi'(\xi_1)(x_w+y_a-x_w)=\phi'(\xi_1)y_a \tag{5-5}$$

以及

$$\phi(x_j)-\phi(x_j-y_a)=\phi'(\xi_2)(x_j-(x_j-y_a)=\phi'(\xi_2)y_a \tag{5-6}$$

将式(5-5)和式(5-6)代入式(5-4),简化后,欲证式(5-4),则只需证明

$$\phi'(\xi_2)<\phi'(\xi_1) \tag{5-7}$$

由于 $\phi'(\alpha)=-1/\|z\|\log(\alpha/\|z\|)-1$, 欲证式(5-7),则只需证明

$$\log\left(\frac{\xi_1}{\|z\|}\right)<\log\left(\frac{\xi_2}{\|z\|}\right) \tag{5-8}$$

由于 $\xi_1<\xi_2$,显然式(5-8)成立,则式(5-4)得证;再利用式(5-4)证明 $H(\boldsymbol{x})<H_{\mathrm{d}}(\boldsymbol{x})$, 设 $x_j$ 中 $y_a$ 错位到 $x_w$ ,此时 $\boldsymbol{x}$ 的熵表示为

$$H_{\mathrm{d}}(\boldsymbol{x})=-\sum_{i\neq j,w;i,j,w\in[1,m]} p_i\log p_i+\frac{x_j-y_a}{\|z\|}\log\left(\frac{x_j-y_a}{\|z\|}\right)+\frac{x_w+y_a}{\|z\|}\log\left(\frac{x_w+y_a}{\|z\|}\right) \tag{5-9}$$

对式(5-9)简化,得到

$$\begin{aligned}H_{\mathrm{d}}(\boldsymbol{x})&=-\sum_{i\neq j,w;i,j,w\in[1,m]} p_i\log p_i+\phi(x_j-y_a)+\phi(x_w+y_a)\\&>-\sum_{i\neq j,w;i,j,w\in[1,m]} p_i\log p_i+\phi(x_j)+\phi(x_w)\\&=H(\boldsymbol{x})\end{aligned} \tag{5-10}$$

由此可以看出,只有在辐射区严格对齐时,脉冲星信号才能按周期累加最小化 $H(\boldsymbol{x})$,从而累积轮廓达到最优。脉冲星信号也可以按照多个周期进行折叠累加,这并不影响用最小熵准则衡量对齐程度,反而能减小周期识别时相位分辨精度引起的误差。

### 5.3.3 利用累积轮廓最小熵确定脉冲星周期[11,50]

当周期不准确时,脉冲星累积轮廓波形会发生钝化,实际上脉冲星轮廓累积还存在另一个问题:脉冲星信号是离散的相位采样序列,而在累积的过程中,采样序列只能按照相位采样间隔最小单位的整数倍折叠。当实际周期不是相位采

样间隔最小单位的整数倍时,如果按单周期逐次累积,前后两个周期就会由于不能严格对齐而出现误差,随着累积周期数的不断增加,误差也会逐渐增大。对于这种问题,有两种方法可以减小误差:一是在逐次累积过程中,修正累积时前后两个周期的参考点,这种方法可以累积出单周期轮廓;二是按多周期折叠累积,此方法信号能量会分散到多周期中,轮廓会相对模糊,此时可以进一步采用第一种方法进行累积得到单周期轮廓。相比较而言,多周期累积更适用于最小熵方法,某些情况下能够提高周期识别的精度。为了说明这一点,本节先从理论出发,然后在实验中进一步进行分析。

为了表述方便,将轮廓累积时参照的长度定义为一个累积窗,仅包含一个周期的累积窗称为单周期窗,包含多个周期的累积窗称为多周期窗。为了简单起见,忽略周期演化的高阶项和其他天文因素,脉冲星信号累积过程可表示为

$$C_{\mathrm{m}}(w\delta t)=\sum_{n=1}^{[N/m]}h(n(mT_{\mathrm{r}}-w\delta t),(n+1)(mT_{\mathrm{r}}-w\delta t)-1) \quad (5-11)$$

式中:$h$ 为脉冲星序列;$h(o,p)$ 为序列中从采样 $o$ 开始到 $p$ 结束的一段样本;$T_{\mathrm{r}}$ 为累积时参考周期;$N$ 为 $h$ 序列的总脉冲周期数;$m$ 为累积窗的周期数,单周期窗累积时 $m=1$;[.] 表示取整;$w\delta t$ 为偏差;$\delta t$ 为相位采样间隔;$w$ 为自然数。

通过改变 $w\delta t$,利用最小熵确定周期方法为

$$T=T_{\mathrm{r}}-\frac{1}{m}\min_{w\delta t}Ep[C_{\mathrm{m}}(w\delta t)] \quad (5-12)$$

式中:$Ep[\cdot]$表示用式(5-3)求熵。5.2.2 节中提出了可以利用多周期窗轮廓累积的最小熵方法确定脉冲星周期,能够提高周期识别的精度,式(5-12)说明了这一点。从式(5-12)可以看出,在 $w\delta t$ 误差一定的情况下,累积窗长 $m$ 越大,所得真实周期 $T$ 误差越小。实际上,在累积过程中,累积窗的误差最大可达 $0.5\delta t$,此时周期 $T$ 的最大误差为 $\Delta T=\delta t/(2m)$,因此在使用最小熵方法确定周期时,利用 $m$ 个周期长的累积窗进行累积,其误差应该是使用单周期窗累积时最大误差的 $1/m$。特别地,当实际周期不是相位采样间隔最小单位的整数倍时,按一定长的多周期窗累积可以消除小数部分引起的周期识别误差。例如,当 $m=10$ 时,可以完全消除1位小数引起的误差。但累积窗并不是越长越好,累积窗越长,累积轮廓的熵随累积窗变化时分辨率就会越低,这一点将在实验部分进一步说明。

## 5.4 X 射线脉冲星累积轮廓相位测量的性能分析

利用 X 射线脉冲星累积轮廓和观测者(探测器)原子钟组保持的预测模型

下的标准轮廓进行比相是获取 X 射线脉冲星计时观测数据相位测量的基本方法。高斯成分分离方法在表现累积轮廓结构和细节方面也是非常有效的。本书将借鉴累积轮廓的高斯成分分离方法,对已有的结果进行拓展,将用数学函数解析表示累积轮廓,并利用 CRLB 分析累积轮廓和相位测量的关系。

### 5.4.1 相位测量的 CRLB[11]

脉冲星累积轮廓非常稳定,它是脉冲星辐射区结构一维分布的反映。在辐射区结构的"核—双锥"模型假设下,高斯成分分离方法的基本思想是:观测到的平均累积轮廓是由多个强度服从高斯分布的独立辐射成分叠加得到的结果。如果用 $h(\phi;\{a_i,\mu_i,\delta_i\})$ 表示平均累积轮廓,高斯成分分离在数学上可表示为

$$h(\phi;\{a_i,\mu_i,\delta_i\}) = \sum_{i=1}^{M} f_i(\phi) \tag{5-13}$$

式中:$a_i$、$\mu_i$ 和 $\delta_1$ 分别为成分 $i$ 的幅度系数、均值和方差,而 $f_i(\phi)$ 表达为

$$f_i(\phi) = f(\phi;\{a_i,\mu_i,\delta_i\}) = a_i \frac{1}{\sqrt{2\pi\delta_i^2}} \exp\left[-\frac{(\phi-\mu_i)^2}{2\delta_i^2}\right] \tag{5-14}$$

为了简单起见,令探测器参考位置 $x_0=0$,探测器位置和速度分别用位置 $x$ 和速度 $v$ 表示。既然脉冲星辐射相位及相位速率为探测器位置 $x$ 及速度 $v$ 的直接反映,那么为了方便表达,以下的分析过程也以 $x$ 和 $v$ 为对象。假设探测器载体匀速运动时多普勒相位 $\phi_v = \phi_x + f_v(t-t_1)$,其中 $\phi_x = \phi_{x_0} + f_0(t-t_1)$,$f_v = f_0(1+v/c)$。导航用 X 射线探测器来测量 X 射线光子到达感光材料的时刻,通过采样形成时间序列,考虑到多普勒效应,将观测时间$(t_1,t_2)$内光子到达数定义为

$$\lambda(\Delta t;x,v) = \int_{t_1}^{t_2} A \cdot K \cdot \eta(1+v/c)\{b + s \cdot h(\phi_v;a_i,\mu_i,\delta_i)\}\mathrm{d}t \tag{5-15}$$

式中:$\Delta t=t_2-t_1$,其中 $t_1$ 表示探测器在参考位置 $x_0$ 处的初始历元;$A$ 为探测器面积;$K$ 为累积次数,不累积时 $K=1$;$\eta$ 为探测效率;$b$ 为背景计数率;$s$ 为信号流量。

当 $\Delta t$ 较小时,式(5-15)等价为

$$\lambda(\Delta t;x,v) = A \cdot N \cdot \eta(1+v/c)\{b + s \cdot h(\phi_v;a_i,\mu_i,\delta_i)\}\Delta t \tag{5-16}$$

如果将 X 射线脉冲星光子到达看作一个随机事件,那么可以用泊松分布对其进行建模,则 $\Delta t$ 时间内到达 $k_n$ 个光子的概率为

$$p(k=k_n;x,v) = \frac{\lambda(\Delta t;x,v)^{k_n}}{k_n!} \exp\{-\lambda(\Delta t;x,v)\}, \qquad k_n = 1,2,\cdots \tag{5-17}$$

对泊松分布而言,均值和方差相同,有

$$E(k_n) = \mathrm{var}(k_n) = \lambda(\Delta t;x,v) \tag{5-18}$$

经过采样而形成的光子到达数序列可看做独立同分布随机序列,其联合概率密度函数可表示为

$$p(k_n/x,v) = \prod_{n=1}^{N} \frac{\lambda(\Delta t;x,v)^{k_n}}{k_n!}\exp\{-\lambda(\Delta t;x,v)\}, \qquad N = 1,2,\cdots,5 \tag{5-19}$$

令 $\theta = [x,v]^{\mathrm{T}}$, 其无偏估计的 CRLB 可用下式表示:

$$\mathrm{cov}(\hat{\boldsymbol{\theta}}) \geqslant J^{-1}(\boldsymbol{\theta}) \tag{5-20}$$

式中: $J(\theta)$ 为 $\theta$ 的弗希尔信息,有

$$J(\theta) = -E\left\{\frac{\partial^2 \log p(k_n/x,v)}{\partial \theta^2}\right\} = -E\begin{bmatrix} \dfrac{\partial^2 \log p(k_n/x,v)}{\partial x^2} & \dfrac{\partial^2 \log p(k_n/x,v)}{\partial x\,\partial v} \\ \dfrac{\partial^2 \log p(k_n/x,v)}{\partial v\,\partial x} & \dfrac{\partial^2 \log p(k_n/x,v)}{\partial v^2} \end{bmatrix} \tag{5-21}$$

其中

$$\begin{aligned} \log p(k_n/x,b) &= \log\left(\prod_{n=1}^{N} \frac{\lambda(\Delta t;x,v)^{k_n}}{k_n!}\exp\{-\lambda(\Delta t;x,v)\}\right) \\ &= \sum_{i=1}^{N} \log\left(\frac{\lambda(\Delta t;x,v)^{k_n}}{k_n!}\exp\{-\lambda(\Delta t;x,v)\}\right) \\ &= \sum_{i=1}^{N} (k_n \log\lambda(\Delta t;x,v) - \log(k_n!) - \lambda(\Delta t;x,v)) \end{aligned} \tag{5-22}$$

若令 $\boldsymbol{J}(\theta) = \begin{bmatrix} J_{11} & J_{12} \\ J_{21} & J_{22} \end{bmatrix}$, 利用轮廓测量相位 $J_{11}$ 和相位速率 $J_{22}$,对应的相位测量和相位速率测量的 CRLB 分别为 $C_x = J_{11}^{-1}$ 和 $C_v = J_{22}^{-1}$。 根据式(5-21)和式(5-22),有

$$J_{11} = -E\left(\frac{\partial^2 \log p(k_n/x,v)}{\partial x^2}\right) = -\sum\left[E(k_n)\frac{\partial^2 \log\lambda(\Delta t;x,v)}{\partial x^2} - \frac{\partial^2 \lambda(\Delta t;x,v)}{\partial x^2}\right] \tag{5-23}$$

其中

$$\frac{\partial^2 \log\lambda(\Delta t;x,v)}{\partial x^2} = \frac{\partial\left(\dfrac{1}{\lambda(\Delta t;x,v)}\dfrac{\partial\lambda(\Delta t;x,v)}{\partial x}\right)}{\partial x}$$

$$= \frac{1}{\lambda(\Delta t;x,v)} \frac{\partial^2 \lambda(\Delta t;x,v)}{\partial x^2} - \frac{1}{\lambda^2(\Delta t;x,v)} \frac{\partial \lambda(\Delta t;x,v)}{\partial x} \frac{\partial \lambda(\Delta t;x,v)}{\partial x} \tag{5-24}$$

由于式(5-18)成立,可以进一步得到

$$J_{11} = -\sum_{i=1}^{N} \frac{\partial^2 \lambda(\Delta t;x,v)}{\partial x^2} - \frac{1}{\lambda(\Delta t;x,v)} \frac{\partial \lambda(\Delta t;x,v)}{\partial x} \frac{\partial \lambda(\Delta t;x,v)}{\partial x} - \frac{\partial^2 \lambda(\Delta t;x,v)}{\partial x^2}$$

$$= \sum_{i=1}^{N} \frac{1}{\lambda(\Delta t;x,v)} \left( \frac{\partial \lambda(\Delta t;x,v)}{\partial x} \right)^2 \overset{\Delta t \to 0}{=\!=\!=} \int_{t_0}^{t_n} \frac{1}{\lambda(t;x,v)} \left( \frac{\partial \lambda(t;x,v)}{\partial x} \right)^2 \mathrm{d}t \tag{5-25}$$

式中:$t_0$ 和 $t_n$ 分别为观测的起始和结束时刻,结合式(5-15),$\Delta t \to 0$,有

$$\frac{\partial \lambda(t;x,v)}{\partial x} = \frac{\partial A \cdot K \cdot \eta(1 + v/c)\{b + s \cdot p(\phi_v;a_i,\mu_i,\delta_i)\}}{\partial x}$$

$$= A \cdot K \cdot \eta(1 + v/c) s \frac{\partial p(\phi_v;a_i,\mu_i,\delta_i)}{\partial x} \tag{5-26}$$

将式(5-26)代入式(5-25),得到

$$J_{11} = A \cdot K \cdot \eta(1 + v/c) \int_{t_0}^{t_n} \frac{\left( s \cdot \frac{\partial p(\phi_v;a_i,\mu_i,\delta_i)}{\partial x} \right)^2}{b + s \cdot p(\phi_v;a_i,\mu_i,\delta_i)} \mathrm{d}t$$

$$\overset{v/c \to 0}{=\!=\!=} A \cdot K \cdot \eta \int_{t_0}^{t_n} \frac{s^2 \frac{f_0^2}{c^2} \left( \frac{\partial p(\phi_v;a_i,\mu_i,\delta_i)}{\partial \phi_v} \right)^2}{b + s \cdot p(\phi_v;a_i,\mu_i,\delta_i)} \mathrm{d}t$$

$$= A \cdot K \cdot \eta \frac{s^2 f_0^2}{c^2} \sum_{i=1,j=1}^{M} \frac{4C_M^i}{\delta_i^2 \delta_j^2} \int_{t_0}^{t_n} \frac{(\phi_v - \mu_i)(\phi_v - \mu_j) f_i(\phi_v) f_j(\phi_v)}{b + s \cdot p(\phi_v;a_i,\mu_i,\delta_i)} \tag{5-27}$$

由于脉冲星辐射具有周期性,假设观测时间足够长并且 $t_2 - t_1 = N_c P$,$P$ 为周期,$N_c$ 为整数,设 $t = np + t'$,得到

$$\int_{t_1}^{t_2} \frac{(\phi_v - \mu_i)(\mu_v - \mu_j) f_i(\phi_v) f_j(\phi_v)}{b + s \cdot p(\phi_v;a_i,\mu_i,\delta_i)} \mathrm{d}t = \sum_{n=1}^{N_c} \int_{(n-1)P}^{nP} \frac{(\phi_v - \mu_i)(\phi_v - \mu_j) f_i(\phi_v) f_j(\phi_v)}{b + s \cdot p(\phi_v;a_i,\mu_i,\delta_i)} \mathrm{d}t' \tag{5-28}$$

由于每周期积分相等,有

$$\int_{t_1}^{t_2} \frac{(\phi_v - \mu_i)(\phi_v - \mu_j) f_i(\phi_v) f_j(\phi_v)}{b + s \cdot p(\phi_v;a_i,\mu_i,\delta_i)} \mathrm{d}t = N_c \int_0^P \frac{(\phi_v - \mu_i)(\phi_v - \mu_j) f_i(\phi_v) f_j(\phi_v)}{b + s \cdot p(\phi_v;a_i,\mu_i,\delta_i)} \mathrm{d}t' \tag{5-29}$$

将式(5-29)代入式(5-27),得到

$$J_{11}=\frac{A\cdot K\cdot\eta(1+v/c)}{P}T_{\text{obs}}\frac{s^2f_0^2}{c^2}\sum_{i=1,j=1}^{M}\frac{4C_M^i}{\delta_i^2\delta_j^2}\int_0^P\frac{(\phi_v-\mu_i)(\phi_v-\mu_j)f_i(\phi_v)f_j(\phi_v)}{b+s\cdot p(\phi_v;a_i,\mu_i,\delta_i)}\mathrm{d}t' \tag{5-30}$$

式中:$T_{\text{obs}}$为观测时间,且$N_c=T_{\text{obs}}/P$。由于相位测量的CRLB为$C_x=J_{11}^{-1}$,结合式(5-30)可以看出,若令$K=1$,忽略小项$v/c$,相位测量的CRLB和探测器面积$A$、探测效率$\eta$、观测时间$T_{\text{obs}}$以及信号流量的平方$s^2$成反比。但是,对于轮廓成分而言,CRLB与轮廓成分的宽度以及成分间的相关性有关,并分别表现在式(5-30)中的$\delta_i^2\delta_j^2$和$f_j(\phi_v)$上,显然,$\delta_i^2\delta_j^2$越大,即成分的宽度越宽,CRLB越大,反之$\delta_i^2\delta_j^2$越小,CRLB也越小;而$f_i(\phi_v)f_j(\phi_v)$越大,即成分间相关性越大,CRLB却越小,反之,成分间相关性越小,CRLB越大。对于这一结论将在实验部分做进一步分析。

### 5.4.2 相位速率测量的CRLB[11]

对于相位测量的CRLB,$J_{22}$分析方法与$J_{11}$分析方法相同:

$$\begin{aligned}J_{22}&=-E\left(\frac{\partial^2\log p(k_n/x,v)}{\partial v^2}\right)\\&=-\sum_{i=1}^{N}E(k_n)\frac{\partial^2\log\lambda(\Delta t;x,v)}{\partial v^2}-\frac{\partial^2\lambda(\Delta t;x,v)}{\partial v^2}\\&=-\sum_{i=1}^{N}\frac{\partial^2\lambda(\Delta t;x,v)}{\partial v^2}-\frac{1}{\lambda(\Delta t;x,v)}\frac{\partial\lambda(\Delta t;x,v)}{\partial v}\frac{\partial\lambda(\Delta t;x,v)}{\partial v}-\frac{\partial^2\lambda(\Delta t;x,v)}{\partial v^2}\\&=\sum_{i=1}^{N}\frac{1}{\lambda(\Delta t;x,v)}\frac{\partial\lambda(\Delta t;x,v)}{\partial v}\frac{\partial\lambda(\Delta t;x,v)}{\partial v}\\&\xlongequal{\Delta t\to 0}\int_{t_0}^{t_n}\frac{1}{\lambda(t;x,v)}\left(\frac{\partial\lambda(t;x,v)}{\partial v}\right)^2\mathrm{d}t\end{aligned} \tag{5-31}$$

当$\Delta t\to 0$时,有

$$\begin{aligned}\frac{\partial\lambda(t;x,v)}{\partial v}&=\frac{\partial A\cdot K\cdot\eta(1+v/c)\{b+s\cdot p(\phi_v;a_i,\mu_i,\delta_i)\}}{\partial v}\\&=A\cdot K\cdot\eta\left(\frac{b+s\cdot p(\phi_v;a_i,\mu_i,\delta_i)}{c}+(1+v/c)s\frac{\partial p(\phi_v;a_i,\mu_i,\delta_i)}{\partial v}\right)\\&=A\cdot K\cdot\eta\left(\frac{b+s\cdot p(\phi_v;a_i,\mu_i,\delta_i)}{c}+s\frac{f_0}{c}(t-t_0)\frac{\partial p(\phi_v;a_i,\mu_i,\delta_i)}{\partial\phi_v}\right)\end{aligned} \tag{5-32}$$

式中,忽略了小项 $v/c$。

将式(5-32)代入式(5-31),得到

$$J_{22}=A\cdot K\cdot\eta\left(\int_{t_1}^{t_2}\frac{b+sp(\phi_v;a_i,\mu_i,\delta_i)}{c^2}\mathrm{d}t+\int_{t_1}^{t_2}\frac{2sf_0(t-t_0)}{}\frac{\partial p(\phi_v;a_i,\mu_i,\delta_i)}{\partial\phi_v}\mathrm{d}t\right.$$

$$\left.+\int_{t_1}^{t_2}\frac{s^2f_0^2}{c^2}(t-t_1)\frac{\left(\dfrac{\partial p(\phi_v;a_i,\mu_i,\delta_i)}{\partial\phi_u}\right)^2}{b+sp(\phi_v;a_i,\mu_i,\delta_i)}\mathrm{d}t\right)$$

$$=A\cdot K\cdot\eta\left(\frac{1}{c^2}\int_{t_1}^{t_2}(b+sp(\phi_v;a_i,\mu_i,\delta_i))\mathrm{d}t+\frac{2sf_0}{c^2}\int_{t_1}^{t_2}(t-t_0)\frac{\partial p(\phi_v;a_i,\mu_i,\delta_i)}{\partial\phi_v}\mathrm{d}t\right.$$

$$\left.+\frac{s^2f^2}{c^2}\int_{t_1}^{t_2}(t-t_1)^2\frac{1}{b+sp(\phi_v;a_i,\mu_i,\delta_i)}\left(\frac{\partial p(\phi_v;a_i,\mu_i,\delta_i)}{\partial\phi_v}\right)^2\mathrm{d}t\right)$$

$$=A\cdot K\cdot\eta\left(\frac{1}{c^2}\sum_{n=1}^{N_c}\int_0^P(b+sp(\phi_v;a_i,\mu_i,\delta_i))\mathrm{d}t'+\frac{2sf_0}{c^2}\sum_{n=1}^{N_c}\int_0^P(nP+t')\frac{\partial p(\phi_v;a_i,\mu_i,\delta_i)}{\partial\phi_v}\mathrm{d}t'\right.$$

$$\left.+\frac{s^2f_0^2}{c^2}\sum_{n=1}^{N_c}\int_0^P(nP+t')^2\frac{1}{b+sp(\phi_v;a_i,\mu_i,\delta_i)}\left(\frac{\partial p(\phi_v;a_i,\mu_i,\delta_i)}{\partial\phi_v}\right)^2\mathrm{d}t'\right.$$

$$=A\cdot K\cdot\eta\left(\frac{1}{c^2}\sum_{n=1}^{N_c}\int_0^P(b+sp(\phi_v;a_i,\mu_i,\delta_i))\mathrm{d}t'+\frac{2sf_0}{c^2}\sum_{n=1}^{N_c}\int_0^P(nP+t')\frac{\partial p(\phi_v;a_i,\mu_i,\delta_i)}{\partial\phi_v}\mathrm{d}t'\right.$$

$$+\frac{s^2f_0^2P^2}{c^2}\sum_{n=1}^{N_c}n^2\int_0^P\frac{1}{b+sp(\phi_v;a_i,\mu_i,\delta_i)}\left(\frac{\partial p(\phi_v;a_i,\mu_i,\delta_i)}{\partial\phi_v}\right)^2\mathrm{d}t'$$

$$+\frac{2s^2f_0^2P^2}{c^2}\sum_{n=1}^{N_c}n\int_0^P t'\frac{1}{b+sp(\phi_v;a_i,\mu_i,\delta_i)}\left(\frac{\partial p(\phi_v;a_i,\mu_i,\delta_i)}{\partial\phi_v}\right)^2\mathrm{d}t'$$

$$\left.+\frac{s^2f_0^2}{c^2}\sum_{n=1}^{N_c}n\int_0^P t'^2\frac{1}{b+sp(\phi_v;a_i,\mu_i,\delta_i)}\left(\frac{\partial p(\phi_v;a_i,\mu_i,\delta_i)}{\partial\phi_v}\right)^2\mathrm{d}t'\right)\tag{5-33}$$

式中:$t=np+t'$。

一般来说 $N_c\gg1$,则对 $J_{22}$ 贡献最大的是式(5.33)中的第 3 项。为了方便分析,可忽略其他项,可得

$$J_{22}=\frac{AK\eta s^2f_0^2P^2N_c(N_c+1)(2N_c+1)}{6}\int_0^2\frac{1}{b+sp(\phi_v;a_i,\mu_i,\delta_i)}\left(\frac{\partial p(\phi_v;a_i,\mu_i,\delta_i)}{\partial\phi_v}\right)^2\mathrm{d}t'$$

$$=\frac{AK\eta s^2f_0^2}{Pc^2}\frac{T_{\mathrm{obs}}^3}{3}\int_0^P\frac{1}{b+sp(\phi_v;a_i,\mu_i,\delta_i)}\left(\frac{\partial p(\phi_v;a_i,\mu_i,\delta_i)}{\partial\phi_v}\right)^2\mathrm{d}t'$$

$$=\frac{AK\eta s^2f_0^2}{Pc^2}\frac{T_{\mathrm{obs}}^3}{3}\int_0^P\frac{\sum_{i=1,j=1}^{M}\dfrac{4C_M^i}{\delta_i^2\delta_j^2}(\phi_v-\mu_i)(\phi_v-\mu_j)f_i(\phi_v)f_j(\phi_v)}{b+s\cdot p(\phi_v;a_i,\mu_i,\delta_i)}\mathrm{d}t'$$

$$= \frac{AK\eta s^2 f_0^2}{Pc^2}\frac{T_{\mathrm{obs}}^3}{3}\sum_{i=1,,j=1}^{M}\frac{4C_M^i}{\delta_i^2\delta_j^2}\int_0^P\frac{(\phi_v-\mu_i)(\phi_v-\mu_j)f_i(\phi_v)f_j(\phi_v)}{b+s\cdot p(\phi_v;a_i,\mu_i,\delta_i)}\mathrm{d}t' \tag{5-34}$$

由于相位测量的 CRLB 为 $C_v = J_{22}^{-1}$，如果令 $K=1$，则相位速率测量的 CRLB 和探测器面积 $A$、探测效率 $\eta$、观测时间三次方 $T_{\mathrm{obs}}^3$ 以及信号流量的平方 $s^2$ 成反比。然而，对于轮廓成分而言，由式(5-30)容易看出，它对相位以及相位速率测量界的影响在数学表达式上是一致的。我们结合实验数据对此进一步分析说明。

CRLB 给出了参数估计的理论下界，CRLB 较小象征着更好的估计性能，因此可以把 CRLB 作为评价脉冲星累积轮廓卫星测量性能的指标，为了方便说明，引入脉冲星质量因子 $Q$。对于具体的脉冲星而言，$Q$ 为常数，在 XPNAV 脉冲星优选中 $Q$ 十分有用。在影响 CRLB 的参数中，流量强度、噪声、周期以及轮廓参数都是和脉冲星有关的具体参数。为了简化 $Q$ 的定义，我们为归一化平均累积轮廓定义两个特征矩阵，方差矩阵（用 **VM** 表示）和相关矩阵（用 **CM** 表示）。若 $f_i(\phi)$ 和 $\delta_i$ 分别为第 $i$ 个高斯成分函数和它的方差参数，则 **VM** 和 **CM** 分别定义为

$$\mathbf{VM} = (\mathbf{VM}_{kj})_{M\times M} = \left(\frac{C_M^k}{\delta_k\delta_j}\right)_{M\times M} \tag{5-35}$$

和

$$\mathbf{CM} = (\mathbf{CM}_{kj})_{M\times M} = \left(\int_0^P\frac{f_k(\phi_v)f_j(\phi_v)}{\lambda_b+\lambda_s h_g(\phi_v)}\mathrm{d}\phi_v\right) \tag{5-36}$$

式中：$M$ 为高斯成分数，通常 $M\leqslant 5$。

利用 **VM** 和 **CM** 重新定义轮廓得，$\Omega = \|\mathbf{VM}^{\mathrm{T}}\mathbf{CM}\|$，其中 $\|\cdot\|$ 表示 $\ell_1$ 范数。$Q$ 定义为 $Q=\lambda_s^2 f_0^3\Omega$。由此可见，$Q$ 与信号流量、脉冲频率和轮廓结构有着直接关系。

## 5.5 脉冲轮廓累积的最小熵方法实验

### 5.5.1 仿真数据准备

以平均轮廓具有代表性的 4 颗脉冲星 B0531－21、B1937+21、B0329+54 和 B0950+08 为例，它们的主要参数如表 5-1 所列[50]。

为了便于分析和比较，以 X 射线脉冲星辐射信号为例，假设 X 射线探测

器有效探测面积为 $1m^2$,仿真数据中信号辐射强度设定为 $5\times10^{-2}ph/(cm^2 \cdot s)$,平均背景辐射强度设置为 $5\times10^{-2}ph/(cm^2 \cdot s)$。仿真模型采用第 3 章中的高斯模型。

表 5-1 仿真用脉冲星参数

| 脉冲星 | 周期/s | 周期采样数 | 采样间隔/s | 脉冲宽度/s |
|---|---|---|---|---|
| B0531-21 | $3.34\times10^{-2}$ | 62 | $5.3\times10^{-4}$ | $1.7\times10^{-3}$ |
| B1937+21 | $1.56\times10^{-3}$ | 1024 | $1.5\times10^{-6}$ | $2.1\times10^{-5}$ |
| B0329+54 | 0.71451 | 474 | $1.5\times10^{-3}$ | $6.7\times10^{-2}$ |
| B0950+08 | 0.25306 | 472 | $5.3\times10^{-4}$ | $5.8\times10^{-2}$ |

### 5.5.2 X 射线脉冲星累积轮廓的熵分析

将模拟的观测序列按单周期窗折叠累加,其中脉冲星 B0531-21 和 B1937+21 周期较短,分别累积 $10^4$次和 $1.5\times10^4$次,脉冲星 B0329+54 和 B0950+08 均累积 $10^3$次,求其熵,熵随着累积窗误差变化情况如图 5-3 所示[50]。

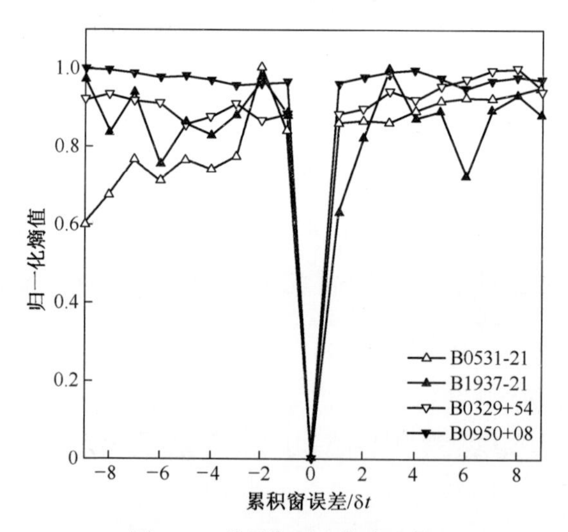


图 5-3 单周期累积轮廓的熵

图 5-3 中横坐标表示累积周期窗与真实周期窗在采样点数上的差。由于每个脉冲星信号周期、采样率都不同,并且累积窗宽只能是采样间隔的整数倍,因此横坐标统一用采样间隔 $\delta t$ 为单位;纵坐标表示熵值。为了方便对比,进行了归一化处理。显然,当累积周期窗与真实周期窗存在差异时,熵值维持在较高

的水平且波动较小；当累积周期窗与真实周期窗相同时，熵值变小并且有明显谷底。由图 5-3 可看出，所选 4 颗脉冲星表现一致，这就证明了利用最小熵作为信号累积准则的可行性和有效性。

利用最小熵方法分析累积脉冲轮廓，并不会限定累积窗周期数，相反地，如果按照多周期窗进行折叠累加，在累积效果上将会得到一些额外信息。为了证明该理论，对模拟的观测序列按多周期窗折叠累加，其中周期较短的脉冲星 B0531-21 按窗长 1000 个周期进行 10 次折叠累加，脉冲星 B1937+21 按窗长 1500 个周期同样累积 10 次，脉冲星 B0329+54 和 B0950+08 则均按窗长 100 个周期折叠累积 10 次，求熵，多周期累积轮廓的熵如图 5-4 所示。

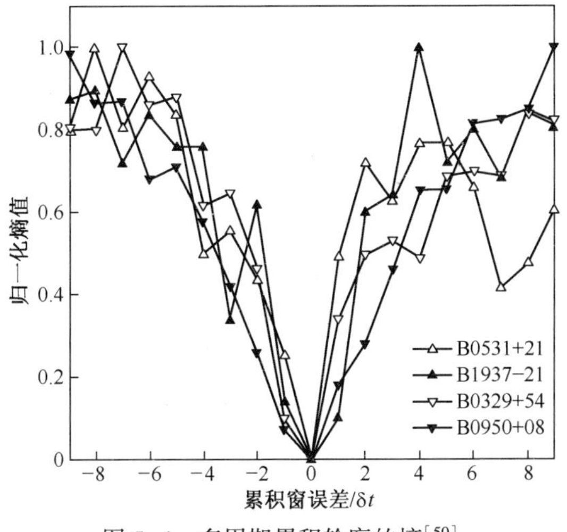


图 5-4　多周期累积轮廓的熵[50]

此次实验将累积窗设计得较长，折叠次数设计得较少，有两个方面原因：一是保证所用的观测序列长度和单周期窗累加时一样，不引入任何附加信息；二是折叠周期越长，累积次数越少越能充分说明按多周期窗折叠累积不影响累积时最小熵方法的应用。从图 5-4 可以看出，当周期窗准确时熵值最小，由此说明按多周期窗累积时使用最小熵方法是可行和有效的。与图 5-3 不同的是，在按照多周期窗累积时，随着累积窗长和真实窗长误差的不断变化，熵值变化相对来说较平缓，且有明显的递增或递减趋势。存在这种不同原因就是按多周期窗累积时累积次数变少了。根据 5.2.1 节的分析，在累积过程中当脉冲区的观测值被错误地分配到非脉冲区时，会使熵变大，这种错误分配越多，熵值就越大，而累积窗累积次数增多或误差增大都会导致这种错误分配增多。只是在不同的情况下二者作用程度不同。单周期窗累积时，累加次数起着主要作用，只有在正确累积窗下熵值才会最小，因此熵值随累积窗长误差变化不明显，如图 5-3 所示。

反之,按多周期窗累积时,由于累积次数较少,窗误差起主导作用,此时熵值就随累积窗误差变化且存在明显递增或递减趋势,如图 5-4 所示。图 5-4 中的 V 字形变化趋势的拐点可作为是否需要进一步改变窗长再累积的判断依据,与单周期窗相比,多周期窗在最小熵位置附近的分辨能力有所下降,但其影响并不大。

### 5.5.3 利用累积轮廓最小熵确定脉冲星周期的性能分析

根据 5.4.2 节结论,通过实验对最小熵方法在周期确定方面的性能进行分析比较。仍以脉冲星 B0329+54 为例,设其采样间隔 $\delta t=1.5\times10^{-3}$,将周期改为 $475.5\delta t$。此时周期不再是采样单位的整数倍,经过多次实验,可以发现若按单周期窗累加次数过多,则不能得到明显的最小熵,不便进行分析对比,为了减小累积次数,将信号辐射强度设置为 $0.5\mathrm{ph/cm^2\cdot s^{-1}}$,其他仿真数据生成条件及方法与 5.4.1 节相同。首先生成模拟的观测序列;然后进行折叠累积,并设置参考周期为 $475\delta t$,先按单周期窗进行 100 次累积,再按窗长为 10 个周期的多周期窗进行 10 次累积,分别求熵并归一化,结果如图 5-5 所示[11,45,50]。

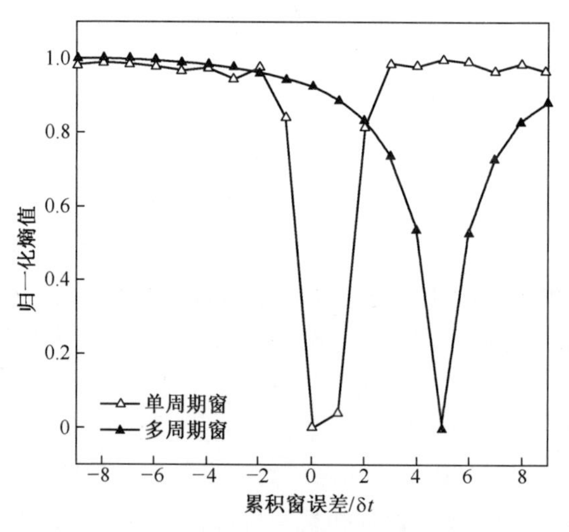


图 5-5 两种累积窗周期确定比较

从图 5-5 可以看出,单周期窗累积时,有两个熵值较小,且十分接近,所对应的周期分别为 $475\delta t$ 和 $476\delta t$,而实际周期为 $475.5\delta t$ 时,理应有这种结果。如果以最小熵为判据,单周期窗累积方法所得周期应为 $475\delta t$,此时误差为 $0.5\delta t$。单周期窗累积与对比,多周期窗累积时只有一个明显的较小值,利用最小熵作为判据所得累积窗和实际所用累积窗的长度差为 $5\delta t$,因为窗长为 10 个周期,所以

设真实周期为 $T_P$，有 $10T_p = 10\delta t475\delta t+5\delta t$，计算得 $T_P = 475.5\delta t$，等于真实周期，证明了采用最小熵方法确定脉冲星周期时利用多周期窗累积具有很大的优势。

下面，仍以脉冲星 B0329+54 为例，进一步分析窗长对周期识别的影响。我们将周期改为 $475.5314157\delta t = 0.7104$s，根据 5.4.1 节的仿真条件和方法得到 1000 个周期长的序列，将序列长度保持不变，利用最小熵方法求周期，并分析随着累积窗长的变化周期误差的变化情况，结果如图 5-6 所示。

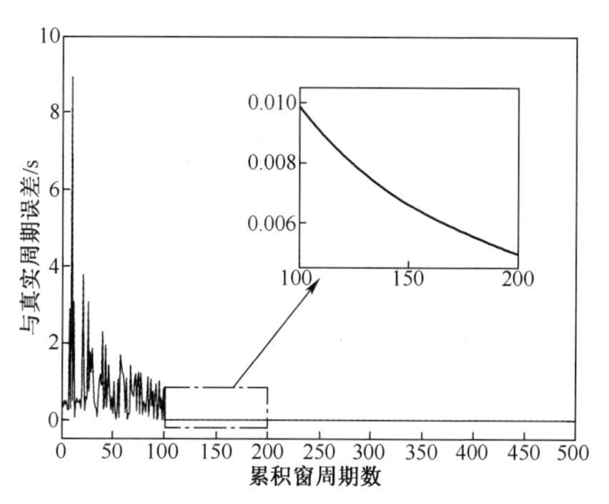


图 5-6　周期识别误差随累积窗长变化情况[50]

从图 5-6 中可以看出，随着累积窗周期数的增加，周期识别误差总体呈现减小趋势；当累积窗长小于 100 时，随着窗长变化误差浮动较大，在某些特定窗长位置，误差几乎达到零，但不是很明显；当累积窗长大于 100 时，周期识别误差就会明显减少，仔细观察可以看出，随着累积窗长的增加，周期识别误差呈现平滑减小的趋势。当然，这里只是给出了个例，通过多次实验我们发现，实验所得结论基本是相同的，不一样的是误差随着累积窗长变化趋势的快慢以及误差出现明显改善的位置不一样，这主要取决于真实周期小数部分的具体值。

为了形成对比，利用 FFT 方法对同样的序列求幅度谱，如图 5-7 所示。FFT 方法一直是信号分析的常用方法，但是此方法易受谐波和色噪声的影响，不可避免地出现多解情况，导致真实解判定的混乱。其中，谐波来自轮廓中的高频成分，如脉冲星脉冲轮廓的多峰、子脉冲等特征，因此即使在没有噪声的情况下频域谐波也会存在；色噪声一般来自于探测器的电子读出设备，它会使与其同频谐波的能量增强，导致误判。从图 5-7 中可以看出，幅度谱中既包括了真实频率成分，同时也包含丰富的谐波成分，而有些谐波的幅度甚至大于真实频率的幅度，这就很容易引起误判。比较而言，最小熵方法在周期识别中所得结果要比 FFT 方法清晰得多，一般都只有唯一解，图 5-3 和图 5-4 都说明了这一点。而在周期识别准确性方面，累积窗长分别为200和500周期时最小熵方法所得周期分别为0.7154s和0.7124s，误差分别为0.005s和0.002s；FFT方法所得周期为0.7095s，误差0.001s。由此可见，二者周期识别精度都较高，比较而言，FFT方法精度略高一些。

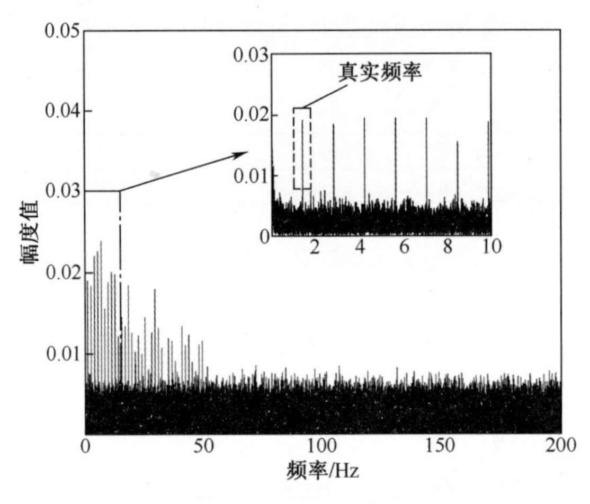

图5-7　FFT幅度谱

## 5.5.4　RXTE实测数据实验

从HEASARC数据库获取以B1855+09的数据，利用FTOOLS工具处理得到该脉冲星X射线光变曲线。经过修正，去掉不良数值，得到256个周期长的信号，对该信号进行周期累积、去均值、归一化之后得到的轮廓如图5-8所示[50]。

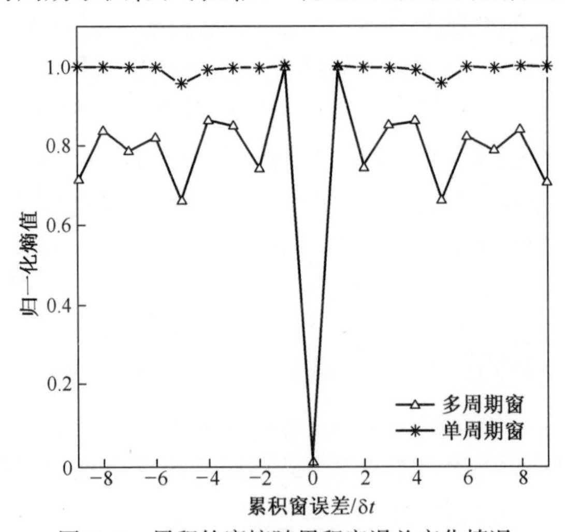

图5-8　累积轮廓熵随累积窗误差变化情况

按单周期窗和窗长为50个周期的多周期窗对这256个周期长的信号累积并求熵随窗误差变化情况,然后归一化,结果如图5-8所示。当累积窗无误时能得到明显的最小熵值,容易看出利用最小熵方法处理实测数据和仿真数据所得结果相同,由此进一步证明了最小熵方法的有效性。图5-6中多周期窗累积结果与图5-8的仿真结果基本相同,不同的是图5-8没有明显的变化趋势,这是因为这里所用数据采样率低且周期数少,与图5-6的结论并不矛盾。

## 5.6 累积轮廓相位测量的性能分析实验[11]

利用第3章的数据生成方法模拟的观测序列:首先通过实验分析轮廓成分对CRLB的影响;然后再分析相位和相位速率测量的性能。为了能够直观表述,在以下实验中,相位和相位速率单位分别用m和m/s表示。

对于脉冲星累积轮廓拟合而言,成分数和脉冲星辐射区结构紧密相关,在满足精度要求的前提下,脉冲区的拟合残差应该尽量与非脉冲区拟合残差保持一致,以免出现过拟合情况。在"核—双锥"模型假设下,脉冲星轮廓成分数通常不会超过5个。从EPN数据库中选取5颗B0531-21、B1937-21、B0740-28、B0329+54和B0950+08适用于导航应用的脉冲星的标准累积轮廓(观测频段0.61GHz)。对这些标准轮廓进行归一化处理后,利用高斯和函数对轮廓进行拟合。与所有的拟合过程一样,该拟合过程通过使式(3-25)表示的理论轮廓与标准轮廓之间的拟合残差最小得到$a_i$、$\mu_i$和$\delta_i$的值;式(3-25)中高斯拟合成分数$M$与脉冲星辐射区结构模型有关,在Rankin提出的"核—双锥"辐射区结构模型假设下,脉冲星轮廓成分一般不超过5个。倘若不考虑辐射区结构,只用高斯拟合成分方法来表示脉冲星轮廓,那么增加成分数量就能使脉冲区波形"更好"地拟合,从而得到更小的全局拟合残差,然而这同时有可能造成脉冲区残差和非脉冲区残差结构不一致的结果,并导致计算量增加。本书仅利用高斯成分分离对轮廓建模,在选择成分数量时,所遵循的原则是在拟合效果符合要求的前提下,在对拟合精度提高不明显的情况下,尽量选择较少的成分数。对5颗脉冲星标准轮廓归一化高斯成分拟合残差与成分数的关系如图5-9所示。由图可以看出,脉冲星B1937+21和B0531-21在高斯成分数为3个时能获得较好的拟合结果,脉冲星B0740-28、B0329+54和B0950+08在高斯成分数为5个时取得较好的拟合效果,同样地,对于其他脉冲星轮廓数据也可以采用这种方法。以脉冲星B0329+54为例,给出它的高斯成分特征参数如表5-2所列。

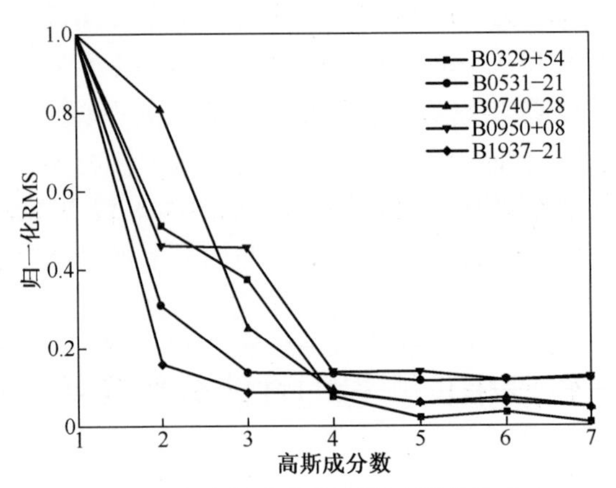


图 5-9 高斯成分数和拟合误差关系

表 5-2 脉冲星 B0329+54 高斯成分参数

| 参数 | 成分 1 | 成分 2 | 成分 3 | 成分 4 | 成分 5 |
| --- | --- | --- | --- | --- | --- |
| 均值 $\mu$ | 0. 3584 | 0. 3765 | 0. 3572 | 0. 3322 | 0. 35 |
| 方差 $\delta$ | $1.708\times10^{-2}$ | $3.581\times10^{-3}$ | $3.971\times10^{-3}$ | $3.801\times10^{-3}$ | $4.533\times10^{-3}$ |
| 比例系数 $a$ | $4.298\times10^{-3}$ | $8.66\times10^{-4}$ | $8.826\times10^{-3}$ | $7.34\times10^{-4}$ | $1.603\times10^{-3}$ |

从式(5-30)中容易发现,对于影响 CRLB 的各个因素而言,探测器面积、观测时间以及流量等参数的影响是非常明显的。而由于轮廓成分本身比较复杂,所以在 CRLB 中的数学表示也相对复杂,因此本节将通过一些仿真实例定量分析轮廓成分对 CRLB 的影响。仍然以脉冲星 B0329+54 为分析对象,首先对该脉冲星轮廓进行成分分离,实验发现用 5 个成分的高斯成分拟合能够很好地逼近原轮廓。对归一化轮廓的拟合结果如表 5-2 所列,可见,高斯成分分离方法能够很好地刻画轮廓形状和结构细节。式(5-30)的 Fisher 信息式中可以体现这些成分对相位测量性能的影响,从直观上看,成分的宽度和成分间相关性发挥着主要作用。下面,以脉冲星 B0329+54 为例说明成分宽度和成分相关性对 CRLB 的影响。

容易发现,构成轮廓的高斯成分间的相关性及其宽度可以分别通过修改均值和方差的方式得到。在构成脉冲星 B0329+54 轮廓的 5 个高斯成分之中,成分 3 的幅值最大且在轮廓剖面中占有面积也最大。以成分 3 为例,通过修改其均值和方差,分析它对 CRLB 的影响,结果如图 5-10 和图 5-11 所示。图 5-10 中的结果是由 5.5.1 节中的仿真条件和数据,首先求得脉冲星 B0329+54 轮廓相位测量的 CRLB;然后将其成分 3 的均值和方差分别增加 0.1;最后再利用同样的方法求 CRLB 所得到的对比结果。先结合图 5-9 分析,在主成分均值少量增加的情况下，它与其他成分的相关性直观上将被减弱，结合由式(5-30)的数学表达式可发现，此时 CRLB 将增大；而在方差增加的情况下，轮廓宽度增加，同样会引起 CRLB 增大。观察图 5-10 不难发现，主成分的均值和方差修改后 CRLB 值都不同程度增加了，此结果与分析的结果基本一致。此外，从图 5-10 中可看出，均值变化所造成的影响比方差变化造成的影响要大，但是通过多次实验分析证明，这只是个例，并不能表明均值一定是主导因素。经过多次实验可以发现，与方差比较，均值变化对 CRLB 的影响与其他成分之间的关系更密切，因此这种影响也更为复杂，有时候甚至会出现突变的情况，将在下面用图 5-12 和图 5-13 对这一现象进一步分析说明。再看图 5-11，从对式(5-30)和式(5-34)的对比分析中得出轮廓结构对相位和相位测量 CRLB 的影响是一致的，图 5-11 的结果可以很好地验证这结论。对比图 5-10 和图 5-11 不难看出，当成分 3 变化量相同时，相位和相位速率变化规律也相同。

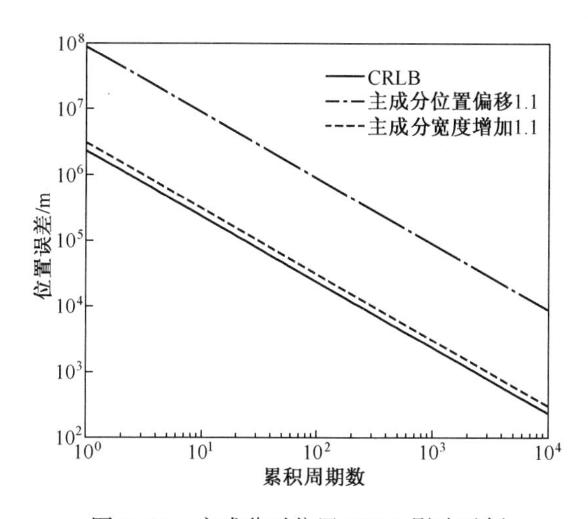


图 5-10　主成分对位置 CRLB 影响示例

对于各成分参数的变化对 CRLB 影响的细节，基于 1000 次累积的脉冲星 B0329+54 轮廓数据，图 5-12 和图 5-13 分别给出了在一次实验中均值偏差变化以及方差变化±1%对相位测量性能影响的局部示意图。从图 5-12 中可看出，各个成分变化均会对 CRLB 产生影响，其中在轮廓剖面中占有面积最大的成分 3 和成分 5 影响最为显著，当均值偏差达±1%时，相位偏差能够达到 150m。不同的是，随着偏差逐渐增大，成分 3 使得相位测量误差也随之逐渐增大，而成分 5 则刚好相反，误差会随之逐渐减小。值得注意的是，在成分 5 均值变化过程中某些位置出现了相位误差不连续变化的情况，通过多次实验分析发现，随着偏差的继续变化，其他成分也会出现类似状况。此外，不难发现，图 5-12 中曲线

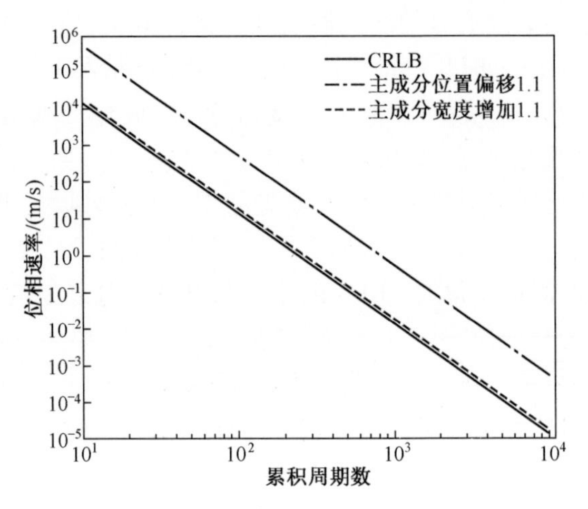


图 5-11　主成分对速度 CRLB 影响示例

即使在连续变化时也呈现非线性。以上这些现象都证实了轮廓具体结构对相位测量性能影响具有复杂性,结合式(5-30)的结论,总体来说,理想状况是轮廓成分间的相关性越大越好,即轮廓越紧凑越好。由图 5-13 可以看出,相较轮廓结构而言,成分宽度变化对相位测量性能的影响要简单些,相位测量误差随着轮廓方差的增加而增大,并呈线性变化。通过多次实验,结果基本一致,未发现突变情况,也就是说轮廓成分方差越小,即轮廓越窄,利用轮廓进行相位测量的性能也就越好。对于轮廓成分均值以及方差对相位速率测量的影响,5.3.2 节中已经表明它在数学形式上与相位测量影响一致,图 5-10 和图 5-11 也说明了这一点,因此这里不再赘述。

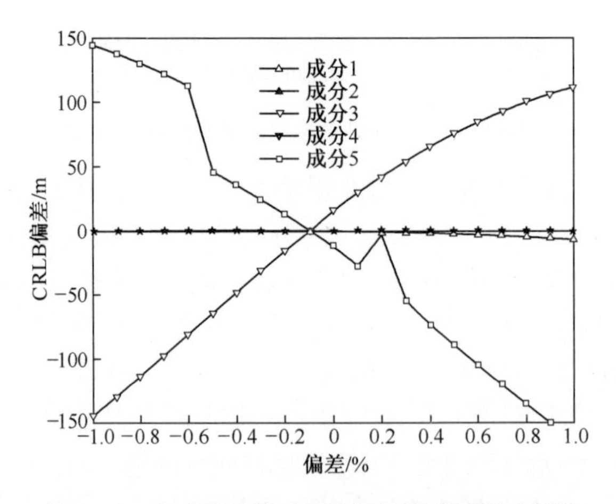


图 5-12　各成分均值对相位测量影响局部示意图

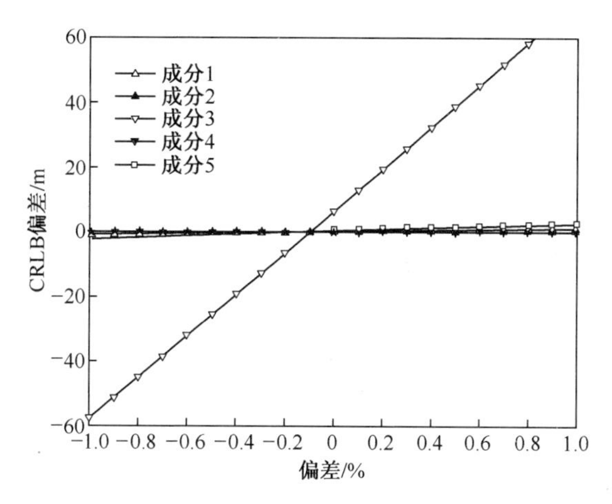


图 5-13　各成分宽度对相位测量影响局部示意图

## 5.7　小结

本章所描述的脉冲星轮廓累积最小熵方法实现过程与传统方法完全不同，首先在最小熵意义下得到累积轮廓，然后再提取周期，这为脉冲星轮廓累积以及周期识别提供了新的思路。本章在理论上证明了最小熵方法的可行性和有效性，并利用仿真和实测数据进行了实验验证；接着对单周期窗和多周期窗在周期识别中不同的作用和意义进行了分析，得出多周期窗在周期识别精度方面表现更好的结论；作为对比，对最小熵方法和 FFT 方法在周期识别中的性能差异也进行了分析，实验结果表明，虽然二者都能达到较高精度，但是最小熵方法避免了 FFT 方法中经常出现的多解情况，其结果具有唯一性。直接利用轮廓质量作为累积轮廓评价标准的最小熵方法性能较好，计算量并不大，只需要加法运算，是实际意义和推广能力都较好的方法。脉冲星轮廓作为脉冲星辐射信号的典型属性之一，具有结构特殊和细节丰富的特征，利用高斯成分分离方法，能够很好地刻画这些特征。基于高斯成分分离方法对轮廓建模，并结合脉冲星信号的泊松分布模型，对利用脉冲星轮廓测量相位和相位速率的 CRLB 进行分析，发现二者都与探测器面积、探测效率以及信号流量的平方成反比，所不同的是前者还与观测时间成反比，而后者则与观测时间的三次方成反比；轮廓结构和细节特征对 CRLB 的影响相对复杂，可以概括的表述为：轮廓高斯成分的方差越小，即成分的宽度越宽，CRLB 越小；高斯成分间相关性越大，即成分间越紧凑，CRLB 则越小。

# 第6章 脉冲星信号的去噪

## 6.1 概述

脉冲星发出的信号在到达地球后变得非常微弱,信号淹没在极强的噪声之中。脉冲星信号在传播过程中,受到星际介质的各种影响,并且不同频率的信号所受影响是不同的,低频信号比高频信号所受影响更大,到达地球的时延就越长。在对脉冲星信号进行检测、记录时,由于受探测器、星载钟等设备自身性能条件的限制,所接收到的脉冲星信号难免含有较强的噪声。因此,使用脉冲星进行定时、导航等应用的前提便是对脉冲星信号去噪,提升信号的质量。在脉冲星导航领域,利用累积轮廓测相,仍然是基本方法,因此本章主要以脉冲星轮廓为处理的对象。值得一提的是,脉冲星轮廓是探测器探测的光子到达时间序列按周期折叠得到的,根据中心极限定理,脉冲星轮廓的噪声是近似高斯分布的。一般来讲,经典滤波方法就可以得到不错的效果,但是人们对于更高质量轮廓的追求是无止境的,轮廓的多样性增加了滤波的困难,尝试多种方法来对脉冲星信号去噪是必要的。

## 6.2 常用去噪方法

### 6.2.1 经典滤波去噪方法

如果将脉冲星累积轮廓表示为信号 $s(n)$ 和噪声 $v(n)$ 的混合体,即 $x(n) = s(n) + v(n)$,按照均方误差最小准则,从 $x(n)$ 中分离出信号 $s(n)$ 的理论,称为维纳(Wiener)滤波理论。

维纳滤波是一种从噪声中提取信号的线性滤波方法。对于一个线性系统，若它的单位样本响应为 $h(n)$，当输入一个随机信号 $x(n)$，即

$$x(n) = s(n) + v(n) \tag{6-1}$$

由于 $s(n)$ 和 $v(n)$ 都是随机信号,因此维纳滤波实际上是一种统计估计问题。通常来讲:从当前的和过去的观察值 $x(n)$，$x(n-1)$，…,估计当前的信号值 $y(n)=\hat{s}(n)$ 称为过滤或滤波;从过去的观察值,估计当前的或将来的信号值 $y(n)=\hat{s}(n+N)(N \geqslant 0)$ 称为预测或外推;从过去的观察值,估计过去的信号值 $y(n)=\hat{s}(n-N)(N>1)$ 称为平滑或内插。因此,维纳滤波也称为最佳线性过滤与预测或线性最优估计,此处的最佳与最优是以最小均方误差为准则的。若 $s(n)$、$\hat{s}(n)$ 分别表示信号的真值与估计值，$e(n)$ 表示它们之间的误差,即

$$e(n) = s(n) - \hat{s}(n) \tag{6-2}$$

则均方误差为

$$J = E\{(s(n) - \hat{s}(n))^2\} \tag{6-3}$$

为了得到 $s(n)$ 最佳的估计值，应使均方误差最小，即 $J = E\{(s(n) - \hat{s}(n))^2\} = \min$，维纳滤波都是以均方误差最小为准则解决最佳线性过滤和预测问题,维纳滤波是根据全部过去的和当前的观察数据估计信号的当前值,它的解是以传递函数或者单位冲激的形式给出,可以通过卷积、相关求解的,适用于平稳系统。对于物理可实现系统,即 $h(n)=0, n<0$,令

$$\begin{cases} h = (h(0) \;\; h(1) \;\; \cdots \;\; h(N-1)) \\ s = (s(n) \;\; s(n-1) \;\; \cdots \;\; s(n-N-1)) \end{cases} \tag{6-4}$$

则

$$\begin{aligned} \frac{\partial \boldsymbol{J}}{\partial \boldsymbol{h}} = \nabla_{\mathrm{h}}(J) &= \frac{\partial}{\partial \boldsymbol{h}} E\{\boldsymbol{h}^{\mathrm{T}} \boldsymbol{s} \boldsymbol{s}^{\mathrm{T}} \boldsymbol{h} - 2y\boldsymbol{h}^{\mathrm{T}} \boldsymbol{s} + y^2\} \\ &= \frac{\partial}{\partial \boldsymbol{h}} \{\boldsymbol{h}^{\mathrm{T}} \boldsymbol{R}_{\mathrm{s}} \boldsymbol{h} - 2\boldsymbol{h}^{\mathrm{T}} \boldsymbol{R}_{\mathrm{sy}} + \boldsymbol{R}_{\mathrm{y}}(0)\} \\ &= 2\boldsymbol{R}_{\mathrm{s}} \boldsymbol{h} - 2\boldsymbol{R}_{\mathrm{sy}} \end{aligned} \tag{6-5}$$

令式(6.5)为零,则得 $\boldsymbol{R}_{\mathrm{s}}\boldsymbol{h} = \boldsymbol{R}_{\mathrm{sy}}$ 或者 $\boldsymbol{h} = \boldsymbol{R}_{\mathrm{s}}^{-1}\boldsymbol{R}_{\mathrm{sy}}$。其中 $\boldsymbol{R}_{\mathrm{s}} = E\{| \boldsymbol{s}\boldsymbol{s}^{\mathrm{T}} |\}$ 为 $s$ 的自相关函数矩阵；$\boldsymbol{R}_{\mathrm{sy}}$ 为 $s(n)$ 与 $y(n)$ 的互相关函数矩阵。这是离散维纳—霍普方程的矩阵形式,这是在时域的实现形式。如果信号为平稳序列,统计特征为 $E\{f(n)\}=0, E\{f(n)^2\} = \delta_{\mathrm{y}}^2$，且噪声是零均值白噪声,与信号不相关。

因此,维纳滤波器的冲激响应为

$$h(0) = h(1) = \cdots = h(N-1) = \frac{\delta_{\mathrm{y}}^2}{N\delta_{\mathrm{y}}^2 + \delta_{\mathrm{v}}^2} \tag{6-6}$$

维纳滤波器也可以在频域实现,在此不再叙述。

### 6.2.2 小波变换去噪方法

傅里叶变换将一个信号分解成不同频率的正弦波来分析,小波变换是采用与傅里叶变换类似的思想,只不过小波变换是将信号分解成基本小波(小波母函数)的平移和伸缩形式。傅里叶变换采用的正弦函数在时域持续时间是从负无穷到正无穷,并且幅值不会随着时间的递推出现衰减的情况,呈现周期性变化;而小波变换所采用的小波基函数在时域的持续时间是有限的,幅值会随着时间的递推而迅速衰减,此外,小波基函数的形状大多数是不规则的。由此可见,小波变换可以更好地刻画信号的局部特征。

1. 连续小波变换

连续函数的傅里叶变换可以表示如下:

$$F(\omega) = \int_{-\infty}^{\infty} f(t)\mathrm{e}^{-\mathrm{j}\omega t}\mathrm{d}t \tag{6-7}$$

由式(6-7)可以看出,傅里叶变换是信号与指数函数乘积的积分(指数函数可以分解为正弦函数成分)。相对应地,连续小波变换可定义为信号与基本小波函数经平移和尺度变换后乘积积分求和:

$$W_{\mathrm{f}}(a,b) = \int_{-\infty}^{\infty} f(t)\psi_{a,b}(t)\mathrm{d}t = \frac{1}{\sqrt{a}}\int_{-\infty}^{\infty} f(t)\psi\left(\frac{t-b}{a}\right)\mathrm{d}t \tag{6-8}$$

式中:$\psi(t)$ 为一个基本小波或小波母函数。

$\psi(t)$ 的傅里叶变换 $\Psi(\omega)$ 满足可容性条件:

$$\int_{-\infty}^{+\infty} \frac{|\Psi(\omega)|^2}{\omega}\mathrm{d}\omega < \infty \tag{6-9}$$

将小波母函数 $\psi(t)$ 进行伸缩和平移得到小波基函数:

$$\psi_{a,b}(t) = a^{-\frac{1}{2}}\psi\left(\frac{t-b}{a}\right), a > 0, b \in \mathbf{R} \tag{6-10}$$

式中:$a$ 为伸缩因子(又称尺度因子);$b$ 为平移因子。

与傅里叶变换一样,小波变换也是一种积分变换。由定义可以看出,小波变换与傅里叶变换存在许多不同之处,其中最重要的一点是,小波基具有尺度因子 $a$、平移因子 $b$ 两个参数,也就是说将函数在小波基下展开,就意味着将一个时间函数投影到二维的时间—尺度相平面上。从时域来看,小波变换所体现的也不再是信号在某个准确的时间点处的变化,而是反映了原信号在某个时间段内的变化情况。从频域的角度来看,小波变换没有频率点的概念,取而代之的是本质意义上的频带概念。

2. 离散小波变换

由连续小波变换的重构公式可知，$f(t)$ 可由它的小波变换系数进行精确地重构。也就是说，$f(t)$ 可以在小波基 $\psi_{a,b}(t)$ 上进行分解，$f(t)$ 的小波变换 $W_{\mathrm{f}}(a,b)$ 即分解系数。由于 $\psi_{a,b}(t)$ 的参数 $a$、$b$ 的变化是连续的，因此对于分析一个信号局部特征来说存在着高度的冗余信息。为了使各点小波变换之间没有相关性，将参数 $a$、$b$ 离散化，在基函数 $\psi_{a,b}(t)$ 中寻找相互正交的基函数并且能够完备的表示空间 $L^2(R)$ 中的任意函数。这样不仅能有效地消除冗余性，同时又能做到不丢失信号的有效信息。在实际信号处理中，一般使用二进制离散小波序列，即

$$\psi_{j,k}(t) = 2^{-\frac{j}{2}}\psi(2^{-j}t - k) \quad , \quad j、k \in \mathbf{Z} \tag{6-11}$$

以式(6-11)中二进制小波函数为“基”进行的小波变换就是离散小波变换，即

$$W_{\mathrm{f}}(a,b) = \int_{-\infty}^{\infty} f(t)\psi_{j,k}(t)\,\mathrm{d}t \tag{6-12}$$

为 $f(t)$ 的二进制离散小波变换(DWT)。

### 6.2.3 双谱域去噪方法

第3章介绍了脉冲星轮廓的高斯模型，高斯成分分离方法是研究脉冲星平均脉冲轮廓的常用方法。这种方法是把脉冲星平均脉冲轮廓看作高斯成分的线性叠加，不考虑其他的非高斯成分。尽管轮廓可以用高斯函数拟合，并不代表噪声也服从高斯分布，好在中心极限定理告诉我们，不管脉冲星信号服从什么分布，只有能认为是独立同分布，大量周期信号折叠出轮廓后，每个相位采样间隔内的噪声也近似服从高斯分布。双谱(三阶累积量谱)不仅能很好地抑制高斯噪声，同时双谱(高阶累积量)还包含了信号功率谱以及相位的完整信息，因此高阶累积量被广泛地应用在信号分析领域。在利用双谱变换对脉冲星信号滤波时，首先将脉冲星信号变换到双谱域，然后通过重构得到不含高斯噪声的信号，最后在双谱域对信号进行滤波处理，从而可进一步地减少重构信号中所含的噪声[41,51]。

### 6.2.4 去噪效果评价

1. 信噪比

信噪比定义为信号和噪声平均功率之比。因为脉冲星信号是周期信号，信

噪比可通过计算一个周期的信号、噪声能量之比得到。若已知真实信号为 $s(n)$,观测得到的含噪信号为 $p(n)$,信噪比计算公式为

$$\mathrm{SNR} = 10 \times \lg \frac{\left[s(n) - \frac{1}{N}\sum_{n=1}^{N} s(n)\right]^2}{[p(n) - s(n)]^2} \tag{6-13}$$

在实际仿真实验中,由于脉冲星一个周期的信号长度有限,信噪比的计算结果会和产生含噪信号时设定的信噪比有一定偏差。为了得到对信噪比的准确估计值,进行多次独立的实验,将得到的信噪比取平均值,作为实际的信噪比:

$$\mathrm{SNR} = \frac{1}{M}\sum_{i=1}^{M} \mathrm{SNR} \tag{6-14}$$

2. 均方根误差

均方根误差(Root-Mean-Square Error,RMSE)也称为标准误差,它是观测值与真值偏差的平方和观测次数 $n$ 比值的平方根,在有限测量次数中,均方根误差常用下式表示:

$$\sigma = \sqrt{\frac{\sum d_i^2}{n}}, \qquad i = 1,2,\cdots,n \tag{6-15}$$

式中:$n$ 为测量次数; $d_i$ 为一组测量值与真值的偏差。

在信号处理和分析中,均方根误差是指原始信号与去噪后的估计信号的均方根,通常把信号分为平稳信号和非平稳信号。信号的噪声一般集中在高频,而有用信号的频谱又是主要集中在一个有限的低频空间里。在处理实际问题时,人们总是希望把噪声减小到可以忽略不计的程度,而使其能完全重构出信号的本来面貌。所以,信号去噪有很多的方法,最常用的是傅里叶变换方法和基于小波变换的信号去噪方法。

## 6.3 基于小波域去噪方法

### 6.3.1 小波域去噪的常规方法

1.信号和噪声在小波变换下的特征

脉冲星信号去噪的一维模型可以表示为

$$p(t) = s(t) + n(t) \tag{6-16}$$

式中:$s(t)$ 为真实的脉冲星信号; $n(t)$ 为加性高斯噪声; $p(t)$ 为含有噪声的脉

冲信号。小波变换是一种线性变换,根据函数的局部奇异性与其小波变换模极大值的渐进衰减性之间的关系,得到 $s(t)$ 和 $n(t)$ 在小波变换下的特性如下:① $s(t)$ 的小波特性,在信号出现的短暂时刻内,小波系数将出现模极大值,而且随着分解尺度的增大而增大,并达到一个峰值;②对于 $n(t)$ ,如果是白噪声,则具有负的奇异性,它的小波系数极大值和稠密度及方法将随着分解尺度的增大而减小。利用这一截然相反的特性,随着分解尺度的增大,信号特性越来越明显,而噪声成分却相对减弱,通过小波变换进行信噪分离。由于脉冲星轮廓结构比较复杂,在峰值处,往往还有突变点,这也是描述信号细节的重要特征。小波变换,处理突变点问题能力比较突出,在应对脉冲星信号的去噪问题时也能表现出特点。

2. 基于模极大值去噪法

1) 奇异点模极大值法检测信号的奇异点

去噪的原理:观察不同尺度间小波变换模极大值变化的规律,首先去除幅度随尺度的增大而减小的点(对应噪声的极值点),保留幅度随尺度增加而增大的点(对应于有用信号的极值点);然后再由保留的模极大值点用交替投影法进行重建,即可以达到去噪的目的。

小波变换模极大值法主要适用于信号中混有白噪声,并且含有较多奇异点的情况。由于基于模极大值去噪,无须知道噪声的方差,即对噪声的依赖性较小,因而即对信号的信噪比不高,基于模极大值去噪的方法仍然可以取得较好的去噪效果。但是,因为该方法需要重构模极大值小波的系数,所以计算量很大。另外,该方法受小波分解尺度影响比较大。小尺度下小波系数极易受噪声影响,容易产生很多伪极值点,而大的尺度会使信号丢失某些重要的局部奇异性,因此,在使用该方法时,合理的尺度选择则显得尤为重要。

2) 小波阈值去噪法

噪声的小波分解有以下特性:如果 $n(t)$ 是一个平稳、零均值的白噪声,则其小波分解系数是不相关的;如果 $n(t)$ 是一个高斯白噪声,则其小波分解系数是独立的,且呈现高斯分布;如果 $n(t)$ 是一个有色、平稳、零均值的高斯噪声序列,则其小波分解系数也是高斯序列。在每一个尺度下,其系数也是一个有色、平稳序列。Donoho 提出的小波阈值去噪方法是工程中应用最广泛的方法,其基本思想是由于小波变换是线性变换。对于式(6-16)中的信号模型作离散小波变换后得到的小波系数仍由两部分组成:一部分是信号对应的小波系数;另一部分是噪声对应的小波系数。基于有用信号和噪声在经小波变换后具有不同的统计特性:有用信号的能量对应着幅值较大的小波系数,噪声能量则对应着幅值较小的小波系数,并分散在小波变换后的所有系数中。由于信号和噪声的统计特性不同,一般来说小波分解后,信号的小波系数要大于噪声的系数。于是如果可以找到一个合适的阈值 $\lambda$ ,当小波系数大于 $\lambda$ 时,认为此时的分解主要是由信号引起的,就把这一部分的直接保留下来(硬阈值方法)或者按照某一固定量向零收缩(软阈值方法);反之,若此时的分解系数小于 $\lambda$ ,则认为该分解是由噪声引起的,给予舍弃。最后用得到的小波系数进行小波重构,即为去噪后的信号。

Donoho 提出的硬阈值函数为

$$\widehat{w}_{j,k} = \begin{cases} w_{j,k}, & |w_{j,k}| \geqslant \lambda \\ 0, & |w_{j,k}| < \lambda \end{cases} \tag{6-17}$$

软阈值函数为

$$\widehat{w}_{j,k} = \begin{cases} \mathrm{sgn}(w_{j,k})(|w_{j,k}| - \lambda), & |w_{j,k}| \geqslant \lambda \\ 0, & |w_{j,k}| < \lambda \end{cases} \tag{6-18}$$

式中: $w_{j,k}$ 为去噪处理之前的小波变换系数; $\widehat{w}_{j,k}$ 为经过去噪处理之后的小波变换系数; $\mathrm{sgn}(\cdot)$ 为符号函数; $\lambda$ 为阈值, $\lambda = \sigma\sqrt{2\lg(M)}$ , $\sigma = \dfrac{\mathrm{median}(|w_{j,k}|)}{0.6745}$ 是对噪声水平的估计, $M$ 为信号的长度。由于小波阈值去噪法原理简单,计算量小,且在保持信号的奇异性的同时能有效地去除噪声而得到了广泛的应用。

### 6.3.2 基于小波阈值去噪的方法

利用小波变换从含有噪声的信号中恢复原始的信号,主要分以下几个步骤。

第一步,进行正交小波变换。选择合适的小波基和小波分解层数,将含有噪声的信号进行小波分解,得到相应的小波分解系数。

第二步,对小波系数进行处理。根据选取的阈值大小,对分解得到的小波系数进行归类,大于阈值的是信号给予保留,小于阈值的是噪声给予舍弃,得到去噪后的小波系数。

第三步,进行小波逆变换。将去噪后的小波系数进行信号重构,得到恢复的原始信号。基于小波阈值去噪方法中,阈值函数及阈值估计方法的选择很大程度上决定着去噪效果的好坏。

该方法中,如果阈值选取的太小则噪声无法得到有效滤除,去噪后的信号依然含有大量噪声;若阈值选择的太大又会“扼杀”许多重要的小波系数,会丢失一部分有用信号的信息。所以,阈值大小的选择应该在噪声有效抑制和细节保护上折中选取。通常有以下四种常用的阈值估计方法。

1. 固定阈值选择算法

通常用于滤除信号中的高斯白噪声，根据高斯白噪声在小波变换域的能量主要集中于幅值较低的小波系数这一特点来设置阈值，其表达式为

$$t_1 = r\,(2\log_2 N)^{\frac{1}{2}}\frac{\mathrm{MAD}(d_j)}{0.6745} \tag{6-19}$$

式中：$r$ 为常数，对于正交的小波基 $r=1$；$N$ 为小波的个数；MAD 为取每层变换中小波系数的中值。

2. 基于史坦(Stein)的无偏似然估计原理(SURE)的自适应阈值选取[52,53]

对一个给定的值 $t$ 得到它的似然估计，再将似然 $t$ 最小化，就得了所选取的阈值。具体操作为：设 $\boldsymbol{W}$ 为一长度为 $N$ 的矢量，其中的元素为小波分解系数的平方值，从小到大排列，$\boldsymbol{W}=[w_1,w_2,w_3,\cdots,w_N]$，$w_1<w_2<w_3<\cdots<w_N$，设风险矢量 $\boldsymbol{R}$ 的元素为

$$r_i = \frac{1}{N}\left[N-2i-(n-i)w_i+\sum_{k=1}^{i}w_k\right],\qquad i=1,2,\cdots,N \tag{6-20}$$

记矢量 $\boldsymbol{R}$ 元素中的最小值 $r_{\mathrm{b}}$ 作为风险值，与此对应的 $w_i$ 记为 $w_{\mathrm{b}}$，则阈值为

$$t_2 = \sigma\sqrt{w_{\mathrm{b}}} \tag{6-21}$$

3. 启发式阈值选择(heursure 规则)

启发式阈值选择规则是前两种阈值的综合，是最优预测变量阈值选择。当信噪比很小，而 heursure 估计有很大的噪声时，就采用这种固定的阈值的方法进行选择。如果 $s$ 为 $N$ 个小波系数的平方和，即 $s=\sum_{i=1}^{N}w_i{}^2$，令 $A=(s-N)/N$，$B=(\log_2 N)^{3/2}\sqrt{N}$，则阈值 $t_3$ 可表示为

$$t_3=\begin{cases}t_1, & A<B\\ \min(t_1,t_2), & A<B\end{cases} \tag{6-22}$$

4. 极小极大准则阈值选择(minimaxi 规则)

极小极大准则阈值选择规则采用的也是一种固定的阈值，它产生一个最小均方误差的极值，而不是无误差。在统计学上这种统计原理用于设计估计器。因为被去噪的信号可以看作与未知回归函数的估计式相似，这种极值估计器可以在一个给定的函数集中实现最大均方误差最小化，具体的阈值选择规则为

$$t_4=\begin{cases}\sigma(0.39396+0.1829\log_2 n), & N>32\\ 0, & N\leqslant 32\end{cases} \tag{6-23}$$

式中：$N$ 为小波系数的个数；$\sigma$ 为噪声的标准差，$\sigma=\mathrm{middle}(|w_{j,k}|, 0\leqslant k\leqslant 2^{j-1}-1)/0.674$，$w_{j,k}$ 为尺度为 $j$ 的小波分解系数，middle( ) 为对括号中的内容取中间值。

### 6.3.3 改进小波空域相关滤波算法

1. 算法分析[52]

由于信号和噪声的奇异性的不同,可以使用小波变换进行去噪。脉冲星信号与噪声有不同的利普希茨(Lipschitz)指数,在小波域上,随尺度的增大信号小波系数相应增加,噪声的小波系数与尺度的关系与之相反。在图6-1中,第5尺度上真实脉冲星信号的小波系数占绝大部分,噪声的小波系数基本为零。此时,只需要设定适当的阈值,即可将噪声全部滤除,并很好地保留信号细节。在小尺度上难以通过设定阈值达到滤除噪声并保留细节。在如图6-2中,在脉冲星信噪比极低的情况下,噪声系数的幅度随着分解尺度减小而迅速增加,第1尺度上的噪声幅度约为信号幅度40倍。设定较大的阈值,能够有效滤除噪声,但细节信息同样地也被滤除;设定较小的阈值,能够保留部分细节信息,但也保留了部分噪声。因此,在小尺度上,必须寻找一种可有效分离噪声和信号的方法。

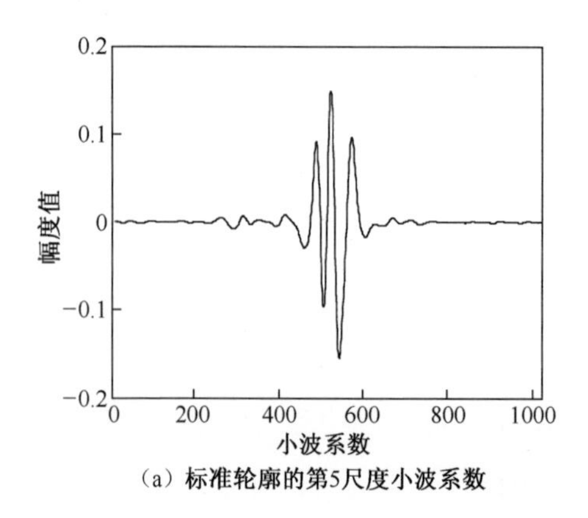


(a) 标准轮廓的第5尺度小波系数

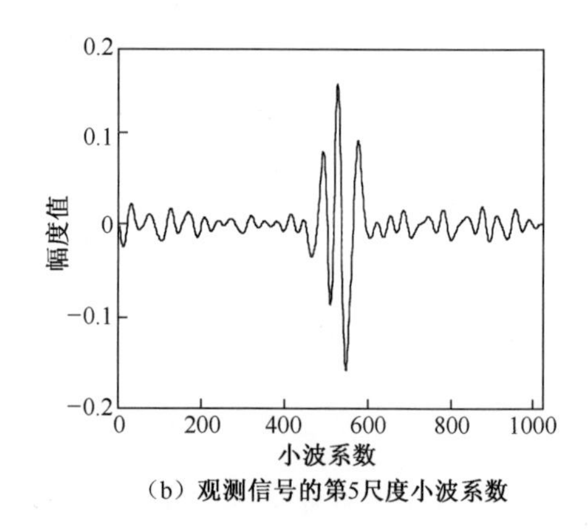


(b) 观测信号的第5尺度小波系数

图6-1 标准轮廓和观测信号的第5尺度小波系数对比

真实信号的连续性比噪声强,且突变性比起噪声弱很多。小波变化系数根据信号和噪声的连续性以及突变性而不尽相同。在信号的脉冲附近,信号的小波系数在相邻尺度上相关性和其相关性更加明显;而噪声对应的小波系数却与之不同。因此,利用相关性大小取相邻尺度的小波系数进行运算区分小尺度上的噪声和信号,并去除小尺度变换下的噪声。

设观测信号为式(6-16)中的 $p(t)$ ,则 $p(t)$ 的二进小波变换为

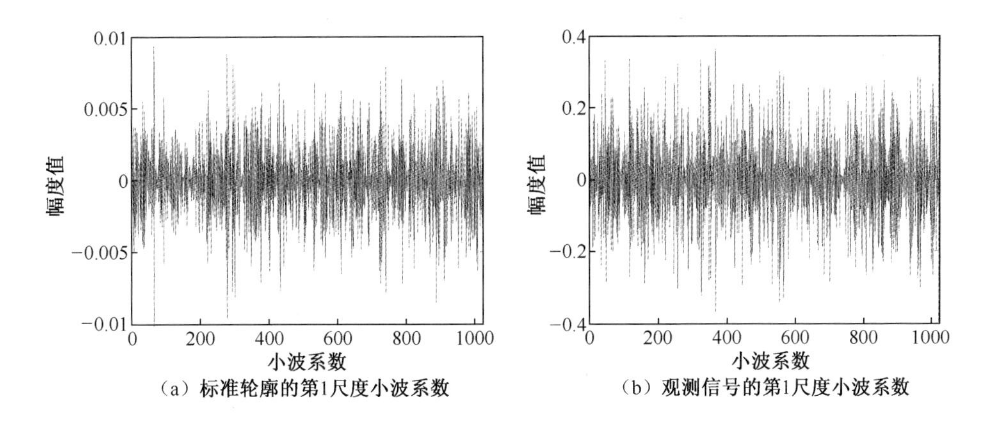

(a) 标准轮廓的第1尺度小波系数　(b) 观测信号的第1尺度小波系数

图 6-2　标准轮廓和观测信号的第 1 尺度小波系数对比

$$d(j,k)=2^{\frac{j}{2}}\int_R p(t)\phi(2^j t-k)\mathrm{d}t \tag{6-24}$$

式中：$\phi$ 为小波基。

相邻尺度的相关系数定义为

$$\mathrm{Corr}_j(k,\tau_{j,k})=d(j,k)\times d(j+1,k+\tau_{j,k}) \tag{6-25}$$

其中，$\tau_{j,k}$ 满足

$$R_j(k,\tau_{j,k})=E[\mathrm{Corr}_j(k,\tau_{j,k})]=\max\frac{-b\pm\sqrt{b^2-4ac}}{2a} \tag{6-26}$$

则 $\tau_{j,k}$ 可使相邻尺度上的小波系数的相关性最强。

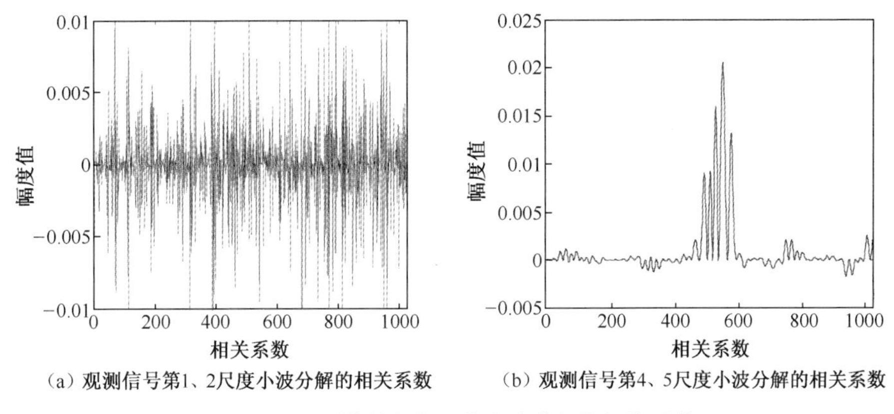

(a) 观测信号第1、2尺度小波分解的相关系数　(b) 观测信号第4、5尺度小波分解的相关系数

图 6-3　观测信号相邻尺度小波分解的相关系数

从图 6-1～图 6-3 可以看出，小尺度上信号和噪声的小波系数很难区分，但

采用相邻尺度的小波系数分析时,小尺度上信号的相关系数,并没有被噪声湮没,反而更加突出,真实的细节信息更容易辨识,而大尺度上的相关系数则基本上完全滤除了噪声。

但是,在处理脉冲星这样的极弱信号时,小波空域相关滤波算法仍有如下缺陷。

(1) $\tau_{j,k}$ 值难以确定。当脉冲星信号的信噪比极低时,利用式(6-26)并不能在小尺度上得到正确的 $\tau_{j,k}$ 。而在空域相关滤波中, $\tau_{j,k}$ 的值对滤波影响却不容忽略。

(2) 低信噪比信号在小尺度上的去噪不理想。在信噪比极低的情况下,小尺度上,阈值方法会过多的保留由噪声引起的突变点,从而使重构信号出现很多“毛刺”。

(3) 噪声功率估计。小波空域相关滤波算法中,涉及噪声功率估计。现有噪声功率计算方法假设信号小波分解第一尺度系数完全由噪声产生,通过计算第 1 尺度上小波系数的功率间接得到噪声功率。该方法是一种未知有用信号先验知识时的方法,计算复杂且估计误差较大。

2. 改进的小波空域相关滤波算法[52]

针对上述空域相关滤波算法的缺陷,并结合脉冲星辐射特性,对小波空域相关滤波算法进行改进。

当信号信噪比极低时, $\tau_{j,k}$ 值难以确定。为此,结合脉冲星信号稳定的周期性和噪声的不相关性,改进算法采用两个连续单周期脉冲星信号 $p_1(n)$ 和 $p_2(n)$ 的小波系数在相同尺度、相同位置处进行相关运算。

设两个周期的噪声互不相关,且均和信号不相关。由式(6-25)、式(6-26),可得

$$\begin{aligned}
R_j(k,\tau_{j,k}) &= E[\,d_{P1}(j,k)\times d_{P2}(j,k+\tau_{j,k})\,]\\
&= E\{[\,d_{S1}(j,k)+d_{n1}(j,k)\,]\times[\,d_{S2}(j,k+\tau_{j,k})+d_{n2}(j,k+\tau_{j,k})\,]\}\\
&= E[\,d_{S1}(j,k)d_{S2}(j,k+\tau_{j,k})\,]+E[\,d_{S1}(j,k)d_{n2}(j,k+\tau_{j,k})\,]\\
&\quad +E[\,d_{n1}(j,k)d_{S1}(j,k+\tau_{j,k})\,]+E[\,d_{n1}(j,k)d_{n2}(j,k+\tau_{j,k})\,]\\
&\quad +E[\,d_{S1}(j,k)d_{S2}(j,k+\tau_{j,k})\,]\\
&= R_{S,j}(\tau_{j,k})\leqslant R_{S,j}(0)
\end{aligned}\tag{6-27}$$

式中: $d_{P1}(j,k)$ 和 $d_{P2}(j,k)$ 分别为 $p_1(n)$ 和 $p_2(n)$ 在尺度 $j$ 和位置 $k$ 处的小波系数。

由式(6-27)可以看出,相邻两单周期的脉冲星信号在小波分解的相同尺度上进行相关运算,当 $\tau_{j,k}=0$ 时,相关性达最大值。相同尺度的相关系数可定义为

$$\mathrm{Corr}(j,k) = d_{P1}(j,k) \times d_{P2}(j,k) \tag{6-28}$$

从图 6-3 和图 6-4 可以看出,两个周期的小波系数在相同的尺度上的相关性比一个周期的小波系数在相邻尺度上的相关性更强。因此,在相同尺度、相同位置处,$p_1(n)$ 和 $p_2(n)$ 的小波分解系数进行相关运算,可更好地提取信号细节并抑制噪声。

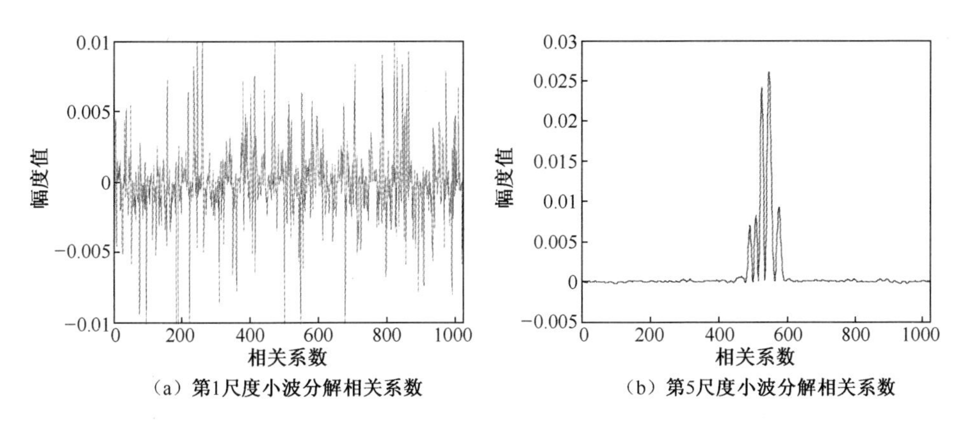

(a) 第1尺度小波分解相关系数 (b) 第5尺度小波分解相关系数

图 6-4 连续两单周期脉冲信号第 1 和第 5 尺度小波分解相关系数

1) 极低信噪比的信号在小尺度上的降噪方法

通过前面的分析知道,对于极低信噪比的脉冲星信号,在小尺度上难以通过阈值分离信号与噪声。因此,在小尺度上,用归一化相关系数代替含噪信号的小波系数,具体改进方法如下:

$$\hat{d}(j,k) = \mathrm{sgn}[d(j,k)]\,|\mathrm{NewCorr}(j,k)| \tag{6-29}$$

式中:$\mathrm{sgn}[x] = \begin{cases} 1(x > 0) \\ -1(x < 0) \end{cases}$;$\mathrm{NewCorr}(j,k)$ 为归一化相关系数,可定义为

$$\mathrm{NewCorr}(j,k) = \mathrm{Corr}(j,k) \times \sqrt{P_{w1}(j)/P_{\mathrm{corr}}(j)} \tag{6-30}$$

其中

$$P_{w1}(j) = \sum_{k=1}^{N} [d_{p_1}(j,k)]^2 \tag{6-31}$$

$$P_{\mathrm{corr}}(j) = \sum_{k=1}^{N} [\mathrm{Corr}(j,k)]^2 \tag{6-32}$$

由式(6-29)~式(6-32),可得

$$\begin{aligned}\hat{d}_{S1}(j,k) &= \mathrm{sgn}[d_{S1}(j,k)]\,|\mathrm{NewCorr}(j,k)| \\ &= \mathrm{sgn}[d_{S1}(j,k)]\,\left|\mathrm{Corr}(j,k)\sqrt{P_{w1}(j)/P_{\mathrm{corr}}(j)}\right|\end{aligned}$$

$$
= \operatorname{sgn}[d_{S1}(j,k)] \left| \frac{E\left\{ \begin{matrix} [d_{S1}(j,k) + d_{n1}(j,k)] \\ [d_{S2}(j,k) + d_{n2}(j,k)] \end{matrix} \right\}}{\sqrt{P_{w1}(j)/P_{\text{corr}}(j)}} \right|
$$

$$
= \operatorname{sgn}[d_{S1}(j,k)] \left| \frac{d_{S1}(j,k) d_{S2}(j,k)}{\sqrt{P_{w1}(j)/P_{\text{corr}}(j)}} \right|
$$

$$
= \operatorname{sgn}[d_{S1}(j,k)] d_{S1}^2(j,k) \sqrt{P_{w1}(j)/P_{\text{corr}}(j)} \qquad (6-33)
$$

由此可知，在小尺度上，由式(6-29)确定的小波系数不仅可以抑制噪声，而且可以加强原始信号。

2）噪声阈值的自适应确定[52]

结合脉冲星窗口辐射模型，提出一种脉冲星信号噪声功率自适应的计算方法，通过脉冲星辐射窗口外部的信号计算噪声功率。

脉冲星平均脉冲轮廓形状极其稳定，是脉冲星极冠区辐射窗口，约占整个脉冲周期的3%~5%（图6-5）。窗口内部的脉冲信号由X射线脉冲星扫过探测器视线方向时被探测器所探测到的光子信号组成；窗口外部的信号主要由噪声组成。脉冲星信号周期一般为1.3ms~8s，而且脉冲星信号中的噪声是短期平稳的，因此可以通过研究辐射窗口外部的信号来获取噪声统计特性。设脉冲星辐射窗口外部信号的范围为图6-5中的$M_1 \sim M_2$。可通过下式获得噪声平均功率：

$$
\sigma^2 = \frac{1}{M_2 - M_1 + 1} \sum_{n=M_1}^{M_2} p_1^2(n) \qquad (6-34)
$$

式中：$p_1(n)$ 为式(6-27)中定义的观测信号。

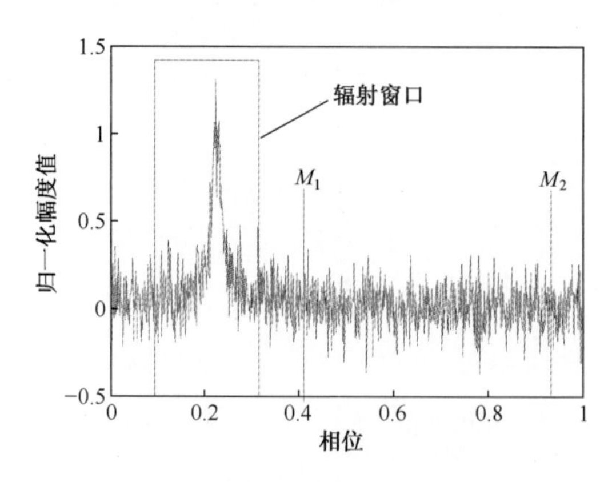


图6-5 辐射窗口示意图

由小波变换的塔式分解结构,易知各尺度噪声功率的计算方法为

$$\sigma_j^2 = \sigma^2 \times \| h_0 * h_1 * \cdots * h_{j-2} * g_{j-1} \|^2 \tag{6-35}$$

式中: $\|\cdot\|^2$ 为 $l^2$ 范数; $h_j$ 和 $g_j$ 分别为小波的低通滤波器和带通滤波器的单位冲激响应;“ * ”为卷积运算。

3) 实验与结果分析[51-54]

在利用小波变换对脉冲星信号进行去噪时,不同小波基对降噪效果影响不大;当小波分解层数低于 5 时,降噪效果随层数的增加迅速提高;但是在此之后,降噪效果随着分解层数增加而改善不明显。因此采用改进小波空域相关滤波算法。

在模糊阈值确定的各种函数中,升岭型隶属度函数降噪方法可以得到更高的信噪比,故作为对比实验中的模糊阈值降噪算法采用该方法确定阈值。为了充分地研究各种降噪算法在去除噪声的同时保留细节信息的能力,在此对脉冲星 J0437-4715 的累积脉冲轮廓进行去噪,其标准轮廓和累积脉冲轮廓如图 6-6 所示。其中,横坐标为脉冲星的自转相位,纵坐标为归一化幅度。采用上述各种算法对该累积脉冲轮廓进行降噪。降噪后的结果如图 6-7 所示,表 6-1 为去噪前、后信噪比的对比。为了进一步验证各种算法之间的去噪性能,对脉冲星 J2145-0750 的累积脉冲轮廓进行去噪研究,标准轮廓和累积脉冲轮廓如图 6-8 所示。采用四种算法降噪后的累积脉冲轮廓如图 6-9 所示,信噪比如表 6-1 所列。

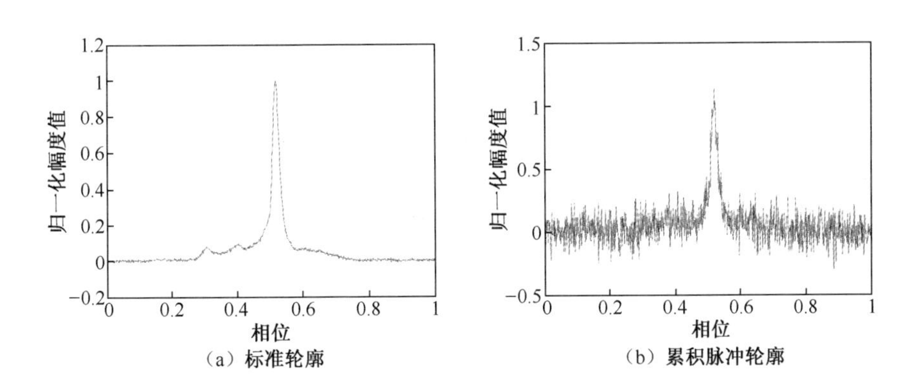


图 6-6 脉冲星 J0437-4715 的标准轮廓和累积脉冲轮廓

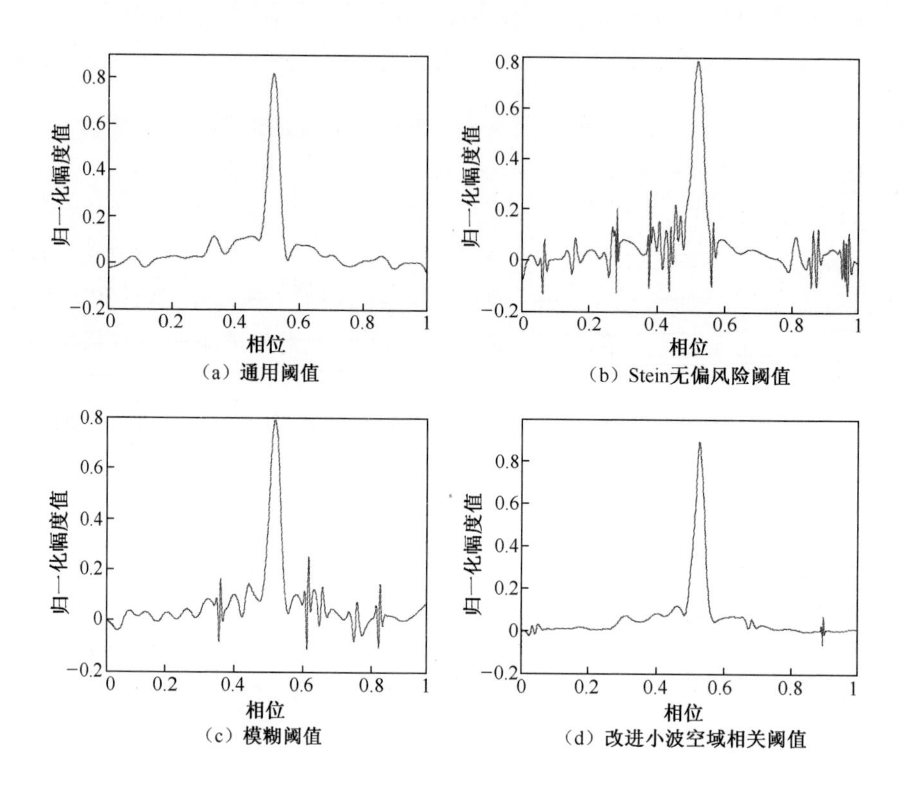


图 6-7　各种算法对脉冲星 J0437-4715 的降噪结果对比

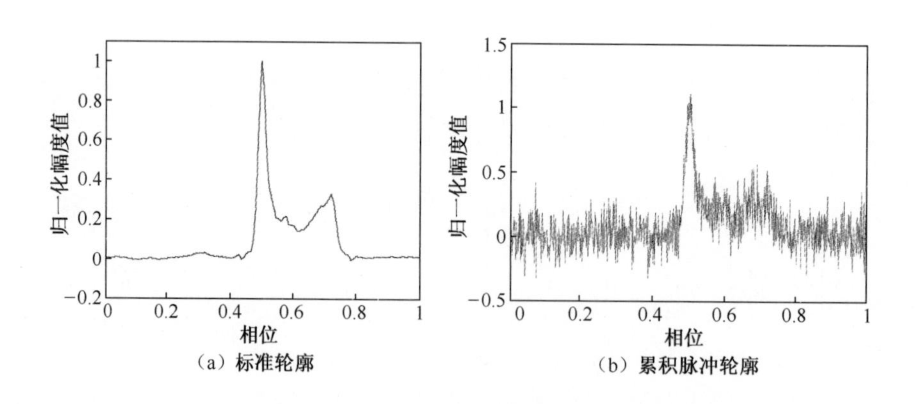


图 6-8　脉冲星 J2145-0750 的标准轮廓和累积脉冲轮廓

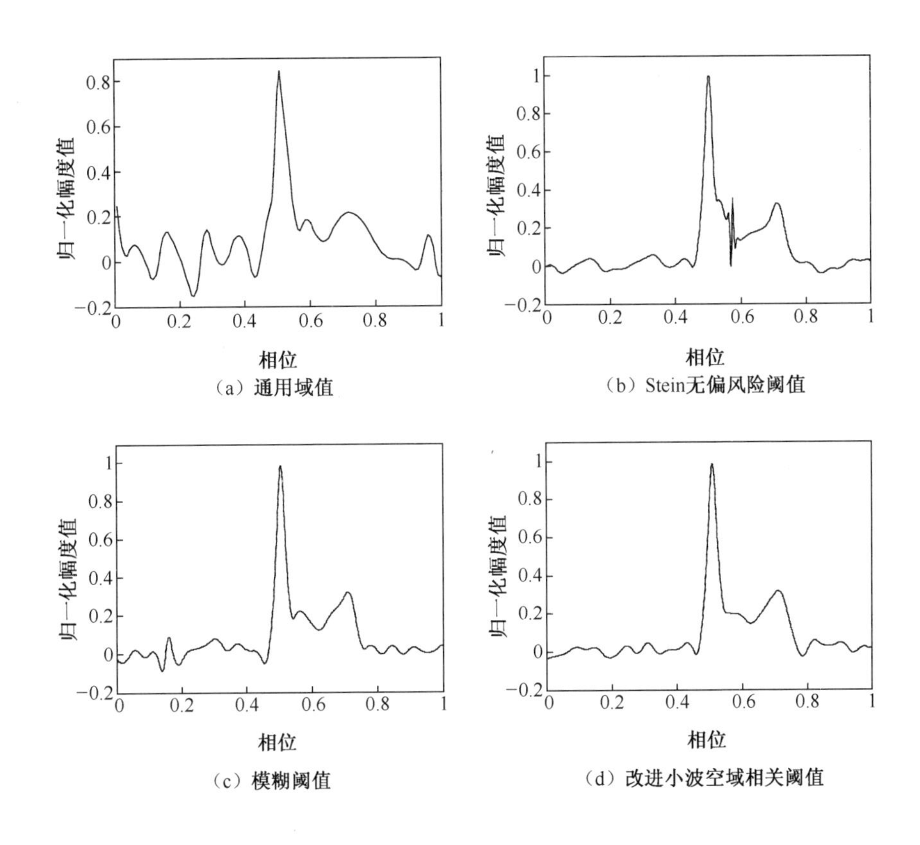


图 6-9　各种算法对脉冲星 J2145-0750 的降噪结果对比

表 6-1　各种算法去噪前后射电脉冲星累积脉冲轮廓信噪比比较

| 脉冲星 | 累积次数 | 去噪前信噪比/dB | 去噪后信噪比/dB | | | |
|---|---|---|---|---|---|---|
| | | | 通用 | Stein | 模糊 | 相关 |
| J0437-4715 | 20 | 21.7 | 28.1 | 24.3 | 26.9 | 30.8 |
| J2145-0750 | 300 | 18.5 | 22.1 | 24.6 | 25.3 | 26.1 |

由图 6-6~图 6-9 和表 6-1 可以看出，通用阈值降噪算法虽可滤除大部分噪声，但是信号高频部分和大部分细节信息也被滤除，导致降噪后波形过于平滑；Stein 无偏风险阈值和模糊阈值降噪算法可以保留微脉冲等细节信息，但是均无法滤除全部噪声，导致滤波后的信号出现了较多的“毛刺”；改进空域相关滤波算法采用的相关性判别方法可以在小尺度上很好地区分细节信息和噪声，因此滤除大部分噪声的同时，能够很好地保留微脉冲等细节信息，为进行脉冲星信号的提取及导航应用研究创造了良好条件。

### 6.3.4 基于小波域可导阈值函数与自适应阈值的脉冲星信号去噪

将一种可导阈值函数和一种自适应阈值选取方法应用到脉冲星辐射信号的去噪处理中,并采用软阈值、硬阈值和本节提出的方法对脉冲星 B1953+29 的辐射脉冲信号进行小波域去噪对比实验,能够使得很好去噪的同时并且保留原始信号的特征。

1. 去噪原理[51]

一个含噪脉冲星辐射信号 $d_i$ 可以表示为

$$d_i = f_i + z_i, \qquad i = 1,2,\cdots,N \tag{6-36}$$

式中:$f_i$ 为真实脉冲星信号;$z_i$ 为噪声。

对含噪声脉冲星信号进行去噪,就是要尽可能地消除其中的噪声成分 $z_i$,获得真实脉冲信号 $f_i$ 尽可能精确的估计值 $\hat{f}_i$,也就是使得在 $l^2$ 范数意义下最小化如下的风险函数:

$$\begin{aligned} R(\hat{f},f) &= \frac{1}{N}\|\hat{f} - f\|^2 \\ &= \frac{1}{N}\sum_{i=1}^{N}(\hat{f} - f)^2 \end{aligned} \tag{6-37}$$

对 $d_i$ 进行离散小波变换后,风险函数就转化为

$$\begin{aligned} R(\hat{f} - f) &= \frac{1}{N}\sum_{i=1}^{N}(\hat{f} - f)^2 \\ &= \frac{1}{N}\sum_{j,k}(\hat{v}_{j,k} - w_{j,k})^2 \end{aligned} \tag{6-38}$$

式中:$w_{j,k}$、$\hat{v}_{j,k}$ 分别为真实脉冲星信号与估计脉冲星信号的小波系数,在小波域内对含噪声脉冲星信号进行去噪的问题,也就是要求上述风险函数最小。在小波域内信号的能量常常集中在少数幅值较大的系数中,而噪声信号由于其频率、能量谱相对分散,所以其小波系数绝对值较小,并且分散于大部分小波系数上。因此,经过小波分解后可以认为信号的系数大于噪声的系数,这样就可以找到一个适当的阈值 $T$,通过阈值萎缩的方法对含噪声信号进行去噪处理。

2. 一种可导的阈值函数

Donoho 的小波阈值去噪方法分为软阈值法和硬阈值法。软阈值函数为

$$\hat{v}_{j,k} = \mathrm{sign}(v_{j,k})\max(|v_{j,k}| - T,0) \tag{6-39}$$

其含义是将小波系数 $v_{j,k}$ 的绝对值和阈值 $T$ 进行比较:当小波系数小于或等于阈值 $T$ 的系数将其置零;当小波系数大于阈值 $T$ 的系数修正为其与阈值的差

值,并保持符号不变。

硬阈值函数为

$$\hat{v}_{j,k}=\begin{cases}v_{j,k}, & |v_{j,k}| \geqslant T,\\ 0, & \text{其他}\end{cases} \tag{6-40}$$

即当 $|v_{j,k}|$ 小于给定阈值 $T$ 时,将其置零;当 $|v_{j,k}|$ 大于等于给定阈值 $T$ 时,将其保留。

从上述软、硬阈值函数的定义可知,软阈值函数虽然在 $\pm T$ 处连续,但是不可导,而且由软阈值函数估计出来的无噪信号的小波系数的绝对值总比真实小波系数的绝对值小 $T$,从而影响重构信号对真实信号的逼近程度,给重构信号带来不可避免的误差;而对硬阈值函数来说,虽然由其估计出来的无噪信号的小波系数与真实的小波系数偏差为零,但是其在 $\pm T$ 处既不连续,又不可导,从而使去噪后的信号在信号突变处产生振铃现象。一个好的阈值函数应该是既要使估计出的小波系数与原始小波系数的偏差尽可能小,又要在小波域连续,最好还具有一阶乃至高阶导数。构建一种满足上述要求的新的小波阈值函数。新的小波阈值函数为

$$\eta(x,T,m,k)=\begin{cases}x-0.5\cdot\dfrac{T^{m}\cdot k}{x^{m-1}}+(k-1)\cdot T, & x>T\\[2ex] 0.5\cdot\dfrac{|x|^{m+[(2-k)/k]}\cdot k}{T^{m+[(2-2k)/k]}}\cdot \operatorname{sign}(x), & |x|\leqslant T\\[2ex] x+0.5\cdot\dfrac{(-T)^{m}\cdot k}{x^{m-1}}-(k-1)\cdot T, & x<-T\end{cases} \tag{6-41}$$

式中:$x$ 为小波系数;$m$、$k$ 为阈值函数调整因子,通过调整它们的值,可以增强阈值函数在实际去噪应用中的灵活性。参数 $m$ 确定阈值函数的形状;$k$ 确定阈值函数的渐近线,取值在 0~1 之间。若 $k \to 0$,则新阈值函数趋向于硬阈值函数。新阈值函数不仅克服了硬阈值函数在阈值附近的不连续性和软阈值函数在修正小波系数时存在恒定偏差的缺点,而且还保留了软、硬阈值函数原有的优点,同时该阈值函数还是一阶可导的。相对于软、硬阈值函数来说,该阈值函数是一个更优、更灵活的选择。

3. 自适应阈值选取规则

含噪信号经小波分解后,真实信号的小波系数幅值较大且在局部邻域存在较强的尺度内相关性,而噪声的小波系数幅值通常较小且尺度内相关性也很弱。

对于每一个高频子带 $D_j$,记 $v_{j,n}$ 为位置 $n$ 处的小波系数,$W$ 为以 $v_{j,n}$ 为中心、大小为 $M$ 的邻域窗,$M$ 可取为 3,5,7 等,通过合理设置局部邻域窗口中心位置小波系数的阈值,可以实现自适应小波系数的萎缩。要确定邻域窗口中心位

置小波系数的阈值,首先需要按下式计算各层的统一阈值:

$$T_j = \sigma_{n,j}\sqrt{2 \cdot \ln\left(\frac{N}{2^j}\right)} \tag{6-42}$$

式中:$\sigma_{n,j}$ 为高频子带 $D_j$ 内噪声的标准差,其估计可定义为

$$\sigma_{n,j} = \frac{\mathrm{Median}\{\,|v_{j,n}|\}}{0.6745} \tag{6-43}$$

令 $\sigma_{\mathrm{b}}^2$ 为高频子带 $D_j$ 内邻域窗 $W$ 含噪信号小波系数的方差,估计方法为

$$\sigma_{\mathrm{b}}^2 = \frac{1}{M}\sum_{v_{j,k} \in W} v_{j,k}^2 \tag{6-44}$$

则临窗内信号系数方差的估计为 $\sigma_{\mathrm{s}}^2 = \max\{\sigma_{\mathrm{b}}^2 - \sigma_{n,j}^2, 0\}$ 。

于是,高频自带 $D_j$ 内邻域窗中心位置小波系数的阈值可表示为

$$T = \frac{\sigma_{n,j}^2}{\sigma_{\mathrm{s}}^2 + \sigma_{n,j}^2} \cdot T_j = \frac{\sigma_{n,j}^2}{\sigma_{\mathrm{s}}^2 + \sigma_{n,j}^2} \cdot \sqrt{2 \cdot \ln\left(\frac{N}{2_j}\right)} \tag{6-45}$$

在小波域进行阈值去噪时,如果阈值过小,就会保留较多的噪声,使信号中噪声成分的去除不彻底。因此,在实际使用时,为了避免阈值过小,将高频子带 $D_j$ 内邻域窗 $W$ 中心位置小波系数的阈值修正如下:

$$T = \begin{cases} \dfrac{\sigma_{n,j}^2}{\sigma_{\mathrm{s}}^2 + \sigma_{n,j}^2} \cdot T_j, & \dfrac{\sigma_{n,j}^2}{\sigma_{\mathrm{s}}^2 + \sigma_{n,j}^2} \geqslant \alpha \\ \alpha \cdot T_j, & \text{其他} \end{cases} \tag{6-46}$$

式中:$\alpha$ 为介于 0.5~1 之间的参数。$\alpha$ 取值越大,滤出的高频成分就越多,去噪后的信号越平滑;反之,$\alpha$ 取值越小,保留的高频成分就越多,去噪后的信号就包含更多的细节。

4. 实验结果及分析[51,52]

选取脉冲星 B1953+29 辐射信号进行实验,脉冲星辐射信号来自欧洲脉冲星网络 EPN 数据库(The European Pulsar Network Data Archive)。该脉冲星辐射信号的标准轮廓如图 6-10 所示。在实验中,对其添加一定量的高斯白噪声来模拟含噪脉冲星的辐射信号,含噪脉冲星辐射信号如图 6-11 所示。含噪信号的信噪比为 21.57dB,然后用“dB4”小波对含噪脉冲星辐射信号进行 6 尺度一维小波分解,分别用 Donoho 的软阈值法、硬阈值法、本节方法(参数 $m=4, k=1, \alpha=0.9$)对含噪脉冲星辐射信号进行去噪处理,比较三种方法在该脉冲星辐射信号去噪中的有效性。不同方法对含噪脉冲星信号去噪后的效果如图 6-10~图 6-14 所示。

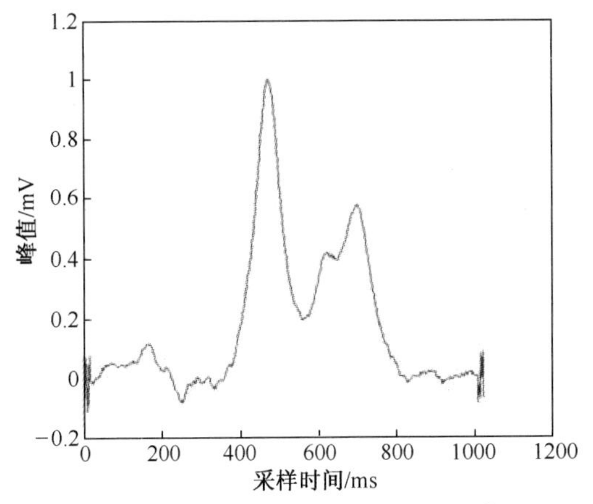


图 6-10　脉冲星辐射信号标准轮廓

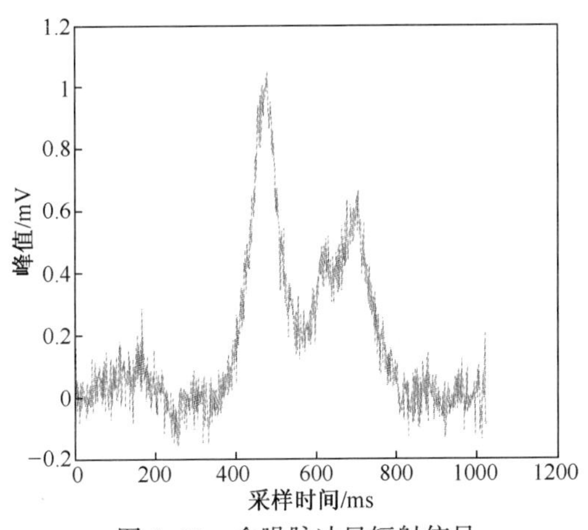


图 6-11　含噪脉冲星辐射信号

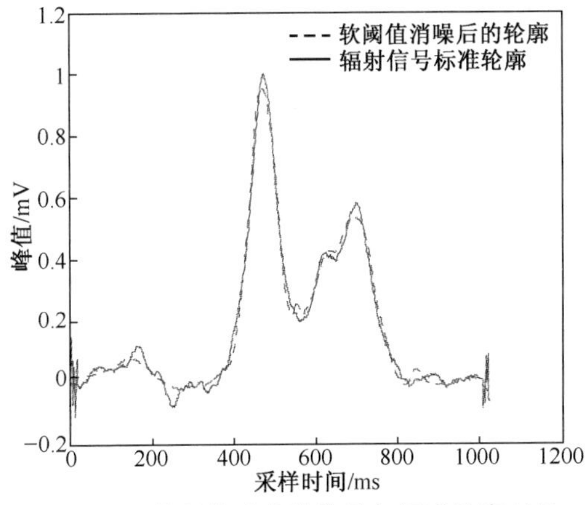


图 6-12　软阈值法去噪信号与标准轮廓对比

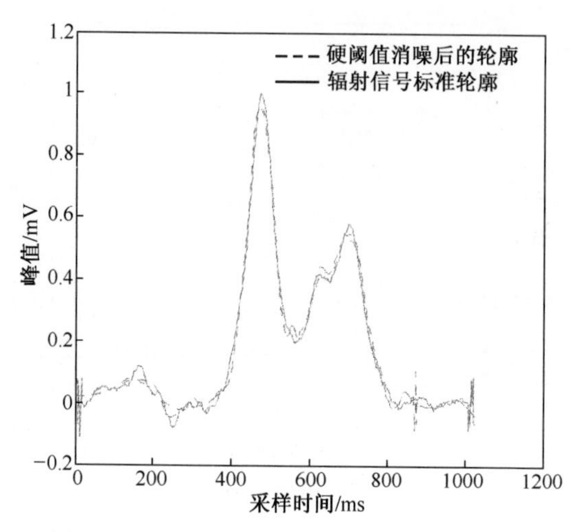


图 6-13　硬阈值法去噪信号与标准轮廓对比

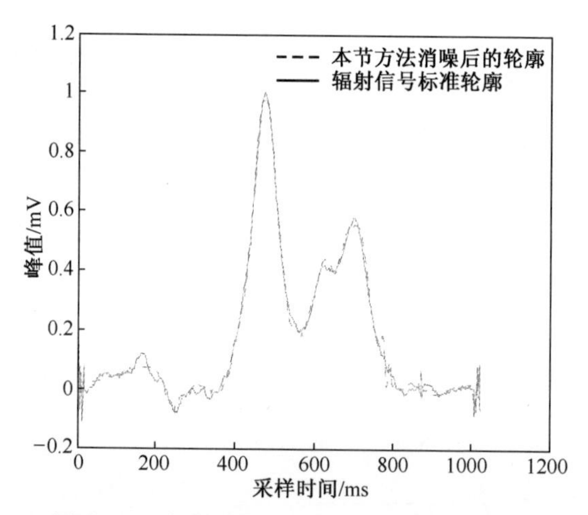


图 6-14　本节方法去噪信号与标准轮廓对比

利用信噪比、均方根误差、峰值相对误差(REPV)以及峰位误差(EPP)四项指标对去噪效果进行评价,其中,峰值相对误差以及峰位误差定义如下。

峰值相对误差:

$$\mathrm{REPV} = \frac{|V_o - V_d|}{V_o} \cdot 100\% \tag{6-47}$$

式中:$V_o$ 为标准脉冲星信号的脉冲峰值;$V_d$ 为去噪后脉冲星信号的脉冲峰值。

峰位误差:

$$\mathrm{EPP} = |P_o - P_d| \tag{6-48}$$

式中:$P_o$ 为标准脉冲星信号的脉冲峰位值;$P_d$ 为去噪后脉冲星信号的脉冲峰

位值。

显然,信噪比越高,均方根误差、峰值相对误差以及峰位误差越小,说明去噪的效果越好。表 6-2 列出了用不同方法去噪的各项指标的对比。

表 6-2 不同方法去噪后各项指标的对比

| 评价指标 | 软阈值法 | 硬阈值法 | 本节方法 |
|---|---|---|---|
| 信噪比/dB | 22.6973 | 24.9334 | 25.9373 |
| 均方根误差 | 0.0179 | 0.0138 | 0.0123 |
| 峰值相对误差 | 2.48% | 0.1% | 0.03% |
| 峰位误差/s | $6.0000 \times 10^{-6}$ | $1.1000 \times 10^{-5}$ | $6.0000 \times 10^{-6}$ |

从图 6-12~图 6-14 及表 6-2 可以看出,软阈值法虽然可以有效地平滑高频噪声,使去噪后的脉冲星辐射信号很平滑,但是该方法在对高频噪声进行平滑的同时也对有用信号进行了平滑,结果在降低噪声的同时也平滑了脉冲星信号中的锐变尖峰成分,使脉冲峰的高度产生了相对较大的偏差,进而损失了这些突变点可能携带的重要信息。相对于软阈值法而言,硬阈值法在信噪比、均方根误差、峰值相对误差方面有了较大的提升,但是脉冲峰位置误差较大。而本节提出的方法在信噪比、均方根误差、峰值相对误差方面都远远优于其他两种方法,在峰位位置误差上,也优于硬阈值法,与软阈值法相当。实验结果表明:本节提出的方法与软阈值法和硬阈值法相比较更适合于脉冲星辐射信号的去噪处理。

5. 结论

将一种可导阈值函数和一种自适应阈值选取方法应用到小波域脉冲星辐射信号的去噪处理中,实验结果表明:与软阈值和硬阈值方法相比,该方法能在有效提高脉冲辐射信号信噪比的同时,有效降低其均方根误差、峰值相对误差以及峰位位置误差,从而更有效地保留原始信号的细节特征,是一种比小波域软阈值法和硬阈值法更有效的脉冲星辐射信号去噪方法,具有一定的实用价值。

## 6.4 基于双谱域去噪方法

### 6.4.1 基于双谱的信号重构

根据双谱的定义可知,一个具有有限能量的实确定性信号 $\{x(n)\}$($n=0$,

$\pm 1, \pm 2, \cdots$) 的双谱可表示为

$$B_x(\omega_1,\omega_2) = X(\omega_1)X(\omega_2)X^*(\omega_1+\omega_2) \tag{6-49}$$

其中

$$X(\omega) = \sum_{-\infty}^{+\infty} x(n)\exp(-j\omega n) = |X(\omega)|\exp[-j\varphi(\omega)] \tag{6-50}$$

式中：$\varphi(\omega)$ 表示 $X(\omega)X(\omega)$ 的相位，$\varphi(\omega) = \arg X(\omega)\varphi(\omega) = \arg(\omega)$ 。

假设信号的长度为 $N$，令 $\omega_1 = 2\pi p/N, \omega_= 2\pi q/N(p,q = 0,1,\cdots,N-1)$，由式(6-49)，可得

$$|B_x(p,q)| = |X(p)||X(q)||X(p+q)| \tag{6-51}$$

$$\psi_x(p,q) = \varphi(p) + \varphi(q) - \varphi(p+q)\ (\mathrm{mod}\pi) \tag{6-52}$$

式中：$\psi_x(\omega_1,\omega_2)\psi_x(\omega_1,\omega_2)$ 为双谱的相位。

归纳基于双谱的信号重构思想为：已知信号双谱 $B_x(\omega_1\omega_2)B_x(\omega_1\omega_2)$，分别求出原信号 $x(n)$ 的傅里叶变换幅值 $|X(\omega)||X(\omega)|$ 和相位 $\varphi(\omega)\varphi(\omega)$（允许有一个线性相位因子差），然后通过傅里叶逆变换得到信号序列 $x(n)x(n)$。

### 6.4.2 基于 α-删减滤波器的信号双谱域去噪方法

由 6.4.1 节介绍可知，双谱变换可以消除信号中含有的独立、零均值高斯噪声。然而，实际上所接触到的信号，其噪声类型一般都是与期望信号相关的混合噪声，此时，若只采用双谱变换以及信号重构无法将噪声消除。由于可以将信号的双谱看作一个二维的矢量矩阵，因此，可以考虑引入图像处理中用于平滑噪声的一些方法，在双谱域对信号进行滤波处理，从而消除噪声。本节将介绍 Lukin 等提出的基于 $\alpha$-删减滤波器的信号双谱域去噪方法。

1. 基于 $\alpha$-删减滤波器的信号双谱域去噪方法[55,56]

Lukin 等于 2003 年提出基于 $\alpha$-删减滤波器的信号双谱域去噪，这是一种结合了双谱与 $\alpha$-删减滤波器的信号去噪方法。

$\alpha$-删减滤波器常被用来在图像处理中平滑噪声，其定义为

$$x_\alpha = \frac{1}{n(1-\alpha)} \cdot \sum_{k=1}^{n(1-\alpha)} x_k \tag{6-53}$$

式中：$n$ 为滤波窗口中数据的个数，将这 $n$ 个数据按照某种规律排序；$x_k$ 为排序后的第 $k$ 个数据；$x_\alpha$ 为 $\alpha$-删减滤波器的输出，参数 $\alpha$ 能够改变滤波器抑制噪声的能力，取值范围为 0~1。

信号的双谱是一个矢量矩阵，不能直接对其进行处理，因此结合 $\alpha$-删减滤波器与矢量的方向性，定义出一种适用于二维矢量矩阵的相位滤波器——$\alpha$-删

减相位滤波器(α-Trimmed Phase Filter ,α-TPF)。

假设 $\boldsymbol{B}_x(p,q)$ 是待处理的双谱矢量,以其为中心选择一个大小为 $M\times M$($M$ 为奇数)的矩阵作为滤波窗口。依次标记滤波窗口中的矢量为 $\boldsymbol{x}_1,\boldsymbol{x}_2,\cdots,\boldsymbol{x}_{M\times M}$,其中 $\boldsymbol{x}_k=\{\mathrm{Re}(\boldsymbol{B}_x(p_i,q_j));\mathrm{Im}(\boldsymbol{B}_x(p_i,q_j))\}$,$\mathrm{Re}(\boldsymbol{B}_x(p_i,q_j))$ 和 $\mathrm{Im}(\boldsymbol{B}_x(p_i,q_j))$ 分别表示矢量 $\boldsymbol{B}_x(p_i,q_j)$ 的实部和虚部,$p_i$、$q_j$ 均为整数,且 $p_i\in[p-(M-1)/2,p+(M-1)/2]$,$q_j\in[q-(M-1)/2,q+(M-1)/2]$,$k=1,2,\cdots,M\times M$。

定义一种与矢量间夹角成正比的距离度量方法:

$$D_k^{ph}=\sum_{m=1}^{M\times M}\left\|\frac{x_k}{|x_k|}-\frac{x_m}{|x_m|}\right\|,\quad k=1,2,\cdots,M\times M \tag{6-54}$$

式中:$\|\cdot\|$ 为 $L_1$ 或 $L_1^2$ 范数;$|x_k|$ 为矢量 $x_k$ 的长度。

按由小到大的顺序将 $D_k^{ph}(k=1,2,\cdots,M\times M)$ 进行排列,排序后第 $r$ 个距离值所对应的双谱矢量用 $\boldsymbol{x}_{\mathrm{D}}^{(r)}$($r=1,2,\cdots,M\times M$)表示。于是,可定义 α-删减相位滤波器为

$$x_{\mathrm{TPF}}=|\boldsymbol{x}_{\mathrm{c}}|\cdot\frac{\boldsymbol{x}_{\mathrm{D}\alpha}}{|\boldsymbol{x}_{\mathrm{D}\alpha}|} \tag{6-55}$$

式中:$\boldsymbol{x}_{\mathrm{c}}$ 为待处理的矢量,即 $\boldsymbol{B}_x(p,q)$;矢量 $\boldsymbol{x}_{\mathrm{D}\alpha}$ 可由下式给出

$$\boldsymbol{x}_{D\alpha}=\frac{1}{M\times M(1-\alpha)}\cdot\sum_{m=1}^{M\times M(1-\alpha)}\boldsymbol{x}_D^{(m)} \tag{6-56}$$

通过双谱估计将含噪信号转换到双谱域:首先利用定义的 α-删减相位滤波器对二维双谱矩阵进行平滑处理;然后根据滤波后的双谱值重构信号傅里叶变换的幅值和相位,即可达到减少噪声、提高信噪比的目的。

2. 基于 α-删减滤波器的信号双谱域去噪实验[52,57]

根据前面对基于 α-删减滤波器的信号双谱域去噪方法的描述,可以用图 6-15表示实验流程。

从图 6-15 不难发现,在整个实验中,滤波窗口的大小 $M$ 以及 α-删减相位滤波器中的噪声抑制参数 α 将决定对双谱的滤波效果,从而对重构信号的信噪比产生影响。然而,目前还没有较好的算法来判断这两个参数的取值,因此,只能通过针对不同的信号使用经验值或采用试验的方法确定。

通常选取滤波窗口的大小 $M$ 为奇数,为了避免因双谱被过度平滑而导致信号失真,一般令 $M$ 为 3 或 5。为了减小运算量,本书中一律选取 $M=3$,并设置滤波窗口的滑动步长为 1,这样虽然会增加计算量,但是能够得到更好的滤波效果。

为方便起见,令

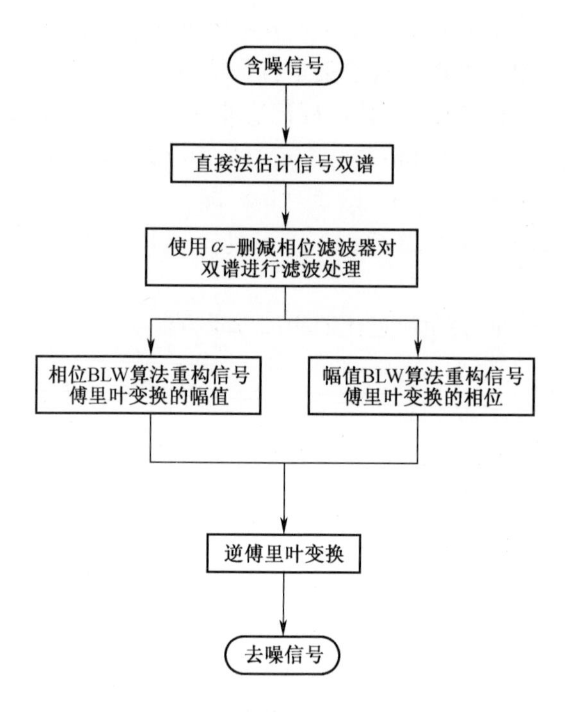


图 6-15　基于 α-删减滤波器的脉冲星累积脉冲轮廓去噪实验流程图

$$N_\alpha = \lfloor M \times M(1-\alpha) \rfloor \tag{6-57}$$

式中:符号⌊·⌋表示向下取整。

式(6-56)可改写为

$$\boldsymbol{x}_{D\alpha} = \frac{1}{N_\alpha} \cdot \sum_{m=1}^{N_\alpha} \boldsymbol{x}_D^{(m)} \tag{6-58}$$

这样一来,对噪声抑制参数 $\alpha$ 取值的确定就转换为对整数 $N_\alpha$($N_\alpha \in [1, M \times M]$) 的选择问题。

下面,分别使用初始时刻为 50849.000000544(MJD)、累积 60s 所得到的 PSR B0531+21 累积脉冲轮廓和射电脉冲星 PSR B0329+54 的实测数据经过消色散处理(因为频率不同的电磁波在等离子体中的群速也不同,因此从脉冲星发出的射电信号在经过星际介质中的等离子体时会产生色散现象,使得信号中不同频率分量到达接收机的时间不同,从而使脉冲展宽、变形甚至平滑消失)、周期叠加后得到的累积脉冲轮廓作为实验信号,如图 6-16 所示。PSR B0329+54的累积脉冲轮廓中包括微脉冲结构,因此,可以用此信号来验证去噪方法对细节信息的保留能力。将两个信号分别经双谱估计变换到双谱域后,直接重构出的波形如图 6-17 所示,与图 6-16 对比可以看出,双谱变换前后对应的两个脉冲之间没有明显差别,换言之,这两个实验信号中的噪声类型应该是混合多样的,因此,需要采用双谱域滤波的方法对其进行去噪处理。

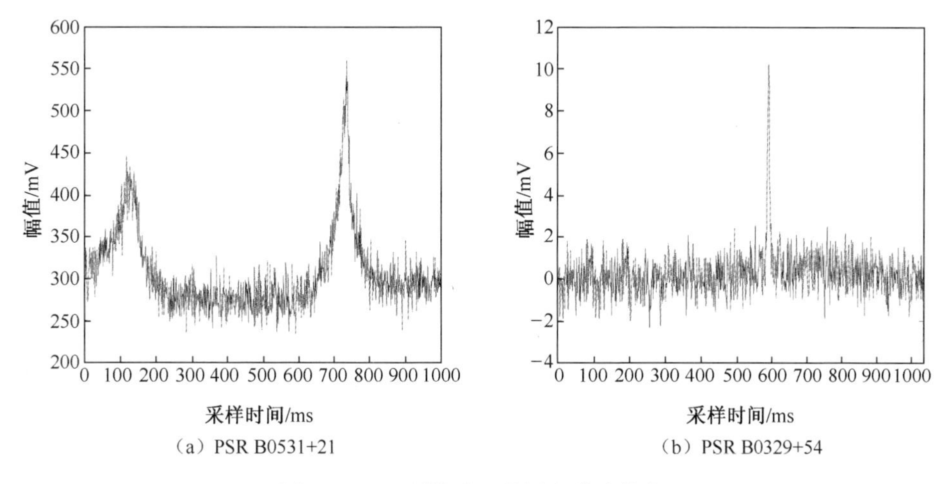

(a) PSR B0531+21 (b) PSR B0329+54

图 6-16 两颗脉冲星的累积脉冲轮廓

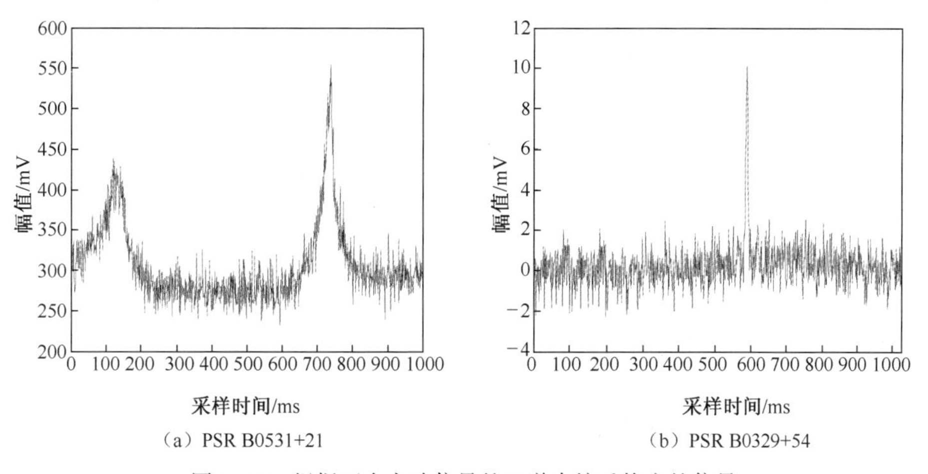

(a) PSR B0531+21 (b) PSR B0329+54

图 6-17 根据两个实验信号的双谱直接重构出的信号

在 $\alpha$-删减相位滤波器中,由于选择 $M=3$ 的滤波窗口,因此 $N_{\alpha}$ 可以在 1~9 之间的任意取整。基于 $\alpha$-删减相位滤波器的信号双谱域去噪方法所得到的重构信号如图 6-18 所示,其中 $M=3,N_{\alpha}=7$。与图 6-16 比较可以看出,重构信号的噪声水平明显降低,且其噪声抑制比(去噪前后信号的噪声方差之比)分别达到 19.4852dB 和 11.8308dB,去噪效果比较明显。由图 6-18(b) PSR B0329+54 中的重构信号中可以看出,在主脉冲右侧有一个峰值较小的脉冲,这便是微脉冲结构。由此可见,与图 6-18(b)中去噪前的 PSR B0329+54 累积脉冲轮廓比较,

采用基于 $\alpha$-删减滤波器的信号双谱域去噪方法得到的脉冲轮廓不仅大大去除了原信号中的噪声，而且适当地保留了一些细节信息。

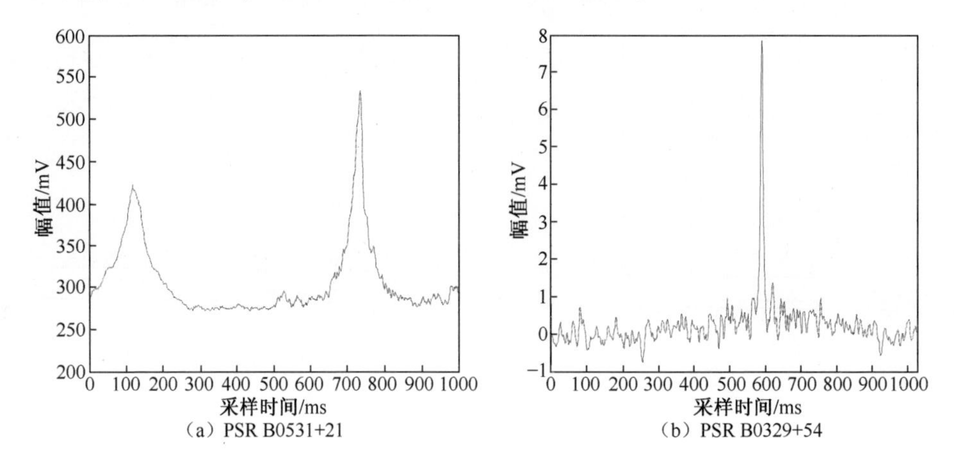

（a）PSR B0531+21　（b）PSR B0329+54

图 6-18　由基于 $\alpha$-删减滤波器的信号双谱域去噪方法得到的重构信号

由实验可以发现，基于 $\alpha$-删减滤波器的信号双谱域去噪方法不仅能保留信号细节信息，而且可以有效地去除脉冲星累积脉冲轮廓中所含有的噪声，提高信号的噪声抑制比。

### 6.4.3 基于非局部均值算法的信号双谱域去噪

由于在基于 $\alpha$-删减滤波器的信号双谱域去噪方法中，$\alpha$-删减相位滤波器仅使用了大小为 $M \times M$ 的滤波窗口内的部分双谱矢量，限制了去噪能力。因此，考虑将图像去噪中的另一种算法——非局部均值算法，与双谱结合起来，即基于非局部均值算法的信号双谱域去噪方法。

1. 基于非局部均值算法的信号双谱域去噪方法[58,59]

Buades 等人于 2005 年提出一种图像去噪算法——非局部均值算法（Non-local means algorithm）。此算法能充分利用了图像局部结构的相似性来对每个像素点进行处理，在去除噪声的同时很好地保留了图像中的细节信息。

如果给定一个离散的含噪图像 $v = \{v(i) \mid i \in I\}$（$I$ 为整个图像），对于图像中的任意一个像素点 $i$，可通过计算图像中所有像素点的加权平均得到其非局部均值估计值 $NL[v](i)$，即

$$NL[v](i) = \sum_{j \in I} w(i,j)_j v(j) \tag{6-59}$$

式中：权值 $\{w(i,j)\}_j$ 的计算取决于像素 $i$ 和 $j$ 之间的相似度，并且满足 $0 \leqslant$

$w(i,j) \leqslant 1$ 和 $\sum_j w(i,j)_j = 1$。

像素 $i$ 与 $j$ 的相似度依赖于它们的灰度值集合 $v(N_i)$ 和 $v(N_j)$ 之间的相似程度,其中 $v(N_i)$ 代表了以像素点 $i$ 为中心的一个固定大小的正方形邻域中,所有像素点的灰度值所构成的集合。通过加权欧几里得距离可计算两个邻域之间的相似度,其定义为

$$\| v(N_i) - v(N_j) \|_{2,\alpha}^2 = \sum_{k \in Q} G_\alpha(k) |v(i+k) - v(j+k)|^2 \tag{6-60}$$

式中:$Q$ 为以 (0,0) 为中心,大小与前面提到的正方形邻域相同的区域;$G_\alpha$ 为以 $\alpha$ 为标准差的二维高斯核。

权值的计算公式为

$$w(i,j) = \frac{1}{Z(i)} \mathrm{e}^{-\frac{\| v(N_i) - v(N_j) \|_{2,\alpha}^2}{h^2}} \tag{6-61}$$

$$Z(i) = \sum_j \mathrm{e}^{-\frac{\| v(N_i) - v(N_j) \|_{2,\alpha}^2}{h^2}} \tag{6-62}$$

式中:$h$ 为滤波系数。

在图像处理中,像素点的灰度值为实数,由于本章要处理的信号双谱为矢量,因此需要在将非局部均值算法应用到双谱域之前做一些转换工作:$v(i)$ 为二维双谱矩阵中的一个矢量值,$v(N_i)$ 表示以矢量 $v(i)$ 为中心的一个正方形邻域中所有矢量构成的集合;此外,通过式(6-61)计算加权欧几里得距离式时应使用求模运算。

2. 基于非局部均值算法的信号双谱域去噪实验

由式(6-61)可以看出,若要求出 $i$ 的非局部均值估计值,则需要对二维双谱矩阵中的所有矢量进行加权平均,这样一来运算量会非常大。因此,使用搜索窗口和相似度窗口[36]进行实验。搜索窗口是一个 21×21 的正方形区域,用此窗口中的 441 个矢量代替对二维矩阵中所有矢量的遍历;使用大小为 7×7 的区域作为相似度窗口。

此外,根据前面的介绍注意到,非局部均值算法对信号双谱的平滑效果会受到滤波系数 $h$ 的影响。到目前为止,对于噪声类型及强度未知的信号的二维双谱矢量矩阵,还没有合适的方法来确定参数 $h$,因此为了达到较为理想的去噪效果只能由重构出的信号调节 $h$ 的取值。

下面,使用图 6-19 所示的 PSR B0531+21 和 PSR B0329+54 的累积脉冲轮廓作为实验信号,验证基于非局部均值算法的信号双谱域去噪方法的可行性。

由基于非局部均值算法的信号双谱域去噪方法得到的重构信号如图 6-20 所示,图 6-20(a)中滤波系数取为 $h^2 = 10^{22.7}$,图 6-20(b)取为 $h^2 = 10^{11}$。比较

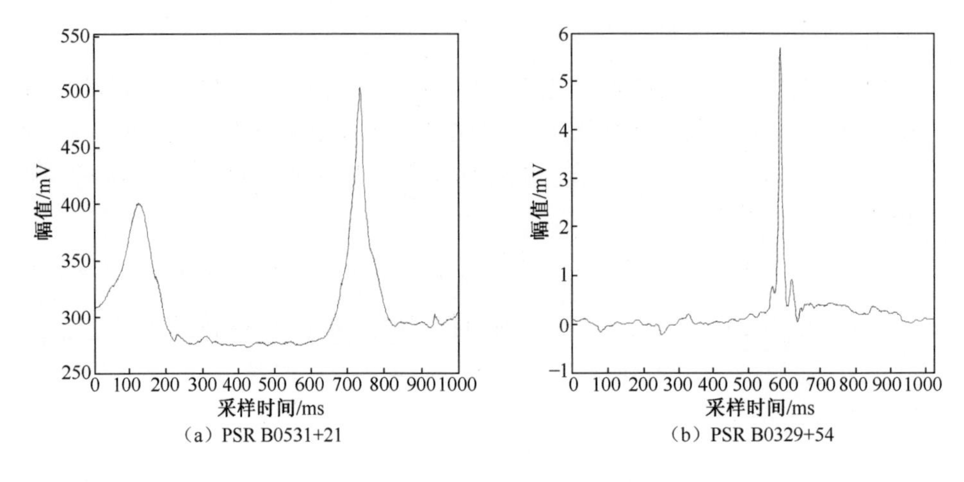


图 6-19　由基于非局部均值算法的信号双谱域去噪方法得到的重构信号

图 6-20 与图 6-21 中的累积脉冲轮廓可知，非局部均值算法对含噪信号的二维双谱阵有很好的平滑效果，明显降低了滤波后的双谱重建出的脉冲轮廓的噪声水平。图 6-20(b)中 PSR B0329+54 的重构信号去除原信号中的大部分噪声的同时还很好地保留了其微脉冲结构。

滤波系数不同时重构信号的噪声抑制比曲线如图 6-20 所示。从图6-20(a)可以观察到，在 $h^2 = 10^{22.7}$ 处噪声抑制比曲线出现峰值，约为 22.2165dB，此时 PSR B0531+21 的重构信号的噪声起伏最小。再观察图 6-20(b)，在 $h^2 = 10^{11}$ 处 PSR B0329+54 的重构信号的噪声抑制比曲线出现了一个小峰值，约为 22.9477dB。但是，从 $h^2 = 10^{11.5}$ 处开始，噪声抑制比又呈现出快速上升的趋势。结合图 6-21 与图 6-20(b)可知，尽管重构信号的噪声抑制比在 $h^2 = 10^{11.7}$ 时高

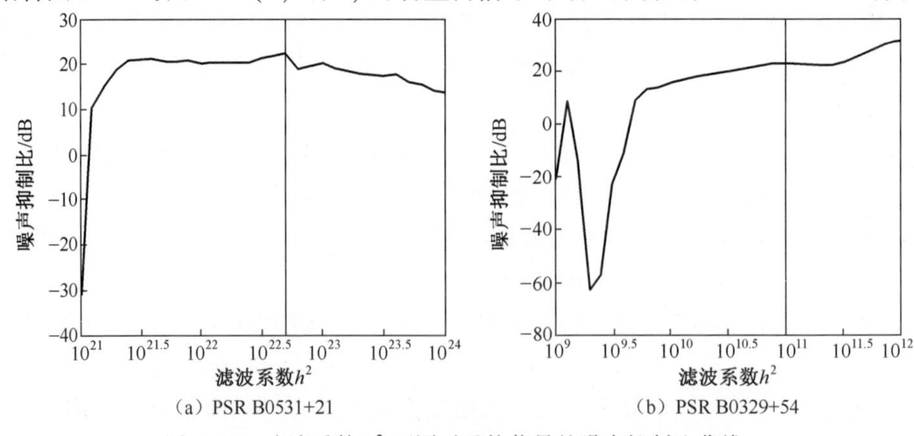


图 6-20　滤波系数 $h^2$ 不同时重构信号的噪声抑制比曲线

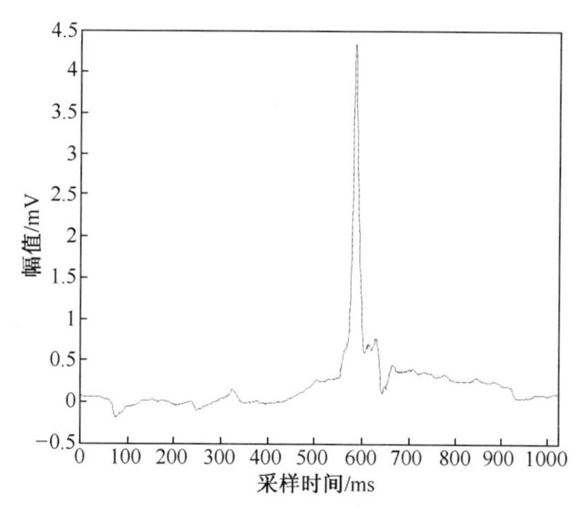


图 6-21　当 $h^2 = 10^{11.7}$ 时 PSR B0329+54 的重构信号

于 $h^2 = 10^{11}$ 时的信号,但是这时重构信号的主脉冲峰值大幅下降,微脉冲也由于过度平滑的原因而变得不明显。因此,在采用非局部均值算法处理信号的双谱时,选取滤波系数不仅要使重构信号具有较高的噪声抑制比,而且还要保证信号不会因为被过度平滑而导致细节信息流失。

### 6.4.4　两种信号双谱域去噪方法的实验结果比较

前面分别实验验证了基于 $\alpha$-删减滤波器和基于非局部均值算法的信号双谱域去噪方法,接下来对实验结果进行比较[59]。

按照图 6-15 所示的流程,分别使用 $N_\alpha = 1, 2, \cdots, 3^2$ 的 $\alpha$-删减相位滤波器处理 PSR B0531+21 和 PSR B0329+54 的累积脉冲轮廓,并对重构信号的噪声抑制比进行计算,如表 6-3 所列。不难看出,不管 $N_\alpha$ 如何取值,重构信号的噪声水平都明显降低。PSR B0531+21 的重构信号在 $N_\alpha = 3$ 时达到了最大的噪声抑制比,约为 13.4189dB;当 $N_\alpha = 7$ 时,PSR B0329+54 取得噪声抑制比的最大值为 19.4852dB。

在对基于非局部均值算法的信号双谱域去噪方法进行实验验证时,参考图 6-20所示的重构信号的噪声抑制比曲线在滤波系数不同时的结果,可以看出 $h$ 的选择对噪声的抑制能力有很大的影响。当滤波系数选取较合适时,PSR B0531+21 和 PSR B0329+54 的重构信号的噪声抑制比均可达到 20dB 以上,与基于 $\alpha$-删减滤波器的信号相比双谱域去噪方法而言去噪效果好。

对图 6-18 和图 6-19 进行比较可知,对于两个实验信号而言使用非局部均值算法处理双谱后重构出的信号的峰值均低于使用 $\alpha$-删减相位滤波器所得到的重构信号,这与前者较好的噪声抑制能力有很大的关系。

表 6-3　基于 α-删减相位滤波器的信号双谱域去噪方法得到的重构信号的噪声抑制比

| $N_\alpha$ | 噪声抑制比/dB | |
|---|---|---|
| | PSR B0531+21 | PSR B0329+54 |
| 1 | 13.3656 | 12.6950 |
| 2 | 13.3372 | 12.6763 |
| 3 | 13.4189 | 12.7473 |
| 4 | 13.0248 | 12.5100 |
| 5 | 13.0143 | 18.5463 |
| 6 | 12.0615 | 19.0268 |
| 7 | 11.8308 | 19.4852 |
| 8 | 11.7024 | 18.7285 |
| 9 | 11.0858 | 18.2896 |

## 6.5　其他方法

### 6.5.1　离散方波变换

传统的傅里叶变换只适合于平稳随机信号的信号处理,通过设计相应的滤波器来达到去噪的目的,因而傅里叶变换本身没有抑制噪声的能力。但是,不可否认的是傅里叶变换在信号处理中占有举足轻重的地位,这与 FFT 以及硬件实现 IP 核的出现有关。虽然傅里叶变换有了快速算法,但仍然需要计算 $\sin x$ 和 $\cos x$ 等超越函数。对于实时性要求比较高的计算,该算法还是难以满足要求。从提高算法的实时性出发,可采用离散方波变换(DSWT),经实验验证发现该算法同样可以很好地削弱噪声[51]。

### 6.5.2　奇异值分解

目前,脉冲星信号去噪方法均是针对累积脉冲轮廓的,其背景噪声为加性高斯噪声。此外,脉冲星累积脉冲轮廓是非平稳信号,典型的局域波,传统的傅里叶变换并不适合非平稳信号。因此,通常利用小波变换对脉冲星信号进行了降噪处理。相对于小波变换,S 变换作为一种线性可逆的时频变换方法,具有与小波变换类似的多分辨特性,并且使用起来非常简单。

奇异值分解(Singular Value Decomposition, SVD)作为线性代数里一种非常重要的矩阵分解方法,已广泛应用于信号去噪处理中。SVD 属于非线性滤波,适用于滤除加性噪声。此类方法的思路:首先分解包含有目标信号的矩阵为一系列由奇异值和奇异值矢量构成的信号子空间;然后判断有效奇异值的个数并去除较小的奇异值;最后利用有效奇异值来重构矩阵,从而达到去噪的目的。此算法一般将含噪声的信号构造成汉克尔矩阵,然后在此基础上实现 SVD 滤波。然而,利用 Hankel 矩阵并不能提取出信号和背景噪声的基本频域特征。鉴于这一问题,再根据 S 变换的线性和可逆性。一种可行的方法是,基于 S 变换的奇异值分解脉冲星信号去噪算法,通过奇异值分解观测信号的 S 变换时频矩阵来实现信号去噪的目的。在 SVD 去噪方法中,困难是怎样确定分解后重构的有效秩阶次。为了达到不仅能抑制噪声同时又能保留信号的细节信息的目的,首先将 SVD 得到的对角矩阵划分为三个部分:信号子空间、信号加噪声子空间和噪声子空间,然后在此基础上,利用代价函数并通过对最优化模型求解确定信号子空间和信号加噪声子空间中奇异值的个数,从而从背景噪声中将真实信号提取出来[60]。

## 6.6 小结

对脉冲星累积轮廓做去噪处理,在与脉冲星相关的研究领域都有重要作用。脉冲星轮廓通常都经过累积得到,由独立同分布假设和大数定义可知,累积过程得到的轮廓强度分布近似为高斯分布。如此一来,对于去噪来说,维纳滤波等常规方法就可以得到不错的结果。但是,脉冲星轮廓多变,细节丰富,我们总是希望能以最小的信号损失去除噪声。鉴于此,本章重点介绍了小波域去噪方法、双谱域去噪方法以及几种改进方法,这些方法都能够得到较好的效果。由于几种算法各有特色,很难武断地讲哪一种方法最好。需要强调的是,对于 X 射线脉冲星导航来说,获得到达时间才是最重要的,先累积得到轮廓,再去噪处理,这种方法实际上只会给信号带来损失,对于到达时间测量不是最优方法。因此,发展对光子到达时间序列直接测相是更优的方案,这也是将来的发展方向。

# 第7章 脉冲星信号检测

## 7.1 概述

本章以脉冲星导航中的信号为对象,与天文观测中脉冲星搜索不同,这里所说检测与辨识只是导航系统感兴趣的几颗特定脉冲星,以期用较少的数据、较短的时间完成检测。由于背景噪声强,辐射信号弱,准确地检测X射线脉冲星的信号是一件困难的事。本章从时域、频域、时频域以及统计分析等多个角度探讨了一些实用的方法。尽管这些方法有一定的应用条件限制,性能也各不相同,却能从不同的角度给出启示,为检测手段的实际应用提供了有益参考。

## 7.2 时域脉冲星信号检测方法

### 7.2.1 基于周期图的检测方法

基于周期图的脉冲星信号检测方法是一种最基本的时域检测算法,其基本原理是:将脉冲星信号序列按一个特定的周期进行折叠,此周期作为实验周期;再利用具有可变长度的窗函数来对折叠后累积轮廓的统计特性进行数据分析。为保证预期占空比取值为1%~50%,在一定范围内窗函数的宽度要取不同的值。由于脉冲星的周期最短为1.6ms,最长为8.5s,因此对应的实验区取值应为1ms~10s。为了能获得明显的脉冲轮廓,即需要检测到较微弱的信号,这样就需要高精度的实验区间,让其非常接近脉冲星的自身周期,但这样会导致巨大的运算量。另一个严重的问题是,高样本率搜索方法在此过程中的应用,导致得到的数据过长,使得时域中的分析耗费的时间太长。但是,有些时候需要用到这种搜索方法,尤其是当实验区间的区间长度很长(2s)且变化范围又非常小时。周期图方法的两个特征:一是,对较长的时间区间它需要的数据采样率较低,从而缩短计算时间;二是,只有在傅里叶频谱上一些非常小的区域里才会显示目标,并且只有在低频区域红噪声的影响较为明显。因此,为了能更精确简便地检测到周期较长的脉冲星信号可以利用周期图方法[51]。

从快速计算的角度出发,离散方波变换(Discrete Square Wave Transform, DSWT)用方波代替了傅里叶变换的正余弦函数,变换核只取+1 和-1 两个值,这就使得该变换无须进行乘法运算,从而降低了硬件实现的复杂度,也提高了算法的实时性。实际应用中也可以作为周期检测的一种手段[51]。

### 7.2.2 基于贝叶斯估计的检测方法

早先的关于脉冲星信号的时域检测方法是利用统计推理方法检测感兴趣的脉冲星信号,但其要求噪声和信号需呈高斯分布,所以有一定的限制。本节对这种时域方法进行扩展,根据脉冲星信号的泊松分布模型,提出基于贝叶斯估计的脉冲星信号的时域检测方法,讨论了其在相位测量中的作用,并通过实验说明了该方法的有效性。

1. 脉冲星辐射信号划分及其建模[61]

在 X 射线探测器探测到的原始信号上脉冲星的轮廓特征和脉冲周期表现为 X 射线光子流的平均强度的变化,为了同时利用观测数据所包含的脉冲星信号的强度信息、轮廓信息和周期信息,根据累积的轮廓结构,将脉冲星信号分为噪声段和信号段。将噪声段的噪声观测作为先验知识,利用贝叶斯估计推出信号段信号强度的后验概率分布。为了保证一般性,以脉冲星 B1937+21 为例,如图 7-1 所示,该脉冲星的一段累积观测脉冲轮廓包含一个主脉冲和一个次脉冲,组成信号段。在一个脉冲周期内持续的时间分别设为 $W_{P1}$、$W_{P2}$。令 $W_P=W_{P1}+W_{P2}$,其他部分组成噪声段,在一个脉冲周期内噪声段分为三个部分,分别命名为 $W_{N1}$、$W_{N2}$和 $W_{N3}$,令 $W_N=W_{N1}+W_{N2}+W_{N3}$,$W_P+W_N=T$。

空间 X 射线光子到达探测器具有随机性,若将单位时间内到达探测器的光子数视为随机事件,可用泊松分布对该事件进行建模。由于 X 射线脉冲星辐射信号强度周期性变化,光子到达探测器的密度随时间分布是不均匀的,定义落在区间$(t_1,t_2)$内的光子数等于 $k$ 的概率为

$$P(k/(t_1,t_2))=\exp\left\{-\int_{t_1}^{t_2}\lambda(t)\,\mathrm{d}t\right\}\frac{\left[\int_{t_1}^{t_2}\lambda(t)\,\mathrm{d}t\right]}{k!} \tag{7-1}$$

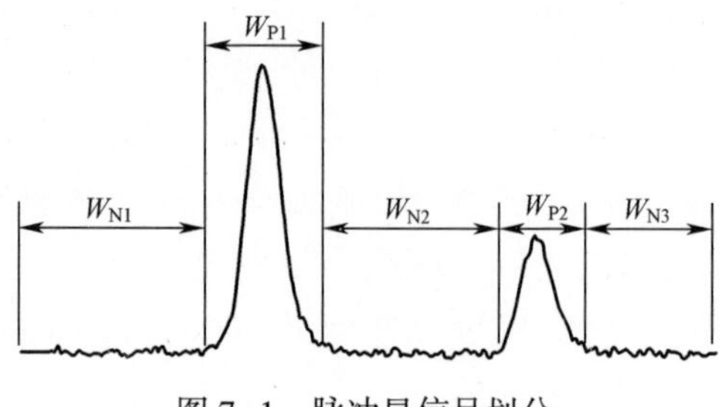


图 7-1 脉冲星信号划分

式中：$\lambda(t)$为$t$时刻光子流量密度，$\lambda(t)=\lambda_s(t)+\lambda_n$，其中$\lambda_s(t)$为信号辐射强度，当脉冲周期为$T$时，有$\lambda_s(t)=\lambda_s(t+T)$，$\lambda_n$为各种噪声强度的总和，包括系统热噪声、背景辐射噪声等，简单起见视噪声平均强度为常数，$t_2-t_1=\Delta T$为观测时间。

2. X射线脉冲星信号后验概率表示[61]

为了简化分析，假设：①背景辐射噪声平稳，信号段与噪声段的背景噪声分布一致，且可以用噪声段观测数据建模；②一个脉冲周期作为一次分析时间，假设在整个观测期间脉冲周期不变；③假设在背景辐射噪声强度未知时其服从均匀分布。

定义：$C_p$、$C_b$和$C_g$分别为一个脉冲周期时间观测的光子总数、噪声段光子数和信号段光子数，则$C_p=C_b+C_g$，$C_g=\int_{W_{P1}+W_{P2}}\lambda(t)\mathrm{d}t$，$C_b=\int_{W_{N1}+}W_{N2}+W_{N3}\lambda(t)\mathrm{d}t$；定义：$\mu_g$、$\mu_b$和$\mu_p$分别为信号段总的光子计数率、背景光子平均计数率和信号光子平均计数率，有$\mu_g=\mu_p+\mu_b$。对X射线脉冲星信号分析的目的是在已知$C_b$和$C_g$前提下，估计后验概率$P(\mu_p/C_b,C_g)$。由查普曼-科尔莫格洛夫方程，有

$$P(\mu_p/C_b,C_g)=\int_0^{\infty}P(\mu_p/\mu_b,C_b,C_g)P(\mu_b/C_b,C_g)\mathrm{d}\mu_b \tag{7-2}$$

当平均背景辐射强度已知时，即$\mu_b$已知时，对于泊松分布模型而言，可认为$P(\mu_p/\mu_b)=P(\mu_g=\mu_p+\mu_b)$，得到

$$P(\mu_p/\mu_b,C_b,C_g)=P(\mu_p+\mu_b/C_b,C_g)=P(\mu_g/C_b,C_g) \tag{7-3}$$

其中$\mu_g$仅与$C_g$有关，有

$$P(\mu_g/C_b,C_g)=P(\mu_g/C_g) \tag{7-4}$$

由X射线脉冲星辐射的泊松分布模型，可得

$$P(C_g/\mu_g)=\frac{\{\mu_g W_P\}^{C_g}}{C_g!}\mathrm{e}^{-\{\mu_g W_P\}} \tag{7-5}$$

根据贝叶斯原理有 $P(\mu_g/C_g)=\dfrac{P(C_g/\mu_g)P(\mu_g)}{P(C_g)}$，假设 $P(C_g)$ 服从均匀分布，有 $E[P(\mu_g)]W_P=E[P(G_g)]$，近似得到

$$P(\mu_g/C_g)=W_P\frac{\{\mu_g W_P\}^{C_g}}{C_g!}e^{-\{\mu_g W_P\}} \tag{7-6}$$

在假设①前提下，用噪声段的观测估计 $\mu_b$：

$$P(\mu_b/C_b,C_g)=P(\mu_b/C_b) \tag{7-7}$$

与式(7-6)同理，得到

$$P(\mu_b/C_b)=W_N\frac{\{\mu_b W_N\}^{C_b}}{C_b!}e^{-\{\mu_b W_N\}} \tag{7-8}$$

将式(7-3)~式(7-7)代入式(7-8)，得到

$$P(\mu_p/C_b,C_g)=\frac{W_N W_P}{C_g!\ C_b!}\int_0^{\infty}(\mu_g W_P)^{C_g}(\mu_b W_N)^{C_b}e^{-(\mu_g W_P+\mu_b W_N)}d\mu_b \tag{7-9}$$

式中：$\mu_g=\mu_p+\mu_b$。

根据二项式定理有 $(\mu_g W_P)^{C_g}=W_P^{C_g}\sum_{n=0}^{C_g}\dfrac{C_g!}{n!\ (C_g-n)!}\mu_b^n\mu_p^{C_g-n}$，将其代入式(7-9)，得到

$$P(\mu_p/C_b,C_g)=\frac{W_N^{C_b+1}W_P^{C_g+1}}{C_b!}\sum_{n=0}^{C_g}\frac{\mu_p^{C_g-n}e^{-\mu_p W_P}}{n!\,(C_g-n)!}\int_0^{\infty}\mu_b^{n+C_b}e^{-\mu_b(W_N+W_P)}d\mu_b \tag{7-10}$$

再根据伽马积分：

$$\int_0^{\infty}x^n e^{-ax}dx=\frac{n!}{a^{n+1}} \tag{7-11}$$

对式(7-10)积分运算，得到

$$P(\mu_p/C_b,C_g)=W_P\frac{(\mu_p W_P)^{C_g}}{C_b!}e^{-\mu_p W_P}(1-\beta)^{C_b+1}\sum_{n=0}^{C_g}\frac{(n+C_b)!}{n!\,(C_g-n)!}\left(\frac{\beta}{\mu_p W_P}\right)^n \tag{7-12}$$

其中 $\beta=\dfrac{W_P}{W_N+W_P}$。

式(7-12)中，$P(\mu_p/C_b,C_g)$ 表示在观测量 $C_b$、$C_g$ 已知时该观测中存在信号的可能性，当观测到的信号段总计数 $C_g\to\infty$ 时，$P(\mu_p/C_b,C_g)\to 1$。

3. 基于后验概率累积分布函数的信号检测步骤[11,61]

对后验概率密度函数进行积分得到其累积分布函数如下：

$$P_{C_b,C_g} = \int_0^\infty P(\mu_p / C_b, C_g) d\mu_p = (1-\beta)^{C_b+1} \sum_{n=0}^{C_g} \beta^n \frac{(n+C_b)!}{n!\ C_b!} \quad (7-13)$$

从上面的分析知道,$C_b$ 和 $C_g$ 分别反映了含噪声的信号和噪声的先验知识,式(7-13)中 $P_{C_b,C_g}$ 则反映了从先验知识 $C_b$ 和 $C_g$ 中获取的信号的信息。先验知识越准确,$C_g$ 中包含的信号信息越多,$P_{C_b,C_g}$ 越大,当 $P_{C_b,C_g}$ 大于或等于某一置信水平时,就认为探测到了信号。X 射线探测器接收到的信号是以采样时间为单位的光子计数率的时间序列,用 $s(n\Delta t)$ 表示该时间序列, $s(n_1\Delta t, n_2\Delta t)$ 表示序列中的某一段,$T$ 表示脉冲星周期, $\Delta t$ 表示采样间隔, $T = k\Delta t$,$k$ 为每周期采样数,以 $P_{C_b,C_g}$ 作为判据,检测序列中是否包含特定脉冲星信号的步骤如下。

(1) 对于某颗脉冲星,按图 7-1 所示方法将其轮廓划分为信号段 $W_P$ 和噪声段 $W_N$,设阈值水平为 $L$,令 $i=0, j=0, H_S=0, H_B=0$,待检测序列长度为 $mT$($m$ 为整数)。

(2) 对 $s(ik\Delta t, (i+1)k\Delta t)$ 计算 $P_{C_b,C_g}$,若 $P_{C_b,C_g} \geqslant L, H_S = H_S + 1$, 否则 $H_B = H_B + 1$。

(3) 若 $i<m(i=i+1)$ 转步骤(2),否则令 $j=j+1, R(j)=\dfrac{H_S}{m}$ 转步骤(4)。

(4) 若 $j \leqslant k, s(t) = s(t + j\Delta t)$ 转步骤(2),否则转步骤(5)。

(5) 求 $R(n)(0 \leqslant n \leqslant k)$ 的方差 $\delta$,搜索是否存在 $R(n) > 3\delta$, 若存在说明检测到信号。

4. 仿真实验分析[11]

以辐射强度较弱的脉冲星 B1937+21 和 B1821-24 为例,主要参数如表 7-1 所列。

表 7-1　X 射线脉冲星参数:周期、X 射线流量密度、每周期采样次数、占空比

| 脉冲星 | $T$/s | $F_X$/(ph/(cm$^2$ · s)) | $S_{mm}$ | $\beta$ |
|---|---|---|---|---|
| B1821-24 | 0.00305 | $1.93\times10^{-4}$ | 256 | 0.4492 |
| B1937+21 | 0.00156 | $4.99\times10^{-5}$ | 1024 | 0.2742 |

设 X 射线探测器有效探测面积为 1m$^2$,平均背景辐射强度为 $5\times10^{-2}$ ph/(cm$^2$ · s),根据标准累积轮廓、平均流量、脉冲星周期和每周期采样次数来计算每两次采样之间背景辐射流量 $\alpha$ 和信号流量 $\delta(t)$,单周期仿真信号表示为:$b_{sim}(t) = \sum_{n=1}^{s} \{\text{poissrnd}(\delta(t - n\Delta t) + \alpha\}$,其中 $S$ 为采样点数,poissrnd( · )为泊松随机数生成函数。设探测置信水平为 95%(虚警率水平 5%),做 1000 次蒙特卡罗实验,分别统计两颗脉冲星信号虚警率和检出率与累积周期数的关系,结果

如图 7-2(a)所示。由图可以看出,随累积周期数的增加,检测性能逐渐提高,且对脉冲星 B1821-24 检测性能提高更快。需要注意的是,由于周期累加过程中,噪声也增强了,根据 7-2(a)的结果,为了增加灵敏度,累加后的信号应消除部分累加噪声,这里利用减去最小值并乘以系数 0.02 实现消除部分累加噪声。为了说明流量、轮廓和周期参数的差异对检出率的影响,修改脉冲星 B1821-24 的各个参数分别与脉冲星 B1937+21 的一致,再进行仿真,结果如图 7-2(b)所示。由图 7-2(b)分析,当信号流量、脉冲星形状和周期改变时,本节方法在性能检测上存在差异,对于脉冲星 B1821-24 而言,轮廓占空比影响比较大,但这仅是个例,不同的脉冲星在不同条件下受各参数的影响是不同的。

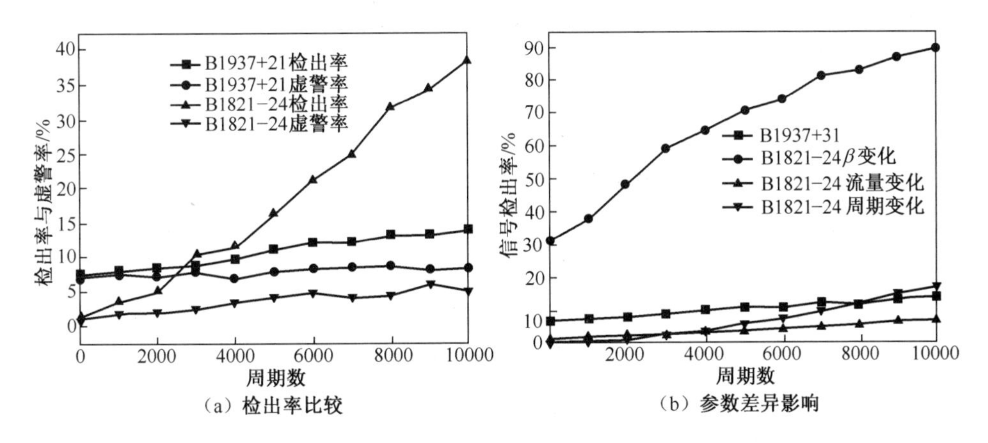

(a) 检出率比较

(b) 参数差异影响

图 7-2 检出率与累积周期的关系

为了评价本节方法的检测性能,与基于高斯分布的同类的检测方法进行对比。基于高斯分布的检测方法为,假设背景噪声和信号服从高斯分布,其噪声抽取方法为

$$\mu_{\text{gauss}} = \frac{(C_g - C_b W_P / W_N)}{W_P} \tag{7-14}$$

此时判决阈值定义为

$$L_c = K\delta_0 \tag{7-15}$$

式中:$\delta_0$ 为信号方差;$K$ 为系数,这里令 $K=2$。当 $\mu_{\text{gauss}} \leqslant L_c$,表示检测到信号,否则表示出现虚警。设累积周期为 10000,以脉冲星 B1937+21 为例,信号虚警率与检出率的背景辐射强度和差的关系如图 7-3 所示。当背景噪声较小时,本节方法与基于高斯分布检测方法性能相当,但随着背景计数率的增加,基于高斯分布检测方法性能迅速下降,所以本节方法性能优于基于高斯分布的检测方法。

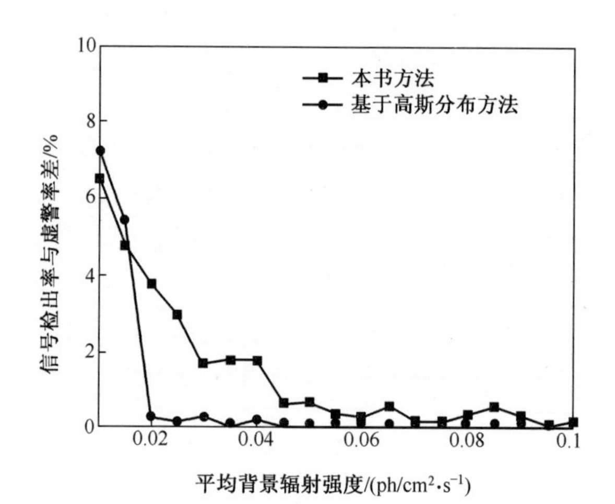

图 7-3　信号虚警率与检出率的背景辐射强度和差的关系

对于在观测期间内出现多个信号的状况,新方法引入了轮廓特征信息和周期,所以其对多个信号间的干扰具有一定的免疫能力。如图 7-4 (a)所示,设背景噪声辐射强度和信号强度均为 $5\times10^{-2}$ph/(cm$^2$ · s),在只包含脉冲星 B1821-24 信号的一段观测中滑动检测脉冲星 B1937+21 信号,然后再叠加脉冲星 B1937+21 信号并采用同样的方法检测,可看到包含脉冲星 B1937+21 信号可观察到明显的尖峰,说明检测到了信号。同理,如图 7-4(b)所示,在脉冲星 B1937+21 信号上叠加脉冲星 B1821-24 信号,得到的检测结果类似。

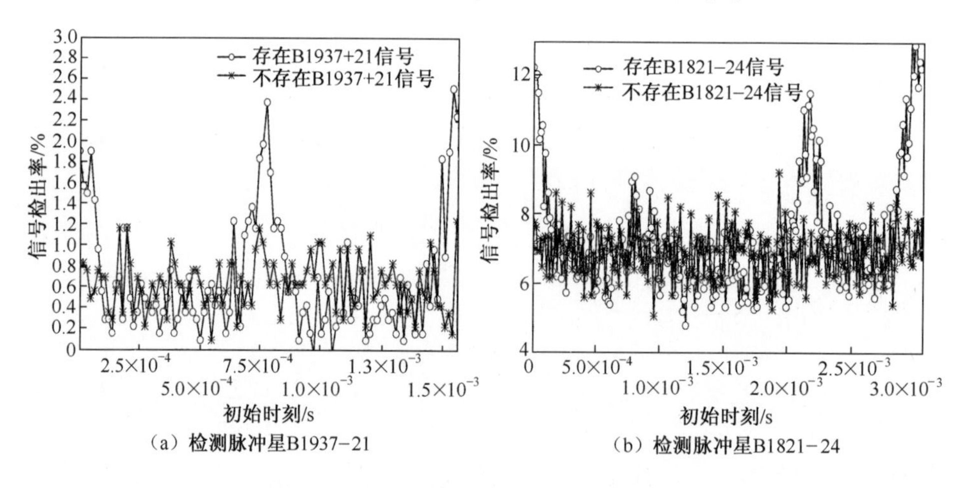

图 7-4　混合多脉冲星信号情况下的检测

基于贝叶斯估计的 X 射线脉冲星信号的检测方法,利用了 X 射线脉冲星信号周期特征、强度特征和轮廓特征等信息作为信号检测的基本参数,是在时域中对 X 射线脉冲星信号进行检测,避免了在使用频域方法时谐波分量引起能量分散而导致误检测,在检测性能上,也优于基于高斯分布模型的同类检测方法。

### 7.2.3 基于光子到达时间间隔的检测方法

1. 光子到达时间间隔的概率分布[62]

为了描述无信号时初始相位的光子到达时间间隔(PIT)的概率分布,首先介绍 X 射线脉冲星信号的非齐次泊松分布模型。

令 $N(t)$ 为检测器接收到的光子数量,则计数过程 $\{N(t),t\geqslant 0\}$ 是一个非齐次的泊松过程,其强度函数为

$$\lambda(t)=\lambda_b+\lambda_s h(\varphi(t)) \tag{7-16}$$

式中:$\lambda_b$ 为背景辐射强度;$\lambda_s$ 为 X 射线脉冲星的辐射强度;$h(\varphi(t))$ 为强度函数;$\varphi(t)$ 为信号相位。

设 $t_0$ 为起始观测时间点,$t_f$ 为终止观测时间点,易得,观测时间长度为 $T_{obs}=t_f-t_0$;设 $t_i$ 为第 $i$ 个光子的到达时间点,在时间区间 $(t_s,t_e)$ 内到达的光子数量为 $N(t_s,t_e)$,则由泊松分布模型可得,$N(t_s,t_e)=l$ 的概率为

$$P\{N(t_s,t_e)=l\}=\frac{(\Lambda(t_s,t_e))^l\exp(-(\Lambda(t_s,t_e)))}{l!} \tag{7-17}$$

式中:$\Lambda(t_s,t_e)=\int_{t_s}^{t_e}\lambda(t)\mathrm{d}t$。由此可见,在时间区间 $(t_0,t_f)$ 内接受到的光子数量 $N_{ph}$ 是一个随机变量。

由光子到达时间(TOPA)序列 $\{t_0,t_1,\cdots,t_{N_{ph}}\}$ 可得,光子到达时间间隔序列 $\{x_0,x_1,\cdots,x_{N_{ph}}\}$ 中的各元素可定义为

$$x_i=t_i-t_{i-1} \tag{7-18}$$

用非负随机变量 $x$ 代表 PIT,$x$ 的累计概率为 $F_x(x)$,则由 $F_x(t)$ 的定义可得

$$F_x(z)=P\{x\leqslant z\}=1-P\{x>z\} \tag{7-19}$$

式中:$z$ 为非负变量。

在一个确定的时间点 $t$,$\{x>z\}$ 的概率等于 $\{N(t,t+z)=0\}$ 的概率。由此,根据泊松分布模型,在时间点 $t$ 的 $F_x(z)$ 可以表示为

$$F_x(z\mid t)=\lambda(t)(1-P\{N(t,t+z)=0\})=\lambda(t)(1-\exp(-\Lambda(t,t+z))) \tag{7-20}$$

式中:$\lambda(t)$ 为在时间点 $t$ 的光子检测概率。在检测时间区间 $(t_0,t_f)$ 内,$\{x\geqslant z\}$ 的

概率为

$$F_x(z) = \int_{t_0}^{t_f} F_x(z \mid t)\,\mathrm{d}t \tag{7-21}$$

为了得到无信号时初始相位的 $x$ 的概率分布，给出以下概率估计：

$$\hat{F}_x(z) = \int_0^0 F_x(z \mid \varphi)\,\mathrm{d}\varphi \tag{7-22}$$

式中：$\varphi(t)$ 是定义在相位区间 $\varphi \in [0,1)$ 上的周期函数。

当 $T_{\mathrm{obs}} \to \infty$ 时，可以得到 $\{z_1 > x \geqslant z_2\}$ 的概率：

$$P\{z_1 > x \geqslant z_2\} = \hat{F}_x(z_1) - \hat{F}_x(z_2) \tag{7-23}$$

式(7-23)无须信号的初始相位信息。

2. 光子(PIT)序列的联合概率密度[62,63]

为简便起见，将区间 $[0, \infty)$ 分为众多长度为 $\Delta z$ 的子区间，将长度从 $(i-1)\Delta z$ 到 $i\Delta z$ 的一段区间作为子区间 $b_i$，则 $\{x = x_i\}$ 的概率可近似为

$$P\{x_i\} = \hat{F}_x(\lceil x_i/\Delta z \rceil) - \hat{F}_x(\lfloor x_i/\Delta z \rfloor) \tag{7-24}$$

式中：$\lceil\ \rceil$ 表示向上取整；$\lfloor\ \rfloor$ 表示向下取整。

由于 $x$ 是独立的，因此 PIT 序列 $\{x_0, x_1, \cdots, x_{N_{\mathrm{ph}}}\}$ 的联合概率 $P\left\{\{x_i\}_{i=1}^{N_{\mathrm{ph}}}\right\}$ 可表示为

$$P\left\{\{x_i\}_{i=1}^{N_{\mathrm{ph}}}\right\} = \prod_{i=1}^{N_{\mathrm{ph}}} P\{x_i\} \tag{7-25}$$

令 $P_i$ 为 $x \in b_i$ 的概率，$N_x(i)$ 为属于子区间 $b_i$ 中的 $x$ 的数目，由此推出式(7-25)等于：

$$P\left\{\{x_i\}_{i=1}^{N_{\mathrm{ph}}}\right\} = \prod_{i=1}^{N_{\mathrm{ph}}} P_i^{N_x(i)} \tag{7-26}$$

式中：$N_z$ 为满足条件 $N_z \Delta z > x_i (1 \leqslant i \leqslant N_{\mathrm{ph}})$ 的子区间数目。对于已给出的 $\{x_i\}_{i=1}^{N_{\mathrm{ph}}}$，其联合概率分布可视为关于 $\{P_i\}_{i=1}^{N_z}$ 的一个函数，表示为 $f\left(\{P_i\}_{i=1}^{N_z}\right)$。

3. 基于 PIT 联合概率密度的信号检测

1) 基本思路[62,63]

在已知了描述包含脉冲星信号在内的检测数据的周期性变量函数模型，以及描述背景辐射数据的连续辐射强度模型的条件下，对以上两个模型利用联合概率密度进行比较，进而实现脉冲星信号的检测。

设 $P_i|_\alpha$ 代表 $x \in b_i$ 的概率，此时 $\lambda(t) = \lambda_s h(\varphi(t)) + \lambda_b$，检测数据里含脉冲星信号。若检测器偏离目标脉冲星，为了简便起见，设 $\lambda(t) + \lambda_b$，$P_i|_\beta$ 代表

$x \in b_i$的概率。当$f\left(\{P_i|_\alpha\}_{i=1}^{N_z}\right) \geqslant f\left(\{P_i|_\beta\}_{i=1}^{N_z}\right)$时,检测到信号,否则没有检测到。

2）漏检与误检

在信号检测过程中,会出现两种错误状况:漏检和误检。漏检的概率可由下式计算:

$$P_{fn} = P\left\{\prod_{i=1}^{N_z}(P_i|_\alpha)^{N_{x|\alpha}(i)} < \prod_{i=1}^{N_z}(P_i|_\beta)^{N_{x|\alpha}(i)}\right\} \tag{7-27}$$

式中:$N_{x|\alpha}(i)$ 为 $x \in b_i$ 的数目,此时 $\lambda(t) = \lambda_s h(\varphi(t)) + \lambda_b$。

类似地,误检的概率为

$$P_{fp} = P\left\{\prod_{i=1}^{N_z}(P_i|_\alpha)^{N_{x|\alpha}(i)} < \prod_{i=1}^{N_z}(P_i|_\beta)^{N_{x|\alpha}(i)}\right\} \tag{7-28}$$

式中:$N_{x|\beta}(i)$ 为 $x \in b_i$ 的数目,此时 $\lambda(t)=\lambda_b$。由此可见,漏检和误检的概率,可以由分段的概率分布 $\{P_i|_a\}_{i=1}^{N_z}$ 和$\{P_i|_\beta\}_{i=1}^{N_z}$ 以及 $N_{ph}$ 得到。

例如,图 7-5 给出了 $\{P_i|_\alpha\}_{i=1}^{N_z}$ 和$\{P_i|_\beta\}_{i=1}^{N_z}$ ,$N_z=1000$。令 $\{x_i|_\alpha\}_{i=1}^{N_{ph}}$ 为检测数据,且 $\lambda(t)=\lambda_s h(\varphi(t)) + \lambda_b$;$\{x_i|_\beta\}_{i=1}^{N_{ph}}$ 为 $\lambda(t)=\lambda_b$ 时的 PIT 序列。对于 $\{x_i|_\alpha\}_{i=1}^{N_{ph}}$ 的检测, $N_{x|\alpha}(i)$ 数目的组合为 $C(N_z, N_{ph})$ 。在每个组合中,可以计算出它的联合概率密度函数$f\left(\{P_i|_\alpha\}_{i=1}^{N_z}\right)$ 和$f\left(\{P_i|_\beta\}_{i=1}^{N_z}\right)$ 以及相应的概率分布,则漏检的概率等于所有满足条件$f\left(\{P_i|_\alpha\}_{i=1}^{N_z}\right) < f\left(\{P_i|_\beta\}_{i=1}^{N_z}\right)$的组合的概率之和;误检的概率可用同样的方法得到。图 7-6 和图 7-7 给出了由图 7-5所示的 $\{P_i|_\alpha\}_{i=1}^{N_z}$ 和$\{P_i|_\beta\}_{i=1}^{N_z}$ 计算而得的漏检概率及误检概率。

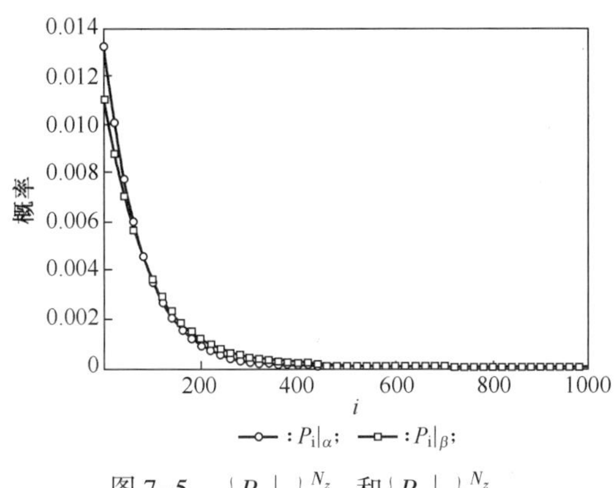


图 7-5　$\{P_i|_\alpha\}_{i=1}^{N_z}$ 和$\{P_i|_\beta\}_{i=1}^{N_z}$

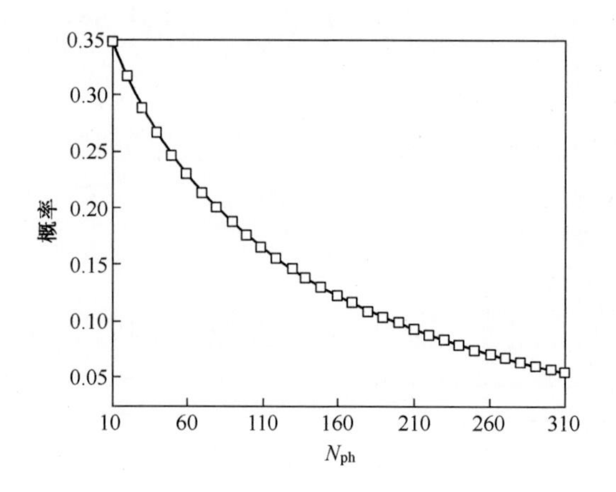


图 7-6　漏检概率

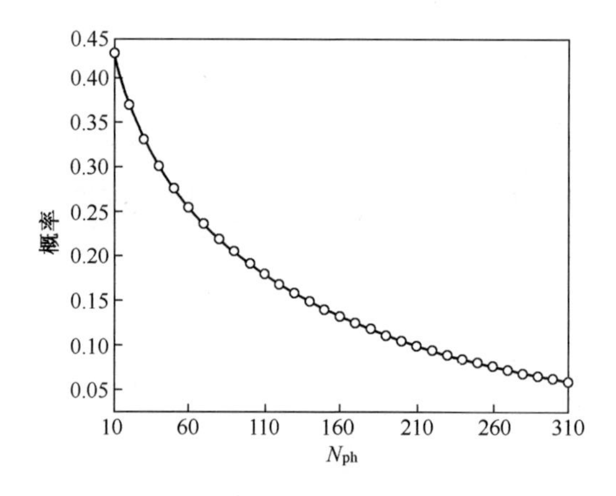


图 7-7　误检概率

由图可以看出,漏检概率及误检概率随着 $N_{ph}$ 的增加而减少,也就是说,检测的置信度随着 $N_{ph}$ 的增加而增加。当 $N_{ph}\to\infty$,即 $t_{obs}\to\infty$ 时,漏检概率及误检概率已接近于 0,检测的置信水平接近于 1。

4. 仿真实验及分析[41,62]

选 PSR B0531+21 为要检测的脉冲星,此脉冲星在 $N_b=128$ 时的归一化累积轮廓如图 7-8 所示。

PSR B0531+21 的周期 $T=3.34\times10^{-2}$s,设定 $\lambda_s=0.0148$ph/(cm$^2$·s),$\lambda=0.0111$ph/(cm$^2$·s),其有效面积为 1000cm$^2$。

信号检测过程可分为静态数据检测和动态数据检测,以下分别展示这两种信号检测过程的仿真结果。

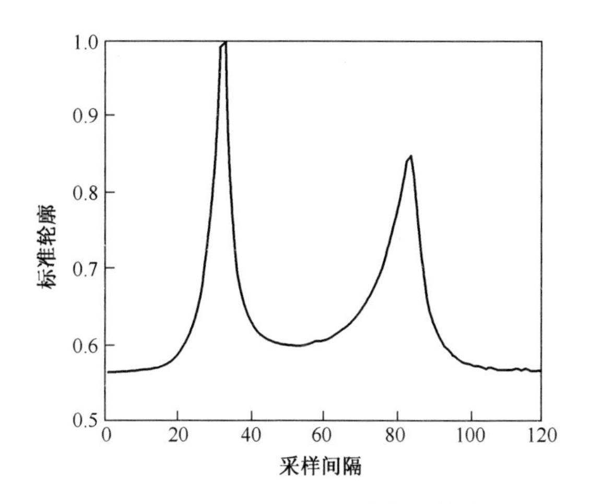


图 7-8　PSR B0531+21 的标准轮廓

1）静态数据检测

首先，可由检测器和待检测脉冲星的参数计算得到 $\{P_i|_\alpha\}_{i=1}^{N_z}$ 和 $\{P_i|_\beta\}_{i=1}^{N_z}$，继而计算漏检概率和误检概率。此处的 $\{P_i|_\alpha\}_{i=1}^{N_z}$ 和 $\{P_i|_\beta\}_{i=1}^{N_z}$ 等于在图 7-5 中给出的 $P_i|_\alpha$ 和 $P_i|_\beta$，漏检概率和误检概率如图 7-9 所示。令 $N_{ph}=350$，则漏检概率为 4.51%，误检概率为 4.88%，所以置信水平高于 95%。如上所述，对于 $\{x_i|_\alpha\}_{i=1}^{N_{ph}}$ 检测，检测成功率为 95.49%，$T_d=78.5T$；对于 $\{x_i|_\beta\}_{i=1}^{N_{ph}}$ 检测，检测成功率为 95.12%，$T_d=94.4T$。

为了更形象地说明检测方法的有效性以及提高检测时间估计的正确性和检测成功率，对信号检测进行 100 次的蒙特卡罗仿真，图 7-9 给出了检测时间和检测结果。在图 7-9 中，纵坐标"Flag"表示检测结果，当其为零时，没有检测到信号；当其为 1 时，检测到信号。从图 7-9 中可以看出，$\{x_i|_\alpha\}_{i=1}^{N_{ph}}$ 的检测成功率为 92%，100 次仿真的平均检测时间为 78.7$T$。而图 7-9 显示 $\{x_i|_\beta\}_{i=1}^{N_{ph}}$ 的检测成功率为 97%，平均检测时间为 93.7$T$。由仿真结果可见，平均检测时间和检测成功率与估计量一致。

与基于贝叶斯估计的检测方法和 PFC 检测方法相比较，本检测方法具有非常明显的优势。分别使用基于贝叶斯估计的检测方法与 PFC 检测方法对 $\{x_i|_\alpha\}_{i=1}^{N_{ph}}$ 进行检测，取 $N_{ph}=350$，进行 100 次蒙特卡罗仿真，在相同的置信度下，贝叶斯估计方法的检测成功率仅有 62%。而当相关系数阈值达到 0.95 时，PFC 检测方法甚至都没有检测到脉冲星信号。

2）动态数据检测

在多数情况下，待检测脉冲星与飞行器之间存在相对运动。因此以下将给

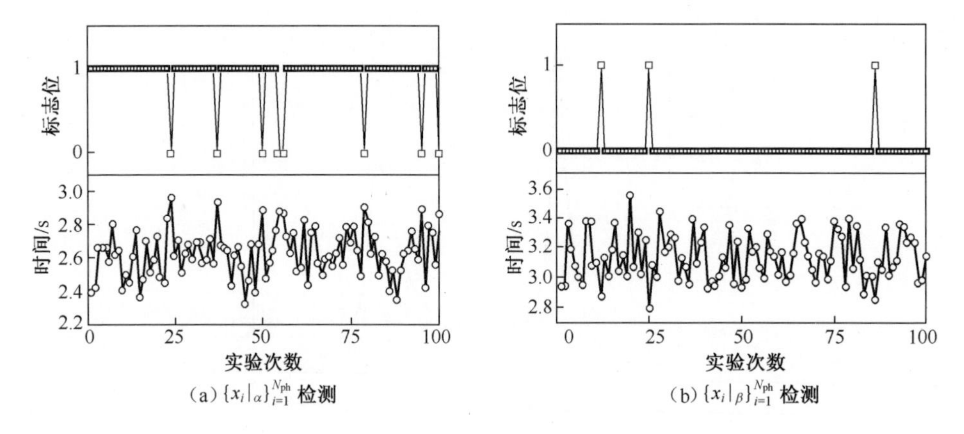


图 7-9　信号检测结果及检测时间

出本检测方法对动态数据检测的性能仿真。

设检测到的 TOPA 为 $t'$，飞行器的径向速度为 $v(t_i)$，则

$$t_i' = t_i - \frac{\int_{t_0}^{t_i'} v(t)\,\mathrm{d}t}{c} = t_i - \Delta t_i \tag{7-29}$$

式中：$c$ 为光速；$\Delta t_i$ 为由飞行器运动引起的光子到达时间的改变量，因此光子 PIT 变为

$$x_i' = (t_i - t_{i-1}) - (\Delta t_i - \Delta t_{i-1}) = x_i - (\Delta t_i - \Delta t_{i-1}) \tag{7-30}$$

图 7-10 给出了当飞行器的径向速度为 $v(t^m) = 10\text{km/s}$ 时，动态数据信息的 TOPA 和 PIT 的变化。由图可见，TOPA 随着检测时间的增长而增长，而 PIT 则为一个由随机变量组成的序列。

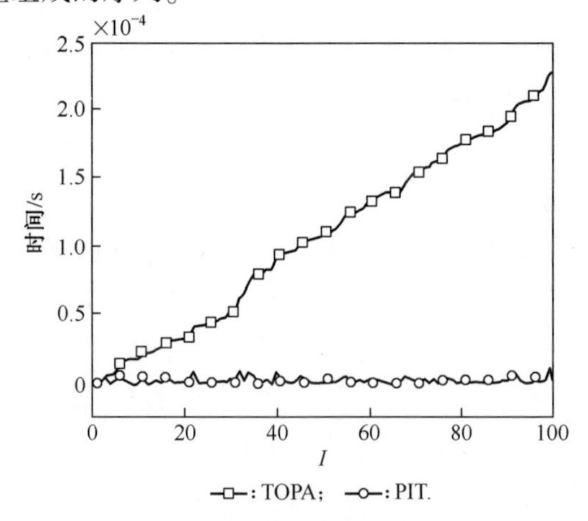


图 7-10　飞行器速度的 TOPA 和 PIT 变化

3）仿真结果小结

图 7-11 比较了静态数据和动态数据的累积轮廓，由图可见，静态数据的脉冲轮廓含具有明显峰值，与理论轮廓相接近，而动态数据却无明显峰值。

当应用 PFC 检测方法时，标准轮廓与静态数据累积轮廓之间的相关系数为 0.9996，而与动态数据之间则为 0.6015，因此，PFC 检测方法只能在进行静态数据检测时检测到信号。当应用贝叶斯估计检测方法时，静态数据的后验概率为 0.9567，而动态数据则为 0.6226，故此方法同样无法用于动态数据的信号检测。

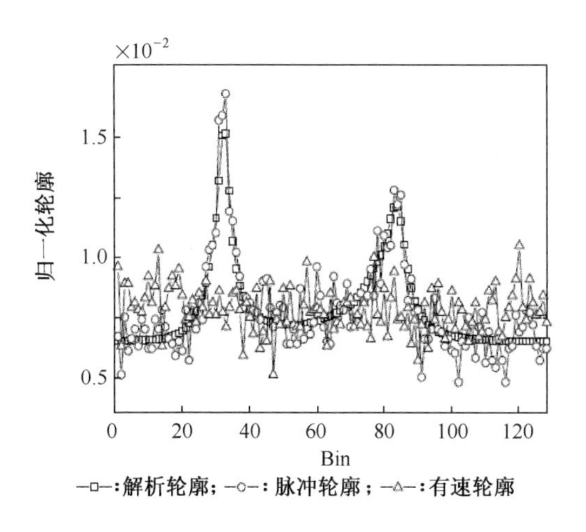


图 7-11　脉冲轮廓与理论轮廓对比

图 7-12 展示了静态数据、动态数据和分析值的 PIT 分布。由于 PIT 变化的

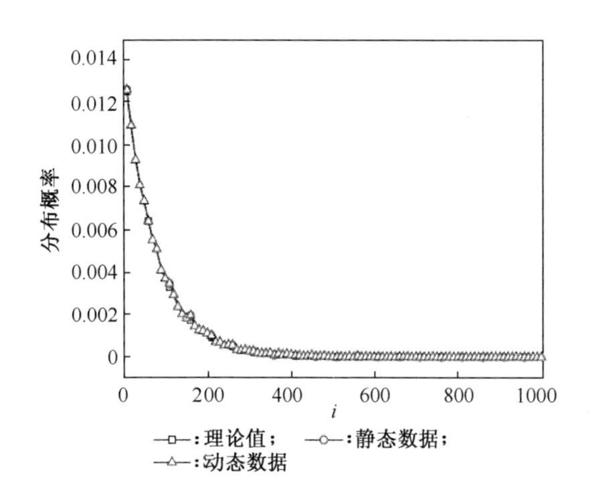


图 7-12　静态数据、动态数据和分析值的 PIT 分布比较

数量级为 $T\times10^{-5}$,而 $\Delta z\approx T/334$,这些变化比 $\Delta z$ 低了两个数量级,因此上述分布之间并没有明显差别。由此可知,对于静态和动态这两种数据,本检测方法都可成功地检测到信号。

## 7.3 频域脉冲星信号检测及其改进方法

### 7.3.1 基于 FFT 的检测方法

近年来,比较先进和常用的脉冲星信号检测方法是先通过计算来得到离散时间序列所对应的傅里叶变换,从而在频域中找出其频谱特性。当时间序列被转换至频域时脉冲星的基频区将产生较大的振幅,并且存在一些振幅与基波振幅相差不大的谐波,可由占空比的倒数估计得到这些谐波的数量。因此,可以通过回收这些谐波的功率提高信噪比。

由于脉冲星数据为离散的时间样本,因此数据要转换至频域需要通过离散傅里叶变换(DFT)来实现。DFT 可以将时域的时间序列转化一系列为关于奈奎斯特频率(采样频率的 1/2)对称的频域傅里叶分量。这项冗余可以使计算时间减半。也可以使用 FFT 进一步减少计算时间,其中样本总数为素因数的倍数。FFT 可以显著减少乘法和加法的运算次数,尤其是在 $N$ 非常大的情况下。

### 7.3.2 基于双谱的检测方法

在脉冲星信号辐射和传播过程中,可能会存在非线性相位耦合现象,即在一些非线性机制的影响下,脉冲星辐射信号中不仅含有原频率分量,并且由于非线性相位耦合的作用还产生了新的频率分量。因此,功率谱是相位盲的,不能用来检测相位耦合现象,而高阶统计量方法由于其含有丰富的相位信息,可广泛地应用在相位耦合的检测中。

1. 信号的双谱定义及性质[41,51]

设随机变量 $\{x(n)\}$ $(n\in\mathbf{Z})$ 的均值为零,$k$ 阶平稳,其概率密度函数为 $f(x)$,则特征函数定义为

$$\Phi(w)=E\{e^{jwx}\}=\int_{-\infty}^{+\infty}f(x)g(x)\,\mathrm{d}x \tag{7-31}$$

累积量生成函数为

$$\psi(w) = \ln\Phi(w) \tag{7-32}$$

则其 $k$ 阶累积量定义为

$$C_{k,x} = (-\mathrm{j})^k \frac{d^k \ln\Phi(w)}{\mathrm{d}w^k}\bigg|_{w=0} \tag{7-33}$$

随机信号$\{x(n)\}(n \in \mathbf{Z})$的高阶累积量用符号表示为

$$C_{k,x}(\tau_1,\tau_2,\cdots,\tau_{k-1}) = \mathrm{cum}\{x(n),x(n+\tau_1),\cdots,x(n+\tau_{k-1})\} \tag{7-34}$$

式中：$\tau_i(i=1,2,\cdots,k-1)$ 为任意时延。

若 $C_{k,x}(\tau_1,\tau_2,\cdots,\tau_{k-1})$ 满足

$$\sum_{\tau_1=-\infty}^{\infty}\sum_{\tau_2=-\infty}^{\infty}\cdots\sum_{\tau_{k-1}=-\infty}^{\infty}|C_{k,x}(\tau_1,\tau_1,\cdots,\tau_{k-1})| < \infty \tag{7-35}$$

则其 $k$ 阶谱定义为 $k$ 阶累积量的 $k-1$ 维傅里叶变换：

$$\begin{aligned} S_{k,x}(w_1,\cdots,w_{k-1}) = &\sum_{\tau_1}\sum_{\tau_2}\cdots\sum_{\tau_{k-1}} C_{k,x}(\tau_1,\cdots,\tau_{k-1}) \\ &\exp(-\mathrm{j}(w_1\tau_1+\cdots+w_{k-1}\tau_{k-1})) \end{aligned} \tag{7-36}$$

当 $k=2$ 时，二阶累积量 $C_{2,x}(\tau)$ 的傅里叶变换即为序列的功率谱：

$$P(w) = \sum_{\tau} C_{2,x}(\tau)\exp(-\mathrm{j}w\tau) \tag{7-37}$$

当 $k=3$ 时，实随机序列$\{x(n)\}(n \in \mathbf{Z})$的三阶累积量或三阶自相关为

$$C_{3,x}(\tau_1,\tau_2) = E[x(n)x(n+\tau_1)x(n+\tau_2)] \tag{7-38}$$

式(7-38)的二维傅里叶变换定义为序列的双谱：

$$B_x(w_1,w_2) = \sum_{\tau_1=-\infty}^{\infty}\sum_{\tau_2=-\infty}^{\infty} C_{3x}(\tau_1,\tau_2)\mathrm{e}^{-\mathrm{j}(w_1\tau_1+w_2\tau_2)} \tag{7-39}$$

或

$$B_x(w_1,w_2) = \langle X(w_1)X(w_2)X^*(w_1+w_2)\rangle \tag{7-40}$$

式中：$|w_1| \leqslant \pi$，$|w_2| \leqslant \pi$，$|w_1+w_2| \leqslant \pi$。

双谱具有以下对称特性：

$$\begin{aligned} B_x(w_1,w_2) &= B_x(w_2,w_1) \\ &= B_x^*(-w_1,-w_2) = B_x^*(-w_2,-w_1) \\ &= B_x(-w_1-w_2,w_2) = B_x(w_1,-w_1-w_2) \\ &= B_x(-w_1-w_2,w_1) = B_x(w_2,-w_1-w_2) \end{aligned} \tag{7-41}$$

由双谱的对称特性可知,只要知道 $w_2 \geqslant 0, w_1 > w_2, w_1 + w_2 \leqslant \pi$ 三角区内的值便可以描述整个频域内的双谱值。

2. 脉冲星累积脉冲轮廓的双谱特征[41,51]

分别对脉冲星 B1451-68 和 B2111+46 的累积脉冲轮廓在多个频率上的波形进行功率谱与双谱分析。图 7-13 和图 7-14 分别为脉冲星 B1451-68 在频率 450MHz 和 674MHz 上累积脉冲轮廓的功率谱图与双谱等高值图;图 7-15 和图 7-16分别为脉冲星 B2111+46 在频率 400MHz 和 800MHz 上累积脉冲轮廓的功率谱图与双谱等高值图;图 7-17 为脉冲星 B2111+46 分别在频率 610MHz (图(a))和 1330MHz(图(b))累积脉冲轮廓的双谱等高值图。

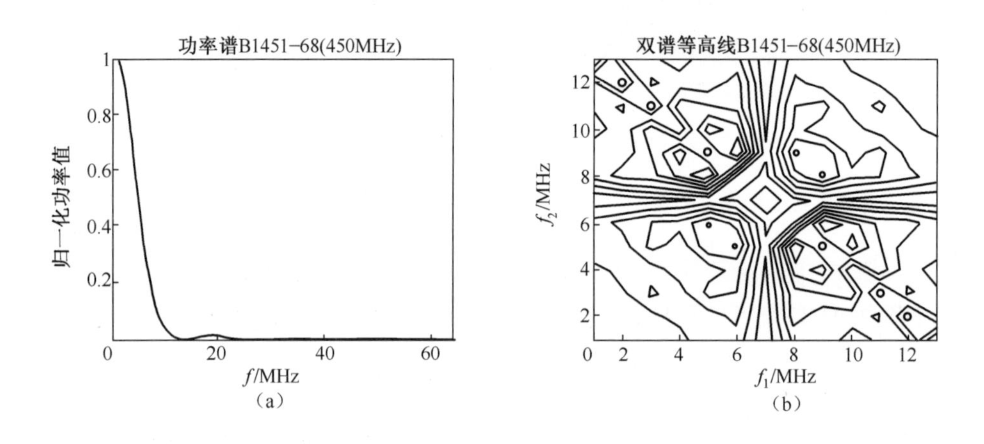


图 7-13 脉冲星 B1451-68(450MHz)累积脉冲轮廓的功率谱图与双谱等高值图

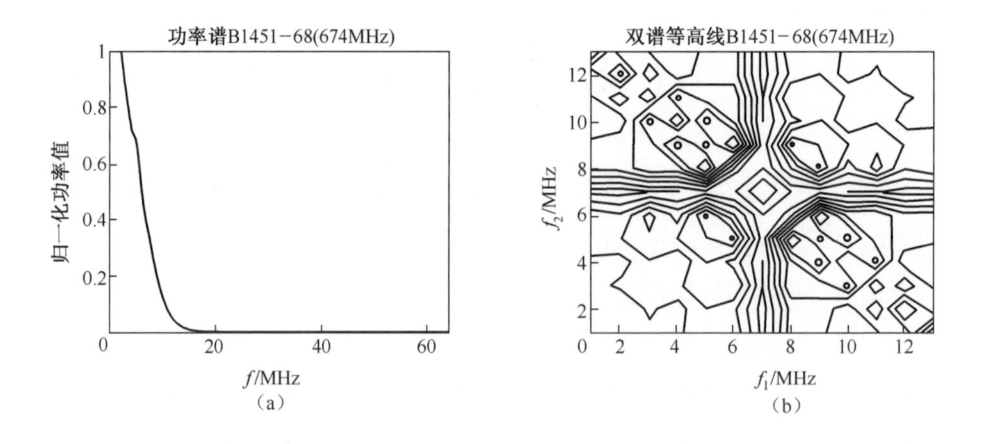


图 7-14 脉冲星 B1451-68(674MHz)累积脉冲轮廓的功率谱图与双谱等高值图

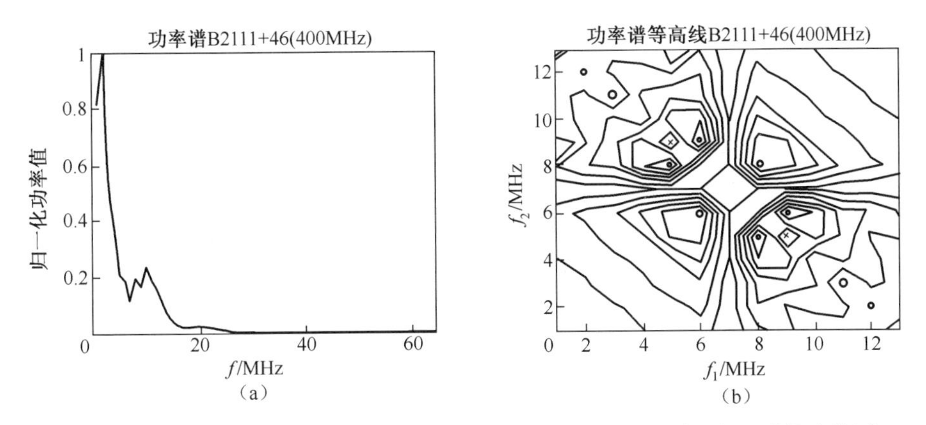


图 7-15 脉冲星 B2111+46(400MHz)累积脉冲轮廓的功率谱图与双谱等高值图

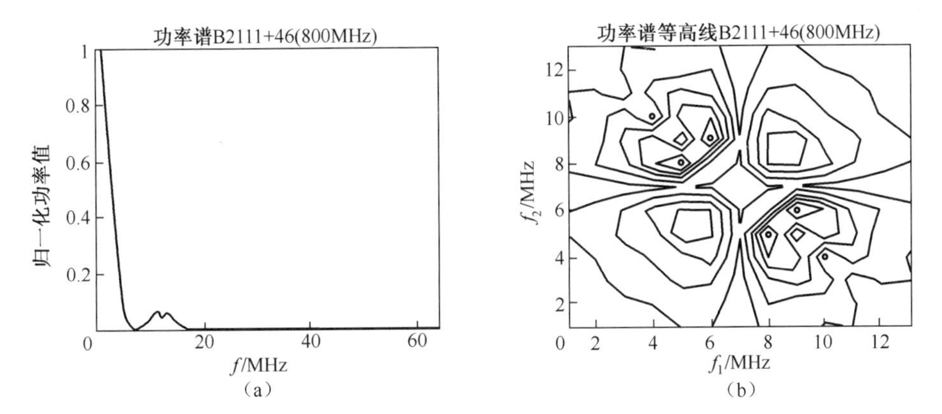


图 7-16 脉冲星 B2111+46(800MHz)累积脉冲轮廓的功率谱图与双谱等高值图

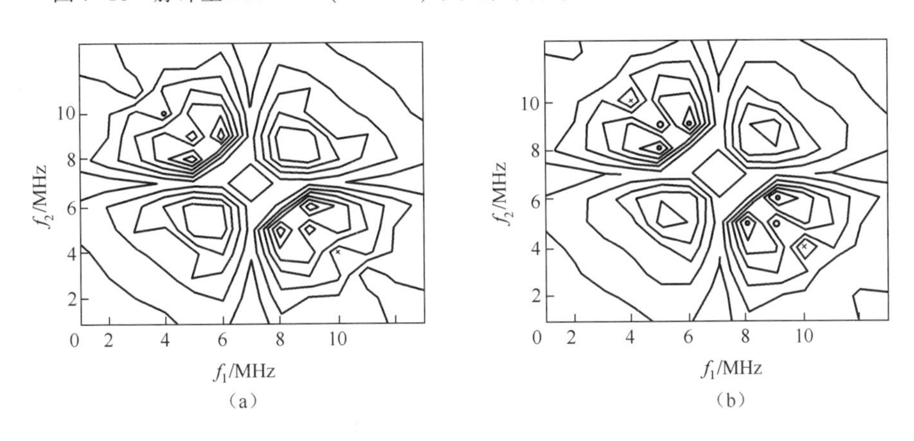


图 7-17 脉冲星 B2111+46 分别在频率 610MHz 和 1330MHz 累积脉冲轮廓双谱等高值图

由脉冲星辐射脉冲信号的累积脉冲轮廓在不同频段的双谱的研究显示：①脉冲星信号的累积脉冲轮廓中含有大量的非高斯成分，因此，在进行累积脉冲轮廓成分分离时需要考虑非高斯分量。②同一颗脉冲星辐射的脉冲星信号的累积脉冲轮廓在不同频段的双谱特征具有相似性；不同脉冲星信号的双谱特征却有明显的差异，这表明脉冲星辐射脉冲信号的累积脉冲轮廓中非高斯分量随频率变化的幅度比较小。③与功率谱相比，双谱保留了更多的相位和幅度信息。④脉冲星辐射脉冲信号累积脉冲轮廓双谱图的两个频率轴之间的非零双谱点表明其对应的两个频率分量之间存在耦合，较强的双谱峰值为主要的耦合分量。这些双谱峰值点可以作为脉冲星辐射脉冲信号的累积脉冲轮廓特征的一种描述，其具有平移不变性，并且保持了信号的相位信息和尺度信息。而采用功率谱进行累积脉冲轮廓特征的描述，由于其抑制了信号的相位信息，因此无法辨识出相位耦合的情况，也就是无法区分功率谱中的某处分量到底是信号的固有分量，还是其他哪几处分量耦合所得的结果。⑤脉冲星辐射脉冲信号中包含大量的非高斯成分，而其中大多数噪声仍为加性高斯分量，这就为脉冲星微弱脉冲信号的检测提供了另一种新的思路：利用双谱的对非高斯分量敏感而抑制高斯分量的特性来进行脉冲星辐射脉冲信号的检测。

3. 基于双谱的检测算法

由于高阶累积量（特别是双谱）能够提供相位信息，因此广泛地应用于特征提取。但是直接应用双谱会导致需要进行复杂的二维模板匹配计算，从而限制了双谱直接应用在实时目标识别中。为了克服这一难题，需要将双谱变成一维函数或者其他有利于实时应用的特征函数，因此选择双谱和积分双谱作为两种双谱一维函数化方法已广泛地应用在了目标特征提取中。

1）积分双谱。（1）径向积分双谱。Elgar 和 Chandran 最早提出使用积分双谱的相位（Phase of Radially Integrated Bispectra，PRIB）作为信号特征，即

$$\mathrm{PRIB}(a)=\arctan\left(\frac{I_i(a)}{I_r(b)}\right) \tag{7-42}$$

$$I(a)=I_i(a)+\mathrm{j}I_r(a)=\int_0^{1/(1+a)}B(f_1,af_1)\,\mathrm{d}f_1 \tag{7-43}$$

式中：$I(a)$为双谱沿双频率平面过原点的径向直线上的积分（$0<a\leqslant 1$）；$I(a)$为径向积分双谱；PRIB($a$)为径向积分双谱的相位。

在 PRIB 方法中，在训练阶段，首先需要对每类已知信号计算其 PRIB($a$)的类内均值及类内方差，还需要计算两类信号之间的类间均值及类间方差。然后选择能使类间可分离度最大的 $K$ 组 PRIB($a$)作为特征参数组合 $P(1)$，$P(2)$，…，$P(K)$，这些被选择出来的积分路径 $a$ 与对应的积分双谱相位

PRIB($a$)要作为信号的特征参数被存储,用作模板。在测试阶段:首先对测试样本计算这些积分路径上的 PRIB($a$);然后与模板上各类信号的 PRIB($a$)值进行比较。最后,选相似度最大的已知信号类作为测试样本的类别判决结果。

PRIB($a$)没有尺度的变化性,由于其只取径向积分双谱的相位,而丢失了双谱的幅值信息。

(2) 轴向积分双谱:

$$\mathrm{AIB}(w)=\frac{1}{2}\int_{-\infty}^{\infty}B(w,w_2)\,\mathrm{d}w_2=\frac{1}{2}\int_{-\infty}^{\infty}B(w_1,w)\,\mathrm{d}w_1 \tag{7-44}$$

轴向积分双谱是由 Tugnait 提出的,其积分路径与 $w_1$ 轴或 $w_2$ 轴平行。AIB($w$)具有尺度变化性,因其保留了双谱的幅值信息,但是却丢失了双谱的大部分相位信息。

(3) 圆周积分双谱。圆周积分双谱是由 Liao 与 ao 提出的,其积分路径是以原点为中心的圆周,即

$$\mathrm{CIB}(a)=\int B_{\mathrm{p}}(a,\theta)\,\mathrm{d}\theta \tag{7-45}$$

式中:$B_{\mathrm{p}}(a,\theta)$为双谱 $B(w_1,w_2)$的极坐标表示。圆周积分双谱具有平移不变性,而且保持了信号的部分相位信息和尺度信息。

积分双谱将二维的双谱函数变换成了一维函数,有利于实现实时目标识别,但是积分双谱存在以下两个缺点。

(1) 在计算上,积分双谱是将一条路径上的积分相加,由于不是每一个该路径上的双谱都对目标识别起重要的作用,即某些双谱点对目标识别并不起重要作用,属于平凡双谱点,这可能导致不能准确地进行目标识别。

(2) 若一条积分路径上的某些位置没有双谱值,则需要由与这些位置相距最近处的双谱值来代替这些位置上的双谱值,如此就会导致一些双谱值的被遗漏或被重复使用。

2) 选择双谱[51,64,65]

为了避免积分双谱的以上缺点,张贤达等人提出了选择双谱的方法。选择双谱的特点是选用 Fisher 类别可分离度去判断某一个双谱值在信号类型的识别中所起的作用,只有具有最强类别可分离度的那些双谱才能被选作信号的特征参数。这既可以避免交叉项,也可以避免平凡双谱。

记 $w=(w_1,w_2)$ 和 $B(w)=B(w_1,w_2)$,假设 $\{B_k^{(i)}(w)\}_{k=1,2,\cdots,N_1}$ 和 $\{B_k^{(j)}(w)\}_{k=1,2,\cdots,N_i}$是在训练阶段所得的样本双谱集合,其中,上标($i$)和($j$)表示信号的类型,下标 $k$ 表示由第 $k$ 组观测数据计算得到的双谱,而 $N_i$ 和 $N_j$ 分别

是第 $i$ 类和第 $j$ 类信号的观测数据的个数。其 Fisher 类别可分离度定义如下:

$$m^{i,j}(w)=\frac{\sum_{l=i,j}p^{(l)}[\mathrm{mean}_k(B_k^{(l)}(w))-\mathrm{mean}_l(\mathrm{mean}_k(B_k^{(l)}(w)))]^2}{\sum_{l=i,j}p^{(l)}\mathrm{var}_k(B_k^{(l)}(w))},i\neq j \tag{7-46}$$

式中:$p^{(l)}$ 为随机变量 $B(l)=B_k^{(l)}(w)$ 的先验概率;$\mathrm{mean}_k(B_k^{(l)}(w))$ 与 $\mathrm{var}_k(B_k^{(l)}(w))$ 分别为第 $l$ 类信号在频率 $w=(w_1,w_2)$ 处的所有样本双谱的平均值与方差;$\mathrm{mean}_l(\mathrm{mean}_\mathrm{k}(B_k^{(1)}(w)))$ 为所有类型信号在频率 $w$ 处样本双谱的总体中心。

$m^{(i,j)}(w)$ 越大,则第 $i$ 类与第 $j$ 类信号之间的可分离度越强。选取有限个具有较强的 Fisher 类别可分离度的频率集合来作为特征频率,用这些频率处的双谱值建立特征矢量,以实现信号识别与分类。

### 7.3.3 基于1(1/2)谱的检测方法

1. 基于1(1/2)谱的检测方法的原理及实现步骤[41,51,64]

由于能接收到的脉冲星辐射信号能量较弱以及宇宙空间中的强背景噪声,大部分的脉冲星辐射信号湮没在噪声当中,目前对脉冲星的搜索主要采用功率谱估计技术。首先,对消去色散后的射电天文望远镜所观测到的数据进行傅里叶变换,并计算出其功率谱;然后,对功率谱进行反复试探性的谐波叠加,找出具有较高能量值的频率点;最后,根据时域能量积累的方法对该频率作出检验。但此方法存在计算量较大的问题,以对 PSR J1056-6258 的搜索为例,PSR J1056-6258 的周期为 422.447ms,若时间分辨率达到 1μs,观测一个周期的数据量约为 413kB,而基于功率谱估计技术来对脉冲星进行搜索的方法是通过每次几十甚至几百周期的观测数据来改善可检测信噪比,由此导致傅里叶运算的数据量非常的大,约为几十兆字节,甚至更高。但是,如果减少观测时间或者降低时间分辨率又会损害可检测信噪比。

基于以上状况 Hinich 提出了基于双谱分析的瞬态信号检测技术,并且利用此方法进行了高斯背景噪声中非高斯信号检测的研究工作。但是,由于双谱检测方法的计算量较大,本节采用其优化方法 1(1/2)维谱检测算法检测脉冲星微弱脉冲信号,此算法主要特性如下。

(1) 脉冲星辐射脉冲信号中的非高斯分量主要集中在较窄频带中,而宇宙空间中的背景噪声和接收机的系统噪声主要是加性高斯噪声,其中的非高斯分量在 1(1/2)维谱域中的分布近乎呈白色。

(2) 1(1/2)维谱可以抑制加性高斯分量。

(3) 脉冲星辐射脉冲信号中具有二次相位耦合成分,而 1(1/2)维谱可以检测到二次相位耦合。

(4) 1(1/2)维谱具有时移不变特性。

(5) 1(1/2)维谱对独立随机过程具有线性叠加特性。

基于 1(1/2)谱的检测方法的步骤可以描述如下。

(1) 定义 1(1/2)维谱中脉冲星辐射脉冲谱能量和噪声谱能量的比值为

$$R = 20\log_{10}\left\{\frac{\max[C_{1.5\_}\text{signal}]}{\text{mean}[C_{1.5\_}\text{noise}]}\right\} \tag{7-47}$$

脉冲信号 1(1/2)维谱的谱峰能量与噪声 1(1/2)维谱平均能量的比值可体现背景噪声与脉冲星辐射脉冲信号的可分离程度。

(2) 脉冲星辐射脉冲宽度一般比较窄,定义 1(1/2)维谱窗,其宽度为 $W_{1.5}$ ($W_{1.5}$>辐射脉冲宽度 $W_p$),定义 $D=\dfrac{W_{1.5}}{W_p}$。

(3) 从 1(1/2)维谱窗中选取一段脉冲星观测数据,计算其 1(1/2)维谱,将谱的能量分布,即式(7-47)中定义的 $R$ 作为脉冲出现的判据。

(4) 将 1(1/2)维谱窗在观测数据上滑动(滑动步伐应脉冲宽度 $W_p$ 小),连续计算 $R$。

(5) 根据 $R$ 检测脉冲星辐射脉冲信号,也可估计脉冲的周期。

2. 仿真实验分析[41,51,64]

1) 个别脉冲检测实验

我们对 PSR J1056-6258 的观测数据进行基于 1(1/2)维谱的微弱脉冲检测实验,实验中采用的 1(1/2)维谱窗宽度为 64ms,每次滑动步长为 0.8ms。实验结果如图 7-18 所示,其中,上图为 PSR J1056-6258 的观测数据,信噪比为 -21.66dB,中图为脉冲星辐射脉冲信号,辐射脉冲宽度约 50ms;下图为判据 $R$ 的图。实验结果表明:基于 1(1/2)维谱的微弱脉冲检测算法可有效检测脉冲星辐射脉冲信号;受 1(1/2)维谱窗宽度的影响,$R$ 图中的判据脉冲宽度大于脉冲星实际辐射的个别脉冲轮廓。进一步对 PSR J0437-4715、B2111+46 等 9 颗脉冲星的观测数据进行了基于 1(1/2)维谱的微弱脉冲检测实验,实验结果如图 7-19所示,图中横坐标表示观测数据的信噪比,纵坐标为判据 $R$ 值,其中高于噪声 $R$ 值的曲线说明脉冲信号可检测。有实验结果可知 PSR B2111+46、J0437-4715、B0613-0200 等 7 颗脉冲星微弱脉冲信号的可检测信噪比能达到约 -60dB,而 PSR B0329+54、B0531+21 两颗脉冲星的 1(1/2)维谱峰值较低、谱峰较宽,陷入噪声谱中,难于检测,导致以上结果的原因是 PSR B0329+54、B0531+21 两颗脉冲星的辐射脉冲宽度比事先设定的 1(1/2)维谱窗宽度小得多,因此,使得脉冲星辐射脉冲宽度接近谱窗宽度,改善可检测信噪比的重要途径即需要降低 $D$ 值。

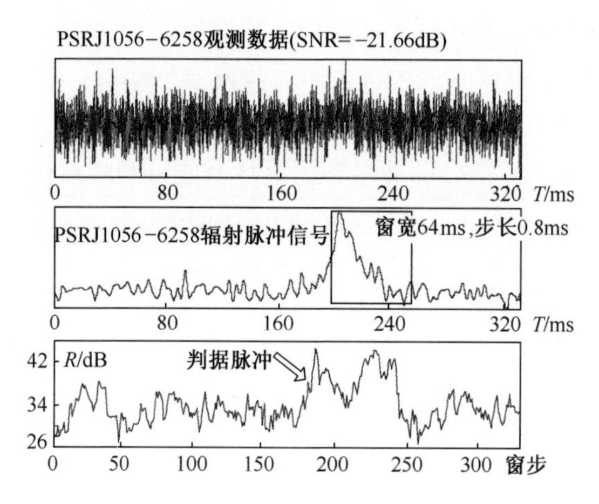


图 7-18　PSR J1056-6258 个别脉冲检测

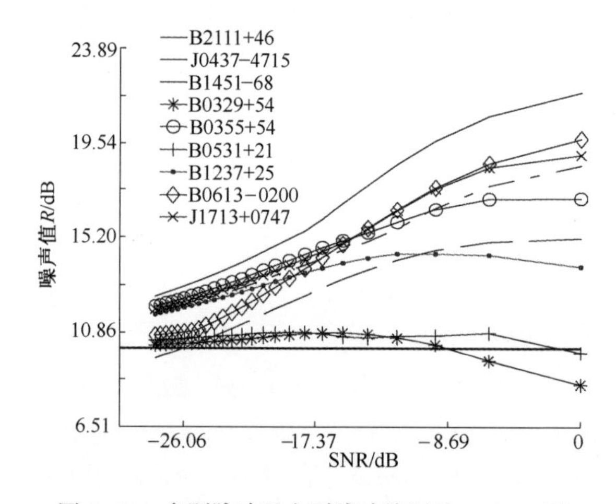


图 7-19　多颗脉冲星个别脉冲检测的 SNR-R 图

2）功率谱与 1(1/2)维谱的检测性能比较

分别计算 PSR J0437-4715 噪声和个别脉冲的功率谱,可发现对于基于功率谱估计的脉冲星检测技术当 SNR=-9.5dB 时个别脉冲的功率谱就湮没在噪声功率谱之中。而利用基于 1(1/2)维谱的检测方法时,PSR J0437-4715 的个别脉冲检测的可检测信噪比可达到约-26dB,如图 7-20 所示。

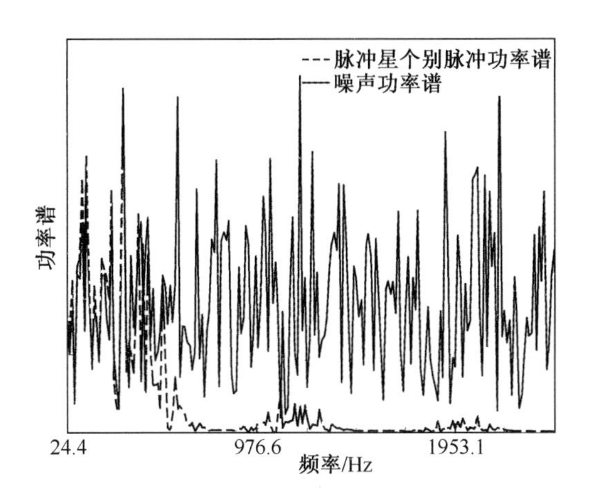


图 7-20　PSR J0437-4715 个别脉冲功率谱与噪声功率谱比较(SNR=-9.5dB)

## 7.4　时频域脉冲星信号检测

### 7.4.1　基于 S 变换的恒虚警率检测方法

1. S 变换及 S 变化域中高斯白噪声的功率谱均值分析

1) S 变换的定义

S 变换(Stockwell Transform,ST)是一种特殊的加时窗的傅里叶变换方法,在1996 年由美国地球物理学家 Stockwell 等提出。与其他的时频分析工具一样,通过 S 变换,可以同时从时域和频域观察和分析一个信号的能量分布。

S 变换是一种线性时频分析方法,由于它不像二次型时频分析方法存在交叉项干扰,因此它是优于小波变换和短时傅里叶变换的分析方法。与短时傅里叶变换固定的窗口相比,S 变换的窗口是可调节的。此外,S 变换与小波变换有着密切的联系,可以看作是连续小波变换的变形,同时 S 变换又直接与傅里叶频谱相一致,也具有无损可逆性。

S 变换的特点在于它既保持与傅里叶变换的直接联系,又可以在不同的频率有不同的分辨率。

连续函数 $u(t)$ 的 S 变换表达式为

$$S_u(\tau,f)=\int_{-\infty}^{\infty}u(t)\omega(\tau-t,f)\mathrm{e}^{-\mathrm{i}2\pi ft}\mathrm{d}t \tag{7-48}$$

$$\omega(\tau - t,f) = \frac{|f|}{\sqrt{2\pi}} e^{(-f^2(\tau-t)^2/2)} \tag{7-49}$$

式中：$\omega(\tau-t,f)$为高斯窗函数；$f$为频率；$\tau$和$t$为时间变量；$\tau$为控制高斯窗函数在时间轴位置的参数。此外，S变换有时域和频域两种表达形式，式(7-48)为S变换的时域表达形式，式(7-49)为S变换的频域表达形式。

2）S变换的性质

(1) 线性性质。S变换是一种线性时频变换，满足线性叠加原理。令$x(t)$为含加性噪声的观测信号，表示如下：

$$x(t) = \text{signal}(t) + \text{noise}(t) \tag{7-50}$$

对$x(t)$进行S变换，即

$$\text{ST}\{x(t)\} = \text{ST}\{\text{signal}(t)\} + \text{ST}\{\text{noise}(t)\} \tag{7-51}$$

(2) 无损可逆性。式(7-51)中的S变换高斯窗函数必须满足归一化条件，即

$$\int_{-\infty}^{\infty} \omega(\tau - t,f)\,\mathrm{d}\tau = 1 \tag{7-52}$$

因此，利用式(7-52)可推出S变换和傅里叶变换满足以下关系：

$$\begin{aligned}\int_{-\infty}^{\infty} S_{\mathrm{u}}(\tau,f)\,\mathrm{d}\tau &= \int_{-\infty}^{\infty} u(t)\left(\int_{-\infty}^{\infty} \omega(\tau - t,f)\,\mathrm{d}\tau\right) e^{-i2\pi ft}\,\mathrm{d}t \\ &= \int_{-\infty}^{\infty} u(t) e^{-i2\pi ft}\,\mathrm{d}t = U(f)\end{aligned} \tag{7-53}$$

式中：信号$u(t)$的傅里叶变换为$U(f)$。

由式(7-53)可知，将信号的S变换结果对时间进行积分，得到的结果即为信号的傅里叶变换。

由傅里叶反变换可知，式(7-53)保证了S变换的可逆性，即S递变换为

$$u(t) = \int_{-\infty}^{\infty}\left(\int_{-\infty}^{\infty} S(\tau,f)\,\mathrm{d}\tau\right) e^{i2\pi ft}\,\mathrm{d}f \tag{7-54}$$

S变换的线性性质以及无损可逆性为S变换消噪方法提供了理论支持。此外，相对于双线性时频的表示方法，S变换避免了交叉干扰项，从而使得联合时频域中的分辨率得到了非常大的提升。

(3) 快速计算。令$\omega(t)$的傅里叶变换为$W(v)$，对应的表达式如下：

$$\begin{cases}\omega(t) = \dfrac{|f|}{\sqrt{2\pi}} e^{\left(\frac{-f^2t^2}{2}\right)} \\ W(v) = e^{(-2\pi^2v^2f^{-2})}\end{cases} \tag{7-55}$$

根据短时傅里叶变换的时域和频域的相互转化关系，类似地可以推导出S变换的频域表达式如下：

$$S_u(\tau,f)=\int_{-\infty}^{\infty}U(v+f)\cdot W(v)e^{i2\pi v\tau}dv$$
$$=F^{-1}(U(v+f)\cdot W(v)) \tag{7-56}$$

式中:$F^{-1}$为傅里叶反变换。

由式(7-56)可得,离散形式的 S 变换可以借助 FFT 和卷积定理实现快速计算。

由式(7-56)可以看出:S 变换是将一个复时频的矢量对应到傅里叶变换中的各频量上再投影到时间域,信号在某一时刻不同频率成分的幅度和相位等信息均包含在该矩阵的列矢量中,而信号的某一频率在不同时刻的幅值和相位等信息都包含在该矩阵的行矢量中。

(4) 多分辨率。由式(7-53)可知,$\omega(\tau-t,f)$的时窗宽度与频率$f$成反比,在分析低频时,S 变换通常采用宽时窗,对应较大的尺度,这样频域分辨率会较高;在分析高频率时,则常采用窄时窗,对应较小的尺度,这样时间域分辨率会较高,故 S 变换具有多分辨率的特点。

2. S 变换的离散形式

设连续时间信号$u(t)$进行$M$点采样得到离散序列$u[p]$($p=0,1,2,\cdots,M-1$),取$T$为对应的采样间隔。将式(7-48)和式(7-53)中的$f$、$\tau$和$t$分别用$n/MT$、$mT$和$pT$替换,其中$m=0,1,2,\cdots,M-1$且$n=-M/2,\cdots,M/2-1$,得到的 S 变换时域离散表达式和 S 变换频域离散表达式分别为

$$S_u^T[m,n]=\sum_{p=0}^{M-1}u[p]\frac{|n|}{N\sqrt{2\pi}}e^{-(n^2(m-p)^2/2M^2)}e^{-(i2\pi pn/M)},n\neq 0 \tag{7-57}$$

$$S_u^F[m,n]=\sum_{l=-M/2}^{M/2-1}U[l+n]e^{-(2\pi^2l^2/n^2)}e^{(i2\pi lm/M)},n\neq 0 \tag{7-58}$$

$$S_u[m,0]=\frac{1}{M}\sum_{p=0}^{M-1}u[p] \tag{7-59}$$

式(7-57)中的 S 变换可利用快速算法来实现,所以通常利用式(7-57)计算离散信号的 S 变换。此外,从上面的公式可以看出,离散实信号的 S 变换结果是一个二维复时频矩阵,此矩阵中,$m$表示离散频率,$n$表示离散时间;矩阵每一行的元素对应的是相同时间点上的局部频谱;对 S 变换的结果取模,将所得到的矩阵称为 S 模矩阵,则 S 模矩阵的行矢量表示信号在固定时间下的幅值随频率变化的分布,而列矢量则表示信号在固定频率处的幅值随时间变化的分布,所以在 S 模矩阵中,某位置处元素的大小就是对应时间点和频率处信号的 S 变换的幅值。S 变换的结果可以通过时频图像来显示,与连续小波变换相比较,在时频平面上显示 S 变换的结果会更加直观,也更容易理解。

依照上面的方法对式(7-54)进行离散化,即可得到离散S反变换的表达式:

$$u[p]=\sum_{l=-M/2}^{M/2-1}\left\{\frac{1}{N}\sum_{m=0}^{M-1}S[m,n]\right\}\mathrm{e}^{(\mathrm{i}2\pi np/M)},n\neq 0 \tag{7-60}$$

由式(7-60)可知,离散S变换具有无损可逆性。

(3) 基于S变换的恒虚警率检测流程

检测的基本流程可简述如下。

1) 计算累积信号 $x(m)$ 的S变换域功率谱,再利用高斯白噪声S变换域功率谱分布特性对其进行阈值滤波,进一步提高检测的信噪比。

2) 将累加滤波后的时频功率谱作为检测统计量。

3) 用恒虚警率检测算法对检测统计量判断信号的有无。

检测算法的方框图如图7-21所示。

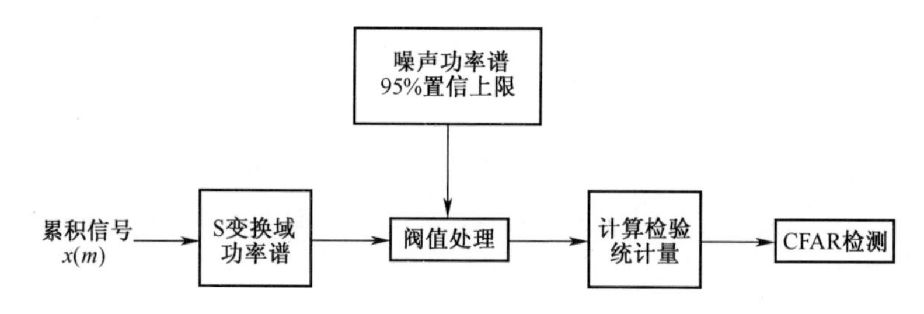


图7-21 检测算法方框图

对累积后的观测信号序列做检测,相对于没有累积的微弱观测信号,累积以后的观测信号序列具有信噪比高、数据量小以及背景泊松噪声可以近似为高斯白噪声的优点。该检测对应的零假设和备择假设如下:

$$\begin{matrix} H_0: x(m)=u(m), \\ H_1: x(m)=s(m)+u(m), \end{matrix} \quad m=0,1,2,\cdots,M-1 \tag{7-61}$$

式中:$M$ 为时间采样点数;$x(m)$ 为累积的观测序列;$s(m)$ 为脉冲星标准轮廓;$u(m)$ 是均值为零、方差为 $\sigma^2$ 的高斯白噪声;$s(m)$ 和 $u(m)$ 互不相关。

4. 基于S变换的恒虚警率检测方法的具体实现

经过阈值滤波后,得到被抑制大部分噪声功率谱的时频功率谱矩阵 $\boldsymbol{P}_{xf}$,利用该矩阵构造出检测统计量 $T_x$,其定义为

$$T_x=\sum_{m=0}^{M-1}\sum_{n=0}^{M-1}P_{x\mathrm{f}}(m,n) \tag{7-62}$$

式中:检测统计量 $T_x$ 是矩阵 $\boldsymbol{P}_{x\mathrm{f}}$ 所有能量的总和。

设 $\gamma$ 为检测阈值,该算法是通过比较 $T_x$ 和 $\gamma$ 的大小对式(7-61)中的二元假设做判决,相对应的判决准则为

$$T_x \underset{H_0}{\overset{H_1}{\gtrless}} \gamma \tag{7-63}$$

此处使用的是贝叶斯决策中的尼曼-皮尔逊(Neyman-Pearson)准则对 $T_x$ 做判决,因此需要根据虚警概率 $P_f$ 设定判决阈值 $\gamma$。

设式(7-63)中 $H_0$ 成立,则 $P_f$ 可表示为:

$$P_f = P(D_1 \mid H_0) = P(T_x > \gamma \mid H_0) = P(T_u > \gamma) \tag{7-64}$$

式中:$D_1$ 为判决 $H_1$ 为真假设;$T_u$ 为噪声所对应的检测统计量。

由于 $T_x$ 表示多个独立随机元素的和,因此可以由中心极限定理推测出 $T_x$ 近似服从高斯分布。即可设 $T_u \sim N(m_0, \sigma_0^2)$,由式(7-64)得出虚警概率 $P_f$ 的表达式为

$$P_f = \int_{\gamma}^{+\infty} \frac{1}{\sqrt{2\pi}\sigma_0} e^{-\frac{(u-m_0)^2}{2\sigma_0^2}} du \tag{7-65}$$

当给定虚警概率 $P_f$ 时,通过式确定式(7-63)中的检测阈值 $\gamma$。设式(7-63)中 $H_1$ 成立,则检测概率 $P_d$ 可表示为

$$P_d = P(D_1 \mid H_1) = P(T_x > \gamma \mid H_1) = P(T_{s+u} > \gamma) \tag{7-66}$$

式中:$T_{s+u}$为含信号观测序列所对应的检测统计量。

令 $T_{s+u} \sim N(m_1, \sigma_1^2)$,则 $P_d$ 的表达式为

$$P_d = \int_{\gamma}^{+\infty} \frac{1}{\sqrt{2\pi}\sigma_1} e^{-\frac{(u-m_1)^2}{2\sigma_1^2}} du \tag{7-67}$$

5. 仿真分析

1) 仿真条件及主要内容

下面,以 EPN 数据库的 X 射线脉冲星信号为例进行计算机仿真。仿真实验验证的主要内容如下。

(1) 利用蒙特卡罗仿真对检测统计量 $T_x$ 的概率分布进行验证。

(2) 对基于 S 变换滤波方法的除噪性能进行分析。

(3) 对蒙特卡罗仿真结果与恒虚警率检测算法的理论性能进行对比,并与同类型的基于高斯分布的恒虚警率检测算法的性能进行对比。

在实验中,将观测序列的时间采样点数 $M$ 取 256,该阈值滤波算法中的显著性水平 $\alpha$ 取 0.05,本节实验用到的 X 射线脉冲星的参数如表 7-2 所列。

表 7-2　X 射线脉冲星参数

| 脉冲星 | 周期/ms | 采样点 | 采样间隔/ms |
| --- | --- | --- | --- |
| J0437-4715 | 5.757 | 256 | 0.0225 |
| B1929+10 | 226.517 | 256 | 0.8848 |
| B0531+21 | 33.403 | 256 | 0.1305 |
| J1518+4904 | 40.9349 | 256 | 0.1599 |

2) 仿真结果与分析

(1) 统计量 $T_x$ 高斯性验证。以脉冲星 B0531+21 为例,利用蒙特卡罗仿真验证式(7-63)中的统计量 $T_x$ 是否服从高斯分布。

实验中取 SNR=2dB,样本高斯白噪声序列和含脉冲星信号的累积观测序列各取 $K$ 个,$K$=100000。计算它们各自的检测统计量得到检测统计量集合分别为$\{T_{u,i}\}_{i=1}^{M}$和$\{T_{s+u,i}\}_{i=1}^{K}$,$T_u$ 和 $T_{u+s}$的概率密度可利用这两个集合的频率分布直方图来估计,结果如图 7-22 中的实线所示。噪声序列和脉冲星累积轮廓所对应的检测统计量分别为 $T_u$ 和 $T_{u+s}$;在 SNR 相等的情况下,样本高斯白噪声序列和含脉冲星信号的观测序列各取 100 个分别作为训练集估计 $T_u$ 和 $T_{u+s}$的高斯分布参数$(m_0,\sigma_0^2)$和$(m_1,\sigma_1^2)$,图 7-22 中的虚线为对应的概率密度曲线。

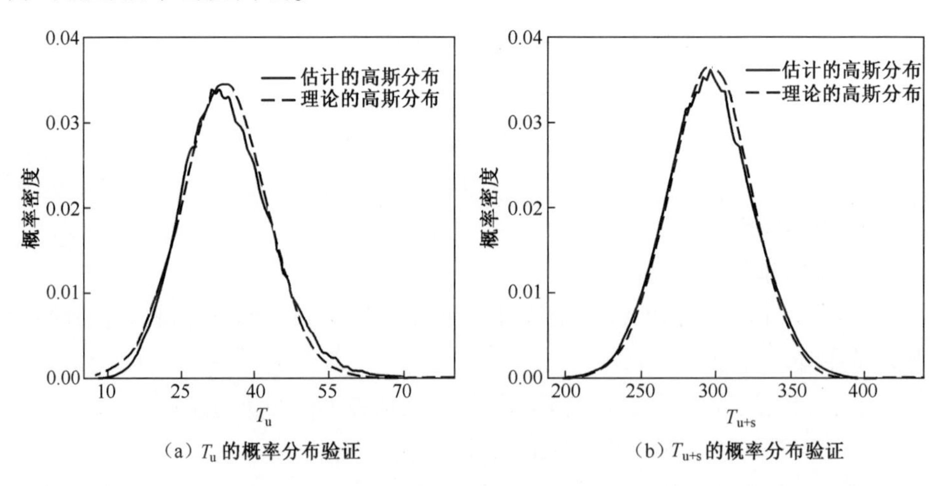

(a) $T_u$ 的概率分布验证　(b) $T_{u+s}$ 的概率分布验证

图 7-22　检测统计量 $T_x$ 的概率分布验证

对比图 7-22 中的实线和虚线可以看出,统计量 $T_x$ 近似的服从高斯分布。此外,由图 7-22 的横坐标可以看出:$T_u$ 的取值范围约为 10~70,而 $T_{u+s}$的取值范围约为 200~400,可见两者的取值范围有很大差别。因此,在给定信噪比的条件下,可以利用统计量 $T_x$ 来对 X 射线脉冲星信号进行检测。

(2) 滤波算法的性能分析。以下利用蒙特卡罗仿真对该滤波算法和基于高斯分布阈值滤波算法的各项性能进行比较。

基于高斯分布的阈值滤波方法广泛地应用于 S 变换滤波中,该滤波方法的前提是假设背景噪声为高斯分布,则背景噪声的 S 变换域时频矩阵也服从高斯分布。

令背景噪声 S 变换域时频矩阵的统计均值和标准差分别为 $m_n$ 和 $\delta_n$。将累积序列 $x(m)$ 的 S 变换域时频矩阵 $\boldsymbol{S}_x$ 的每个时频点与 $\eta_{\text{gauss}}$ 做比较,当 $S_x(m,n)>\eta_{\text{gauss}}$ 时,表示在该点检测到信号,否则将其当作噪声点处理,从而实现对 $\boldsymbol{S}_x$ 的滤波:

$$\eta_{\text{gauss}} = m_n + k\delta_n \tag{7-68}$$

① 除噪性能对比。下面以脉冲星 B1929+10 为例,利用蒙特卡罗仿真比较该滤波算法和基于高斯分布阈值滤波算法的除噪性能。在实验中,该滤波算法的显著性水平 $\alpha$ 取 0.05,基于高斯分布滤波方法中的阈值取 3 倍标准差与均值的和,即 $k=3$。

首先利用两种滤波算法对脉冲星 B1929+10 的累积脉冲轮廓进行去噪,对应的时域滤波效果如图 7-23 所示。

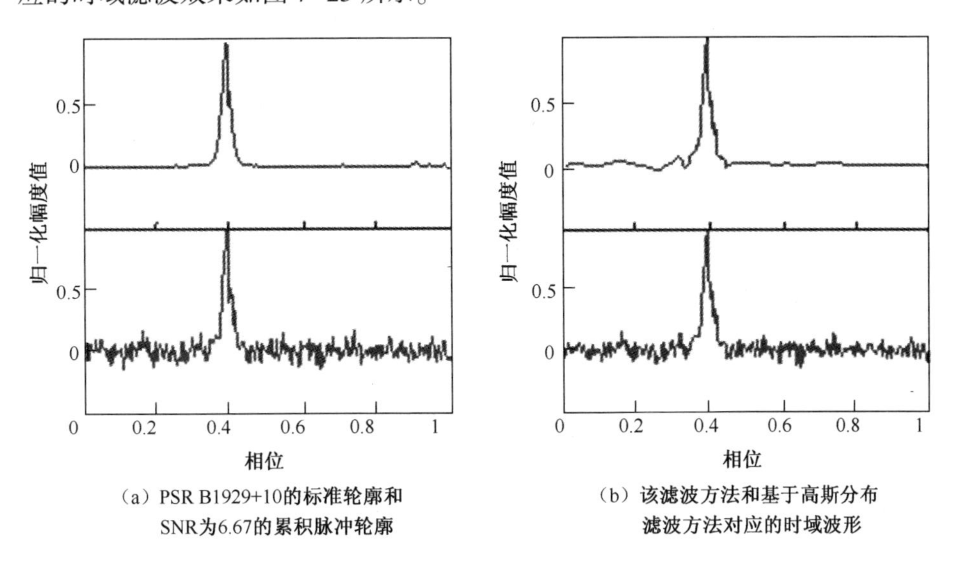


图 7-23 两种阈值滤波方法的时域波形比较

在图 7-23(a)中,从上到下分别为脉冲星 B1929+10 的标准轮廓和 6.67dB

的累积脉冲轮廓；在图 7-23(b)中，从上到下分别为该滤波算法和基于高斯滤波算法除噪后的脉冲星信号，它们的 SNR 分别为 15.34dB 和 8.31dB；从图 7-23 中的时域波形可以很直观地看出，该滤波算法的除噪性能优于高斯滤波算法的。

图 7-24 给出了图 7-23 中各时域波形的 S 变换域功率谱灰度图，从图 7-24(b)中上面的图可以看出该滤波算法可以抑制大部分噪声，从图 7-24(b)中下面的图可以清楚地看出基于高斯分布的滤波算法只能滤除极少的噪声。该滤波算法的检测统计量 $T_x$ 由信号阈值滤波后的 S 变换域功率谱构造得到，因而使用该滤波算法构造的 $T_x$ 做检测相比于基于高斯分布的滤波算法具有更强的鲁棒性。

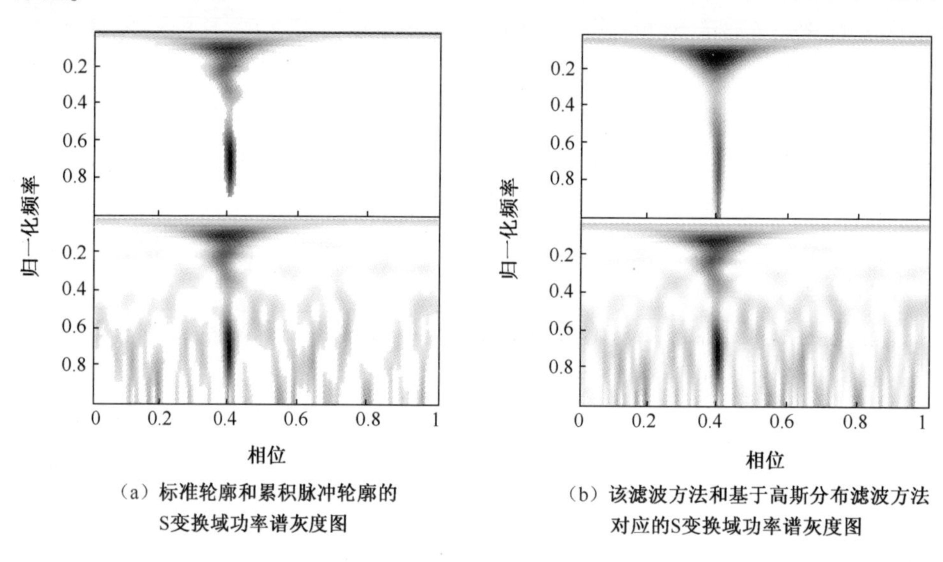


(a) 标准轮廓和累积脉冲轮廓的S变换域功率谱灰度图

(b) 该滤波方法和基于高斯分布滤波方法对应的S变换域功率谱灰度图

图 7-24 两种阈值滤波方法的 S 变换域功率谱灰度图比较

② 导航精度对比。下面，仍然以脉冲星 B1929+10 为例，分别利用两种滤波算法对各 SNR 下的 100 个样本脉冲星累积脉冲轮廓进行降噪，再计算这 100 个降噪后信号的信噪比的平均值，结果如表 7-3 所列。由表可知，本节滤波算法的平均 SNR 整体上优于高斯分布滤波算法约 3~4dB。

在 X 射线脉冲星导航中，航天器的导航精度误差 $\sigma_r$、TOA 的测量精度误差 $\sigma_{TOA}$ 和 X 射线脉冲星脉冲轮廓的信噪比 $\mu$ 三者间的关系式为

$$\sigma_r = c\sigma_{TOA} = \frac{cW}{2\mu} \tag{7-69}$$

式中：$c$ 为常数。

由式(7-69)可知，X 射线脉冲星脉冲轮廓的信噪比 $\mu$ 越大，X 射线脉冲星

导航系统的导航精度越高,因此使用本节滤波算法对脉冲星累积脉冲轮廓进行除噪的导航精度要高于基于高斯分布滤波算法的。

表 7-3　不同信噪比下两种滤波算法的平均 SNR 改善情况

| 原始信噪比/dB | 处理信噪比/dB | |
|---|---|---|
| | 本章滤波算法 | 高斯分布滤波算法 |
| 15 | 19.99 | 15.91 |
| 10 | 17.26 | 14.31 |
| 5 | 10.03 | 6.07 |
| 0 | 4.68 | 1.25 |

(3) 检测算法性能分析。

① 恒虚警下的检测概率分析。下面,以脉冲星 J0437-4715 和 B0531+21 为例,利用仿真实验验证本节检测算法(Chi-CFAR)的有效性。

图7-25给定虚警概率条件下的理论和仿真检测概率曲线,虚警概率分别取 0.02、0.0002 和 0.00002,检测概率对应 100000 次的蒙特卡罗仿真;由图 7-25 可以看出,本节推导的理论预测与仿真结果是相吻合的。在图 7-25 (a)中,当 SNR 大于-10dB 时,无论在哪种虚警概率下,脉冲星 J0437-4715 的检测概率均大于 80%;在图 7-25 (b)中,当 SNR 大于-6dB 时,脉冲星 B0531+21 的检测概率均大于 80%。

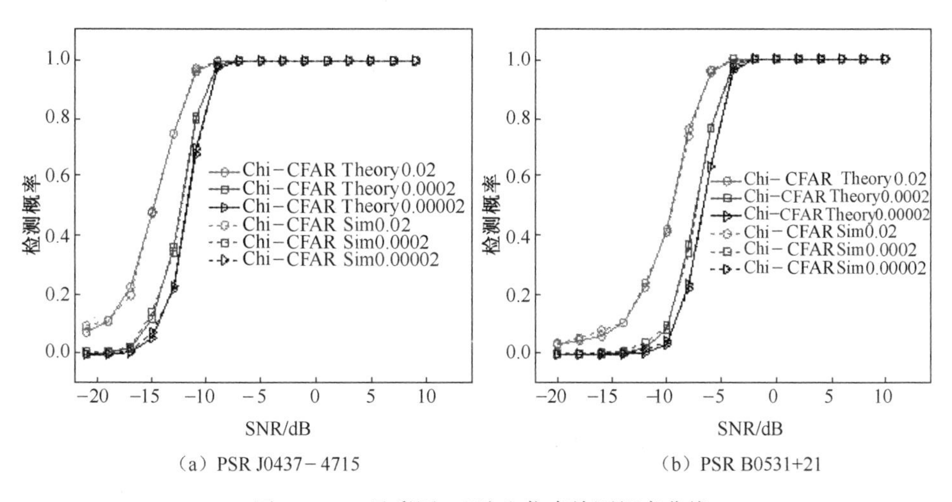


图 7-25　(见彩图)理论和仿真检测概率曲线

图 7-26 以脉冲星 B0531+21 为例,在虚警概率为 0.001 不变的情况下考察脉冲星累积脉冲轮廓的时间采样点数 $M$ 与理论检测概率的关系。由图可以看

出,理论检测概率随着 $M$ 的增加而增加。由于算法计算成本的限制,本节实验中选取 $M=256$。

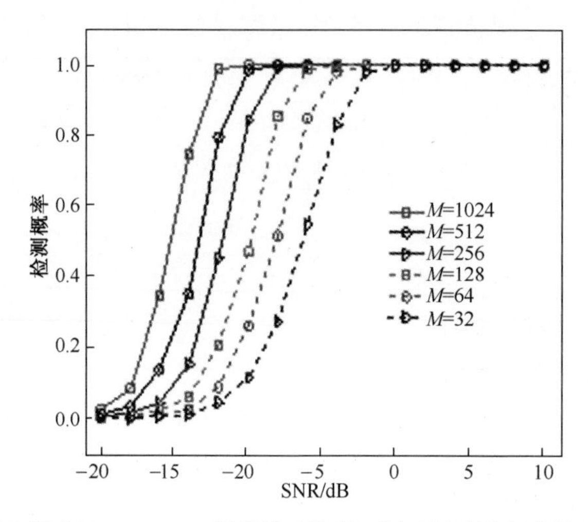


图 7-26 (见彩图)脉冲星 B0531+21 累积脉冲轮廓不同时间采样点数的理论检测概率曲线

② 与不同算法作比较。与基于高斯分布的恒虚警率检测算法作比较。

以脉冲星 B0531+21 为例,在给定虚警概率条件下,将本节算法与基于高斯分布的恒虚警率检测算法(Gauss-CFAR)进行比较,从而估计本节算法的检测性能,结果如图 7-26 所示。

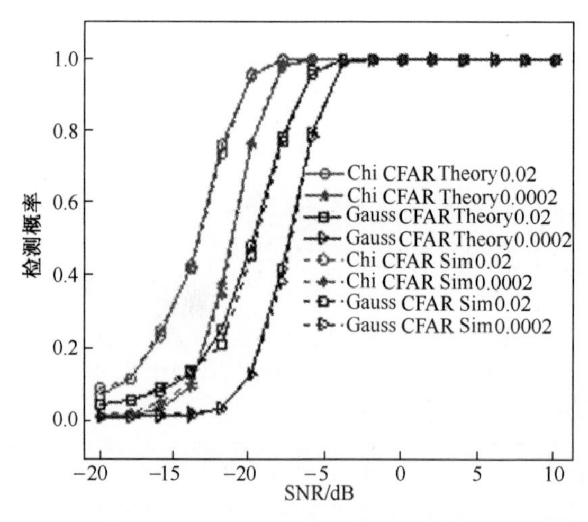


图 7-27 (见彩图)与基于高斯分布恒虚警率检测算法的性能比较

由图 7-27 可以看出,Gauss-CFAR 的理论预测和仿真结果也是相互吻合的;当虚警概率为 0.02 和 0.0002 时,Chi-CFAR 在 SNR 约为-11dB 和-9dB 时,检测概率可达 90%,而 Gauss-CFAR 检测器需要的 SNR 为-7dB 和-5dB。因此,本节算法的检测性能比 Gauss-CFAR 提高了约 4dB。其原因是因为本节滤波算法的除噪性能比高斯分布滤波算法的除噪性能好很多,因此在一定的 SNR 范围内,使用本节滤波算法构造的检测统计量 $T_x$ 更易被检测。

③ 与 FFT 检测算法做比较。以下对传统的 FFT 检测算法进行简单的分析,并将其与本节检测算法进行比较。对于传统的 FFT 检测算法,由于大多数脉冲星的辐射脉冲较窄且含有丰富的细节,因此对没有累积的观测序列做域变换会致使信号能量分散在谐波当中,当噪声中含有和谐波相近的频率成分时,谐波能量会得到增强,如此会导致信号被误检。以下仍以脉冲星 B0531+21 为例,说明谐波对 FFT 检测算法产生的影响,设周期为 0.0334s,每个周期的采样点数为 512,信号的辐射强度为 $2\times10^{-2}$ph/(cm$^2$ · s),生成 100 个周期的观测序列,对该观测序列求幅度谱,结果如图 7-28 所示。图中的幅度谱包含真实的频率成分以及很多其他的谐波成分,有些谐波成分的幅值比真实频率的幅值要大,这很容易造成信号的误检测。本节所用的检测算法是根据背景高斯噪声 S 变换域功率谱的分布特征从而对脉冲星累积轮廓的功率谱进行阈值处理,这就减小了谐波分量对本节检测算法的影响,即使在 SNR 较低时仍然具有不错的检测性能。此外,本节检测算法的一个限制是需要已知待检测脉冲星信号的周期,而 FFT 检测算法却不需要。

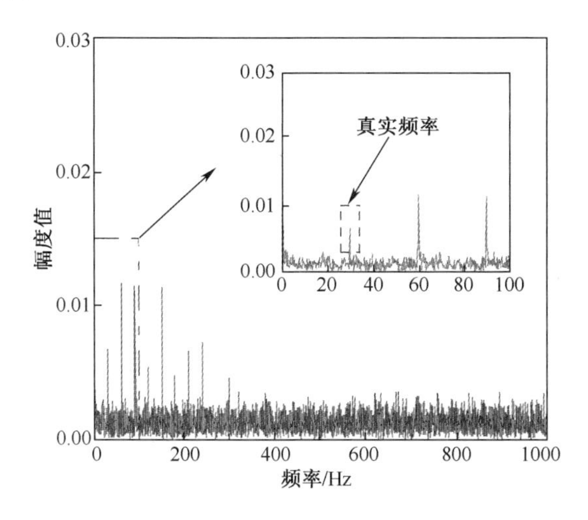


图 7-28　FFT 幅度谱

(4) 算法复杂度分析。本节检测算法和 FFT 频域检测算法都是基于功率谱的算法,因此此处只对基于功率谱的运算部分做算法复杂度的比较。对

表 7-4中的两种算法的复杂度进行对比,其中 $M$ 为观测信号一个周期的时间采样点数,$K$ 为观测信号的总周期数,通常 $K$ 的取值比较大。

表 7-4 算法复杂度比较

| 算法 | 实数乘法 | 实数加法 |
| --- | --- | --- |
| FFT 算法 | $(2MK)\log_2(MK)+4MK$ | $(2MK)\log_2(MK)+2MK$ |
| 本章算法 | $(2M)\log_2 M+10M^2$ | $(2M)\log_2 M+4M^2$ |

由表 7-4 可以看出,本节算法的计算量比 FFT 频域检测算法的要小,当 $K$ 的取值足够大时,FFT 频域检测算法的计算量约为本节算法的 $K$ 倍。

两种算法的运算时间,对 $M=256$ 的脉冲星累积脉冲轮廓,计算 S 变换域功率谱只需 0.01667ms,用 $P_1$ 表示该时间;在相同的软件和硬件条件下,对于不同长度的观测序列取不同的 $K$ 值计算功率谱,其所需时间为表 7-5 中的 $P_2$,该表中还列出了 $P_2$ 与 $P_1$ 的比值;可以看出,本节算法计算功率谱所需时间远远小于 FFT 算法,当 $K$ 取 5000 时,$P_2/P_1>K$。

表 7-5 算法运算时间比较

| $K$ | $P_2$/ms | $P_2/P_1$ |
| --- | --- | --- |
| 100 | 0.538 | 32.3 |
| 1000 | 9.494 | 568.5 |
| 3000 | 35.039 | 2101.9 |
| 5000 | 89.749 | 5383.9 |

### 7.4.2 基于时频熵的恒虚警率检测方法

1. 信号的线性时频表示

线性实频表示由傅里叶变换演化出来的,具有线性性质,其典型形式有短时傅里叶变换、小波变换和 s 变换,信号 $x(t)$ 的线性实频可表示为

$$X(t,f)=\int x(\tau)\phi_{t,f}^{*}(\tau)\mathrm{d}\tau=\langle x(\tau),\phi_{t,f}\rangle \tag{7-70}$$

式中:$\phi_{t,f}$为定义具体时频变换的基函数,满足平方可积;“ * ”为复共轭。

双线性实频表示由功率谱或能量谱演变而来,属于二次时频表示,不具有线性性质,并且存在交叉项。它的典型形式主要有仿射类双线性时频分布和科恩(Cohen)类双线性时频分布,而 Wigner-Ville 分布(Wigner-Ville Distribution,WVD)是连接仿射类分布和 Cohen 类的纽带。信号 $x(t)$ 的双线性时频表示

如下：

$$X(t,f)=\frac{1}{4\pi^2}\int_{-\infty}^{\infty}\int_{-\infty}^{\infty}\int_{-\infty}^{\infty}x\left(u+\frac{\tau}{2}\right)x^*\left(u-\frac{\tau}{2}\right)\phi(\theta,\tau)\mathrm{e}^{-\mathrm{j}\theta t-\mathrm{j}\tau f+\mathrm{j}\tau u}\mathrm{d}u\mathrm{d}\tau\mathrm{d}\theta \tag{7-71}$$

式中：$\phi(\theta,\tau)$为定义具体时频变换和其属性的二维核函数。

2. 实频熵的定义[66]

利用熵求随机变量的不确定性需要先已知概率分布，因此可以将时频功率谱类比成概率密度函数，以此计算时频熵，下面先对两类时频表示的时频功率谱作出定义。线性时频表示的实质是将信号分解为在时域和频域都集中的基本成分的加权和，若 $X(t,f)$ 为信号 $x(t)$ 的线性时频表示，则定义 $\boldsymbol{P}_1$ 为信号 $x(t)$ 在时频域的功率谱为

$$\boldsymbol{P}_1=\boldsymbol{X}\circ\boldsymbol{X}^* \tag{7-72}$$

式中："∘"为两个矩阵的哈达玛积。

双线性时频表示的实质是将信号的能量分布在时频平面内，若 $X(t,f)$ 为信号 $x(t)$ 的双线性时频表示，则定义 $\boldsymbol{P}_2$ 为信号 $x(t)$ 在时频域的功率谱为

$$\boldsymbol{P}_2=\boldsymbol{X} \tag{7-73}$$

对式(7-72)、式(7-73)中的功率谱进行归一化，得到以下的联合能量概率密度函数：

$$P_{\mathrm{nor}}^i(t,f)=\frac{P_i(t,f)}{\iint P_i(t,f)\mathrm{d}t\mathrm{d}f},i=1,2 \tag{7-74}$$

$$\begin{cases}\iint P_{\mathrm{nor}}^i(t,f)\mathrm{d}\tau\mathrm{d}f=1 \\ P_{\mathrm{nor}}^i(t,f)\in[0,1],\quad\forall\tau,f\end{cases}\quad i=1,2 \tag{7-75}$$

归一化功率谱 $\boldsymbol{P}_{\mathrm{nor}}^1$ 满足式(7-75)的条件，因此可以使用香农熵计算 $\boldsymbol{P}_{\mathrm{nor}}^1$ 的平均分散程度，相应的表达式为

$$H(\boldsymbol{P}_{\mathrm{nor}}^1)=-\iint P_{\mathrm{nor}}^1(t,f)\log_2 P_{\mathrm{nor}}^1(t,f)\mathrm{d}t\mathrm{d}f \tag{7-76}$$

由于 $\boldsymbol{P}_{\mathrm{nor}}^2$ 不满足式(7-75)中的非负性，使用式(7-76)不能得到有限熵，因此这里会利用瑞利熵测量 $\boldsymbol{P}_{\mathrm{nor}}^2$ 的平均分散程度。此外，$\boldsymbol{P}_{\mathrm{nor}}^1$ 也可以利用瑞利熵来测量其平均分散程度；$\alpha$ 阶时频瑞利熵的表达式为

$$H_\alpha(\boldsymbol{P}_{\mathrm{nor}}^i)=\frac{1}{1-\alpha}\log_2\iint(P_{\mathrm{nor}}^i(t,f))^\alpha\mathrm{d}t\mathrm{d}f \tag{7-77}$$

式中：$i=1,2$；$\alpha>0,\alpha\neq1$。本节的检测算法取 $\alpha=3$；式(7-76)、式(7-77)中的时

频熵均具有时移和频移不变性。

3. 基于实频熵的恒虚警率检测算法[67-69]

令 $\boldsymbol{C}_{y}$ 为 $y(m)$ 的归一化时频功率谱矩阵,检测算法的判决准则如下:

$$H_i(\boldsymbol{C}_y) \underset{H_1}{\overset{H_0}{\gtrless}} \gamma, \qquad i=1,2 \tag{7-78}$$

式中:$\boldsymbol{C}_y$ 为 $\boldsymbol{M}\times\boldsymbol{M}$ 矩阵;$\gamma$ 为检测阈值;$H_1(\boldsymbol{C}_y)$ 为离散时频香农熵,相应的表达式为

$$H_1(\boldsymbol{C}_y) = -\underbrace{\sum_{m=0}^{M-1}\sum_{n=0}^{M-1} C_y(m,n)\log_2 C_y(m,n)}_{X_1} \tag{7-79}$$

$H_2(\boldsymbol{C}_y)$ 为 $\alpha$ 阶离散时频瑞利熵,对应表达式为

$$H_2(\boldsymbol{C}_y) = \frac{1}{1-\alpha}\log_2\underbrace{\left[\sum_{m=0}^{M-1}\sum_{n=0}^{M-1} C_y^{\alpha}(m,n)\right]}_{X_2} \tag{7-80}$$

这里应用恒虚警率检测算法对观测信号进行检测,因此需要先确定虚警概率的解析式。利用式(7-78)可将虚警概率 $P_{\mathrm{f}}^{i}$ 表示为

$$P_{\mathrm{f}}^{i} = P_i(D_1 \mid H_0) = P_i(H_i(\boldsymbol{C}_{\mathrm{u}}) < \gamma), i=1,2 \tag{7-81}$$

式中:$D_1$ 为判决 $H_1$ 为真假设;$H_i(\boldsymbol{C}_{\mathrm{u}})$ 为噪声时频熵,可知 $P_{\mathrm{f}}^{i}$ 与 $H_i(\boldsymbol{C}_{\mathrm{u}})$ 的概率分布有关。

式(7-79)、式(7-80)中的 $X_1$ 和 $X_2$ 都表示多个独立随机变量的和,由中心极限定理可知 $X_1$ 和 $X_2$ 近似的服从高斯分布,因此可以将 $H_1(\boldsymbol{C}_y)$ 和 $H_2(\boldsymbol{C}_y)$ 看成是关于高斯变量 $X$ 的函数,相应的表达式为

$$H_1(\boldsymbol{C}_y) = Y_1 = -X, X \in [-2\log_2 M, 0] \tag{7-82}$$

$$H_2(\boldsymbol{C}_y) = Y_2 = \frac{1}{1-\alpha}\log_2 X, X \in (0,1] \tag{7-83}$$

由于函数 $Y_1$ 和 $Y_2$ 关于自变量 $X$ 在定义域上可导,因此可以利用式(7-78)来计算 $H_1(\boldsymbol{C}_y)$ 和 $H_2(\boldsymbol{C}_y)$ 的概率密度函数,对应结果分别为

$$f_Y(y) = f_X[h(y)] \cdot |h'(y)| \tag{7-84}$$

$$f_Y^1(y) = f_X(x) \tag{7-85}$$

$$f_Y^2(y) = f_X(2^{(1-\alpha)y}) \cdot (\alpha-1)\ln 2 \cdot 2^{(1-\alpha)y} \tag{7-86}$$

当 $\boldsymbol{C}_y = \boldsymbol{C}_u$ 时，令 $X_i \sim N(m_{i0}, \sigma_{i0}^2)$，则 $P_f^i$ 与检测阈值 $\gamma$ 的关系为

$$P_f^1 = \int_{-\infty}^{\gamma} f_Y^1(y)\mathrm{d}y = \int_{-\infty}^{\gamma} \frac{1}{\sqrt{2\pi}\sigma_{10}} \mathrm{e}^{-\frac{(y-m_{10})^2}{2\sigma_{10}^2}} \mathrm{d}y = \Phi\left(\frac{\gamma - m_{10}}{\sigma_{10}}\right) \tag{7-87}$$

$$\begin{aligned} P_f^2 &= \int_{-\infty}^{\gamma} f_X(2^{(1-\alpha)y}) \cdot (\alpha - 1)\ln 2 \cdot 2^{(1-\alpha)y} \mathrm{d}y \\ &= \int_{-\infty}^{\gamma} \frac{(\alpha - 1)\ln 2 \cdot 2^{(1-\alpha)y}}{\sqrt{2\pi}\sigma_{20}} \mathrm{e}^{-\frac{(2^{(1-\alpha)y}-m_{20})^2}{2\sigma_{20}^2}} \mathrm{d}y \\ &= 1 - \Phi\left(\frac{2^{(1-\alpha)\gamma} - m_{20}}{\sigma_{20}}\right) \end{aligned} \tag{7-88}$$

式中：$\Phi(x) = (2\pi)^{-\frac{1}{2}} \int_{-\infty}^{x} \mathrm{e}^{-\frac{t^2}{2}} \mathrm{d}t$。在给定虚警概率时，可以利用式(7-77)、式(7-88)求解 $\gamma$ 的值，由此实现恒虚警率的检测。

以下进行算法检测概率 $P_d^i$ 表达式的推导，利用式(7-78)可将 $P_d^i$ 表示为

$$P_d^i = P_i(D_1 \mid H_1) = P_i(H_i(\boldsymbol{C}_{s+u}) < \gamma), i = 1,2 \tag{7-89}$$

式中：$H_i(\boldsymbol{C}_{s+u})$ 为脉冲星累积轮廓的时频熵。

当 $\boldsymbol{C}_y = \boldsymbol{C}_{s+u}$ 时，令 $X_i \sim N(m_{i1}, \sigma_{i1}^2)$，将式(7-85)、式(7-86)分别代入式(7-89)，则 $P_d^i$ 的表达式为

$$P_d^1 = \int_{-\infty}^{\gamma} f_Y^1(y)\mathrm{d}y = \int_{-\infty}^{\gamma} \frac{1}{\sqrt{2\pi}\sigma_{11}} \mathrm{e}^{-\frac{(y-m_{11})^2}{2\sigma_{11}^2}} \mathrm{d}y = \Phi\left(\frac{\gamma - m_{11}}{\sigma_{11}}\right) \tag{7-90}$$

$$\begin{aligned} P_d^2 &= \int_{-\infty}^{\gamma} f_X(2^{(1-\alpha)y}) \cdot (\alpha - 1)\ln 2 \cdot 2^{(1-\alpha)y} \mathrm{d}y \\ &= \int_{-\infty}^{\gamma} \frac{(\alpha - 1)\ln 2 \cdot 2^{(1-\alpha)y}}{\sqrt{2\pi}\sigma_{21}} \mathrm{e}^{-\frac{(2^{(1-\alpha)y}-m_{21})^2}{2\sigma_{21}^2}} \mathrm{d}y \\ &= 1 - \Phi\left(\frac{2^{(1-\alpha)\gamma} - m_{21}}{\sigma_{21}}\right) \end{aligned} \tag{7-91}$$

4. 仿真实验分析

1）仿真条件

本小节以 EPN 数据库的 X 射线脉冲星信号为例进行了计算机仿真，以此验证基于时频熵的恒虚警检测算法的有效性能。首先，对检测统计量 $X_i$ 的高斯性使用蒙特卡罗仿真进行了验证；其次，对本节恒虚警率检测算法的有效性使用蒙特卡罗仿真进行了验证，并将其与基于双谱熵和基于 FFT 谱熵的恒虚警率检测算法进行了性能比较。在实验过程中，观测序列的时间采样点数 $M=256$，瑞利熵的阶数 $\alpha=3$；表 7-6 给出了本小节实验用到的 X 射线脉冲星的参数。

表 7-6　X 射线脉冲星参数

| 脉冲星 | 周期/ms | 采样点 | 采样间隔/ms |
|---|---|---|---|
| J0437-4715 | 5.757 | 256 | 0.0225 |
| B0531+21 | 33.403 | 256 | 0.1305 |
| B1706-44 | 102.464 | 256 | 0.4003 |

2）仿真结果分析[67,68]

（1）检测统计量 $X_i$ 高斯性验证。下面以脉冲星 B0531+21 为例，利用蒙特卡罗仿真实验验证式(7-79)、式(7-80)中的统计量 $X_1$ 和 $X_2$ 是否服从高斯分布，其中利用基于 ST 和基于 STFT 的 TFSE 对 $X_1$ 进行验证，利用基于 ST、基于 STFT 和基于 WVD 的 TFRE 对 $X_2$ 进行验证。

在实验中，当 SNR = 2dB 时，样本高斯噪声序列及含脉冲星信号的观测序列各取 100 个作为训练集来估计 $X_{i,\mathrm{u}}$ 和 $X_{i,\mathrm{s+u}}$ 的理论高斯分布参数 $(m_{i0},\sigma_{i0}^2)$ 和 $(m_{i1},\sigma_{i1}^2)$，$(i=1,2)$。图 7-29 中的虚线为相应的理论高斯概率密度曲线；图 7-29中的 $X_{1,\mathrm{u}}$ 和 $X_{1,\mathrm{s+u}}$ 分别表示噪声的 TFSE 和脉冲星累积轮廓的 TFSE 相应的检测统计量，图 7-30 中的 $X_{2,\mathrm{u}}$ 和 $X_{2,\mathrm{s+u}}$ 分别表示噪声的 TFRE 和脉冲星累积轮廓的 TFRE 相应的检测统计量。在相等信噪比情况下，样本高斯噪声序列和含脉冲星信号的观测序列各取 $K$ 个，$K=10^5$。计算各样本的检测统计量得到了检测统计量集合 $\{X_{i,\mathrm{u}}^j\}_{j=1}^K$ 和 $\{X_{i,\mathrm{s+u}}^j\}_{j=1}^K$，$i=1,2$。分别利用这两个集合的频率分布直方图估计 $X_{i,\mathrm{u}}$ 和 $X_{i,\mathrm{s+u}}$ 的概率密度，结果如图 7-29 和图 7-30 中的实线所示。对比图中的实线以及虚线可知，$X_1$ 和 $X_2$ 均近似的服从高斯分布。此外，图 7-29(a)中 $X_{1,\mathrm{u}}$ 和 $X_{1,\mathrm{s+u}}$ 的取值范围分别为 14.67～15.2 和 12.2～13.75，图 7-29(b)中 $X_{1,\mathrm{u}}$ 和 $X_{1,\mathrm{s+u}}$ 的取值范围分别为 15.05～15.55 和 13.6～14.8。由此可以看出，$X_{1,\mathrm{u}}$ 和 $X_{1,\mathrm{s+u}}$ 的取值范围有很大的差别。同理，对比图 7-30 每组图中 $X_{2,\mathrm{u}}$ 和 $X_{2,s+\mathrm{u}}$ 的取值范围可知，$X_{2,\mathrm{u}}$ 和 $X_{2,\mathrm{s+u}}$ 的取值范围也存在很大差别；因此在一定信噪比条件下，可以利用检测统计量 $X_i$ 对 X 射线脉冲星信号进行检测。

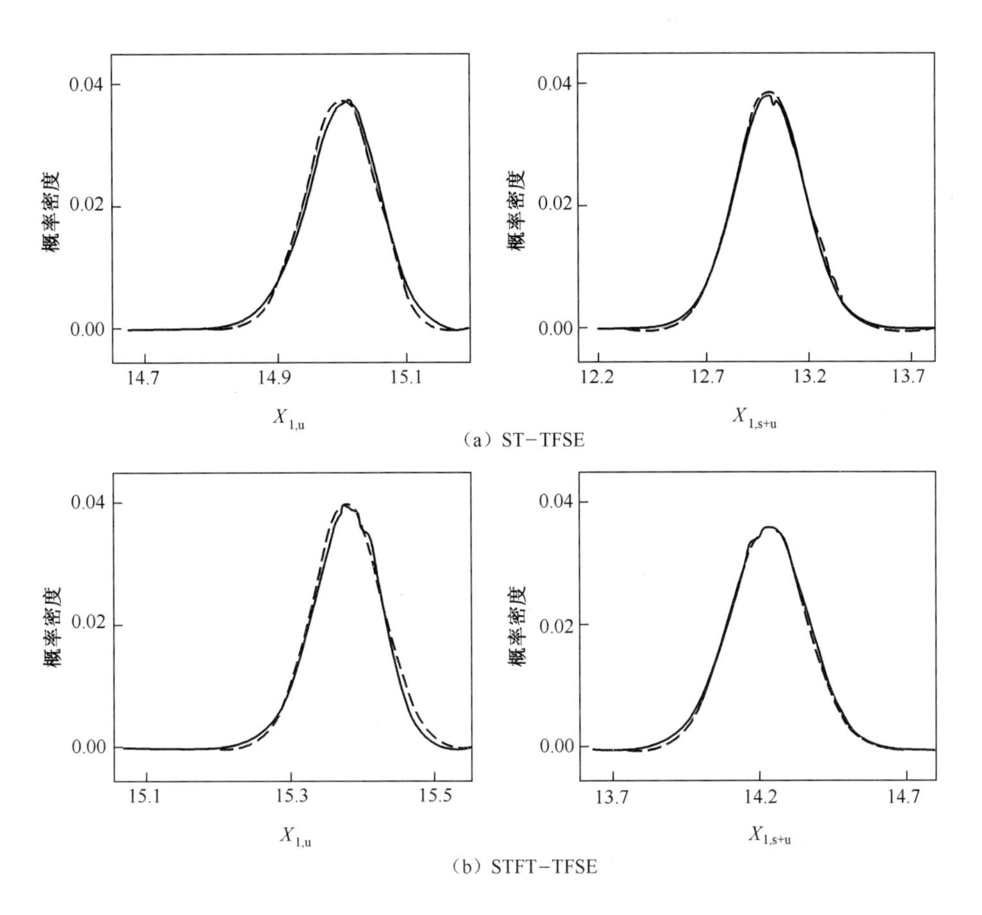


图 7-29 统计量 $X_1$ 的高斯性验证

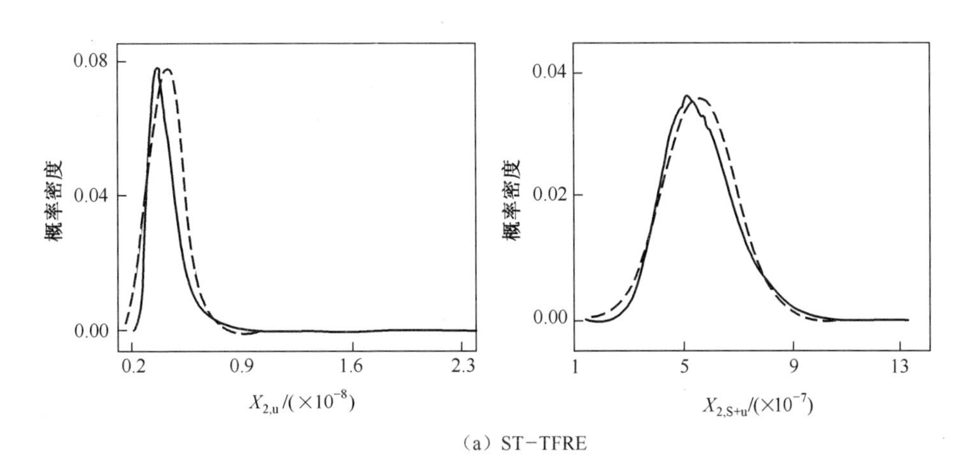

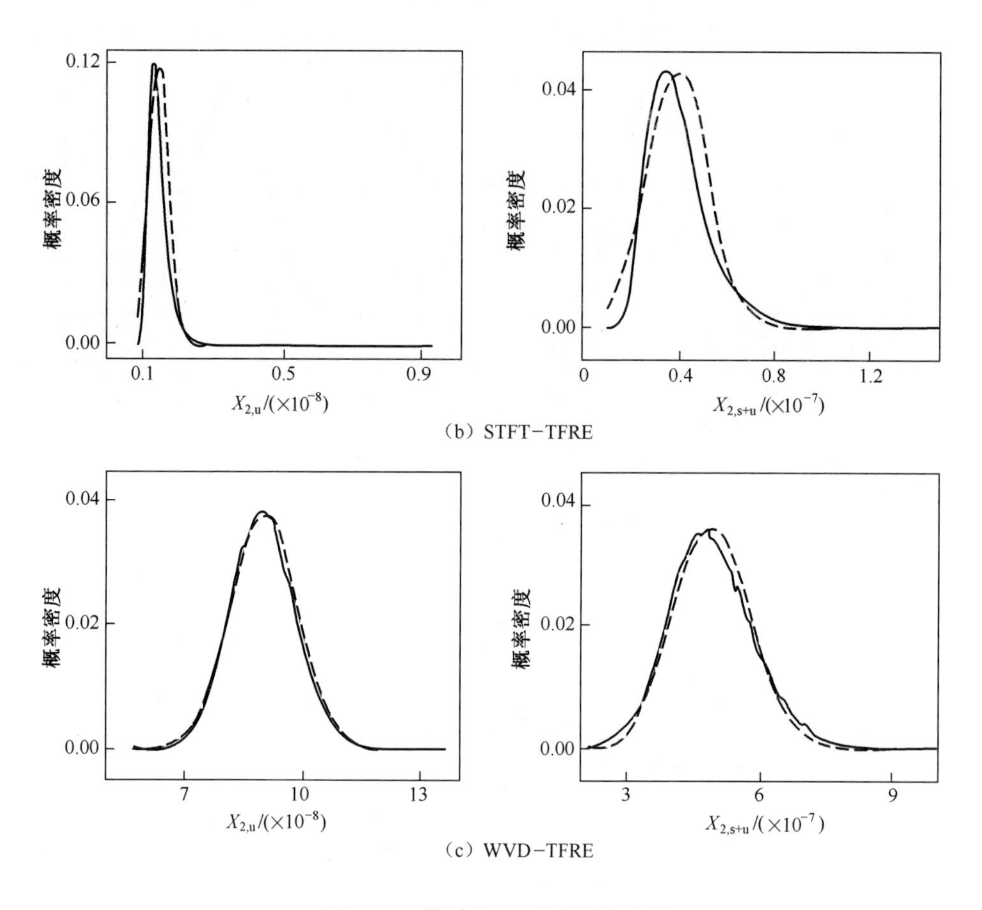


图 7-30　统计量 $X_2$ 的高斯性验证

(2) 恒虚警下(CFAR)的检测概率分析[67]。

① 时频熵检测算法的性能分析。以脉冲星 B0531+21 和 B1706-44 为例,使用前面提到的 5 种时频熵检验本节方法的检测性能。实验中不同信噪比下的含脉冲星信号的观测序列与样本高斯噪声各取 100 个作为训练集,在虚警率为 0.001 的条件下按照式(7-90)、式(7-91)计算各算法在不同信噪比下的理论检测概率,而仿真检测概率则经过 $10^5$ 次蒙特卡罗仿真得到;图 7-31 为 5 种算法的理论和仿真检测概率曲线,由图可知,前面推导的理论检测概率和仿真结果相互吻合;ST-TFSE 的检测性能在基于 TFSE 的检测算法中是最好的,而在基于 TFRE 的检测算法中,ST-TFRE 的检测性最好。此外,ST-TFRE 在 5 种算法中性能最好,ST-TFSE 次之,这是因为 ST 的聚集性优于 STFT,而且避免了 WVD 中的交叉干扰项。

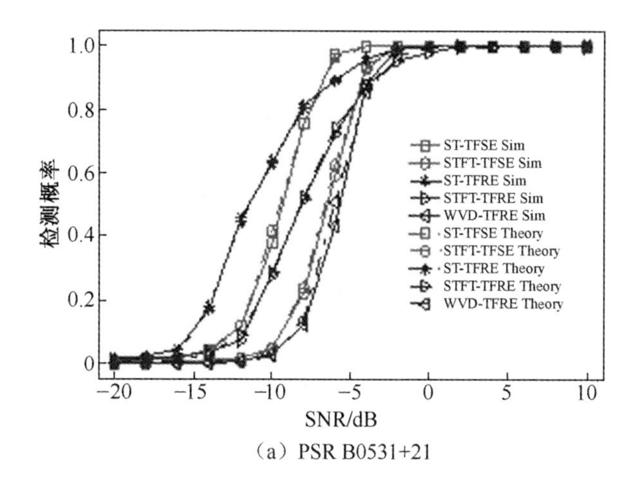


（a）PSR B0531+21

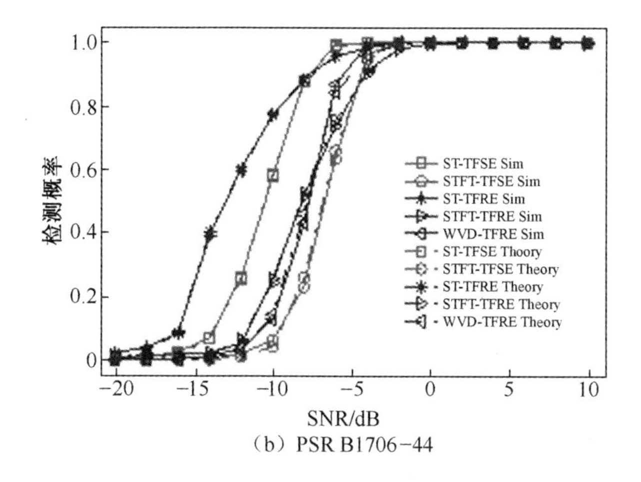


（b）PSR B1706−44

图 7-31　(见彩图)理论与仿真检测概率曲线

① 不同检测算法性能比较。以脉冲星 B0531+21 为例,在虚警概率为 0.001 不变的情况下,将 ST-TFSE 与 ST-TFRE 两种算法分别和基于双谱熵(Bispectrum Entropy)与基于 FFT 谱熵的 CFAR 检测算法作比较,结果如图 7-32 所示。从图中可以看出,FFT-RE、FFT-SE、BIS-RE 和 BIS-SE 4 种算法的仿真检测概率和理论检测概率基本相一致;ST-TFSE 的检测性能在基于香农熵的检测算法中是最好的,它优于 FFT-SE 约 5dB,优于 BIS-SE 约 4dB;ST-TFRE 的检测性能在基于瑞利熵的检测算法中是最好的,它优于 FFT-RE 约 2dB,优于 BIS-RE 约 5dB;此外,对于相同的功率谱,在 SNR 较低的情况下,瑞利熵检测算法的性能从整体上来说都优于香农熵算法。

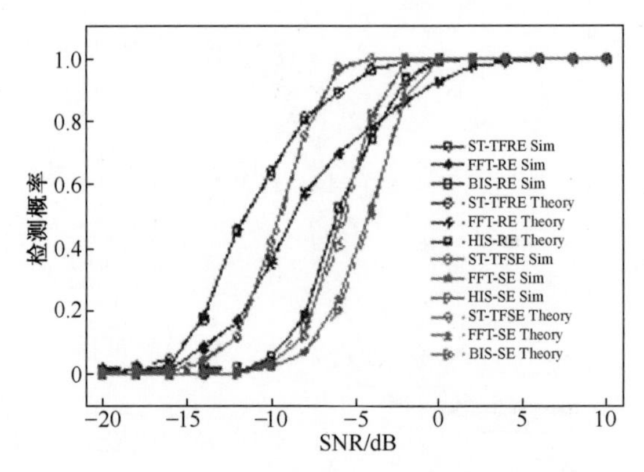


图 7-32 （见彩图）不同算法的检测性能比较

## 7.5 小结

脉冲星导航中待检测脉冲星可以约束在导航用的备选星库，与天文观测中脉冲星搜索过程相比，目标要明确，在这一点上脉冲星导航中的信号检测相对较容易，但是对实时性的要求更高。特别是航天器在飞行过程中，位置估计不是十分准确的情况下，轮廓形状会有不同程度的变形，这给检测算法的适应能力提出了更多要求。本章从时域、频域、时频域三个方面给出不同的检测方法。时域方法更依靠脉冲星轮廓构形；频域方法依赖信号在频域的特征；时频域则是期望提取更复杂的可区分特征，来提高可区分度。不同类方法具有不同的特点，具体使用时还需要根据不同的应用场景，有针对性的使用。

# 第8章 脉冲星信号到达时间测量

## 8.1 概述

脉冲星空间导航定位系统信息获取的基本方法是比对测量得到的脉冲相位和通过长期观测建立的预测模型相位,从而解算信号 TOA。TOA 测量精度是决定导航精度的关键因素之一。若不考虑其他因素的影响,要达到 300m 的定位精度,TOA 测量精度需要达到 1μs。从本质上,要提高 TOA 测量精度,必须增强接收信号的强度。但是,这也意味着更大的探测器面积,并带来成本和复杂度的增加。高效 TOA 测量算法有利于提高信息的利用率,从而提高测量精度。而 TOA 是通过比对测量脉冲相位与预测模型相位结算得到的。因此,脉冲相位的准确测量和高精度的相位预测模型是提高 TOA 观测精度的关键。

本章主要介绍了几种测量脉冲相位从而得到 TOA 的方法,主要包括基于轮廓与基于光子序列这两大类,并且对各个方法的测量性能进行了评估。

## 8.2 基于最大似然法的到达时间测量方法[11,70,71]

### 8.2.1 X 射线脉冲星信号的泊松模型

对于泊松分布模型,在 3.4 节已经讨论过了。为了构建基于最大似然估计的 TOA 测量方法,这里结合探测器的原理,给出更详细的表征方法[11,70]。

脉冲星具有独特且稳定的与脉冲相位有关的完整脉冲轮廓。假设 $h(\varphi)$ 为标准脉冲轮廓,$\lambda_b$ 和 $\lambda_s$ 分别为有效的背景和源的计数率。同时,探测器的有效面积为 A,整个观察周期内 $K$ 的叠加时间以及探测器效率 $\eta$ 也都与该模型相联

系。根据第3章的讨论,X射线脉冲星的到达率的模型可以表示成脉冲轮廓函数:

$$\lambda(T_i;\varphi_v;v)=\int_{T_i}AK\eta(1+v/c)\{\lambda_b+\lambda_s h(\varphi_v)\}dt$$
$$\approx A\cdot K\cdot\eta\{\lambda_b+s\cdot h(\varphi_v)\}T_i \tag{8-1}$$

式中:$T_i$为采样间隔;$v$为探测器速率;$\lambda_s$为X射线脉冲星信号辐射强度比例因子;$h(\varphi_v)$为探测器向源运动形成的隔直流的标准脉冲星轮廓。

由于$T_i$是非重叠性的时间间隔,落在时间间隔$T_i$中的光子$k_n$遵循独立的泊松分布:

$$p_i(k_n;\varphi_v;v)=\frac{\lambda(T_i;\varphi_v,v)^{k_n}}{k_n!}\exp\{-\lambda(T_i;\varphi_v,v)\},k_n=1,2,3,\cdots \tag{8-2}$$

泊松分布的均值和方差为

$$E(k_n)=\mathrm{var}(k_n)=\lambda(T_i;\varphi_v,v) \tag{8-3}$$

对于时间序列$\{T_i\}_{i=1}^{E}$,它的联合概率质量分布函数为

$$p(k_n/\varphi_v,v)=\prod_{n=1}^{N}\frac{\lambda(T_i;\varphi_v,v)^{k_n}}{k_n!}\exp\{-\lambda(T_i;\varphi_v,v)\} \tag{8-4}$$

### 8.2.2 多高斯拟合的X射线脉冲星轮廓

第3章给出了利用高斯模型生成光子序列的方法,高斯模型也能用于构建最大似然估计,用于TOA测量。我们知道,平均轮廓抑制了可能包含在光子TOA中参数的一些有用信息,为了直接利用TOA,采用最大似然(Maximum Likelihood,ML)估计。

由于脉冲星信号较弱,XPNAV必须利用所有观测到的光子来统计TOA,以解算航天器的位置。时间点折叠法就是根据这个观点提出的平均方法,它要在观测时间内折叠所有时间标记到一个脉冲周期的单个时间间隔内。因此,提出了一个假设,对于脉冲星光子序列,如果$n$个光子在同一个周期被捕获到,它就可以看成是一个概率分布函数为标准脉冲星轮廓的光子的独立事件,理论上是在这一个周期发生了$n$次。这种假设由以下定理支持。

**定理8.1** 假设$h(\varphi)$代表标准脉冲星轮廓,且$\int_0^1 h(\varphi)=1$。如果在一个脉冲星周期内仅有一个光子,它的TOA同样遵循概率分布函数为$h(\varphi)$的分布。

**证明** 不失一般性,令$\lambda_b=0$。根据式(8-1),脉冲星信号密度可以重新表示为$\lambda_{s,\Delta}=\int_{\Delta}AK\eta\lambda_s h(\varphi)d\varphi$,其中$\Delta$是开始时间到光子TOA的时间间隔。令

$P$ 为脉冲星周期,如果在周期 $P$ 内有一个光子到达,在间隔 $\Delta$ 内这个时间发生的概率为

$$
\begin{aligned}
& p(x(\Delta)=1 \mid x(P)=1) \\
& \quad=\frac{p\{x(\Delta)=1, x(P)=1\}}{p\{x(P)=1\}} \\
& \quad=\frac{p\{x(\Delta)=1, x(P-\Delta)=0\}}{p\{x(P)=1\}} \\
& \quad=\frac{\lambda_{s,\Delta} \mathrm{e}^{-\lambda_{s,\Delta}}}{\lambda_{s,P} \mathrm{e}^{-\lambda_{s,P}}} \mathrm{e}^{-\lambda_{s,(P-\Delta)}} \\
& \quad=\frac{\int_{\Delta} h(\varphi) \mathrm{d} \varphi}{\int_{P} h(\varphi) \mathrm{d} \varphi}
\end{aligned} \tag{8-5}
$$

另外,由于 $\int_P h(\varphi) d\varphi = 1$,则 $p(x(\Delta)=1) \mid x(P)=1)=\int_\Delta h(\varphi)\mathrm{d}\varphi$ ,将很容易得出一个周期内事件在时刻 $\tau$ 发生的概率:

$$P(\tau)=h(\tau) \tag{8-6}$$

因此,定理 8.1 成立。

根据定理 8.1 和式(8-6),重新整理脉冲星信号的高斯模型。

假设记录数据从 $t_0$ 开始,$t_{\text{end}}$ 为结束时间,那么观测时间间隔为 $t_{\text{obs}}=t_{\text{end}}-t_0$。此外,$t_i$ 代表第 $i$ 个光子 TOA,光子序列可以表示成 $\{t_i\}_{i=1}^{m}=\{t_1,t_2,t_3,\cdots,t_m\}$。模型定义表明记录的序列 TOA 是递增的,即 $t_0<t_1<t_2<t_3<\cdots<t_m<t_{\text{end}}$。令 $\tau_n$ 表示第 $n$ 个光子的小数部分,$N$ 表示循环计数,则有

$$\tau_n=\frac{t_i-NP}{P} \tag{8-7}$$

如果脉冲星频率由于受航天器速率影响是个未知的常量,那么周期要修改为

$$\tau_n=\frac{t_i-NP_v}{P_v} \tag{8-8}$$

根据多普勒原理, $P_v=\dfrac{c}{c+v}P$ ,$v$ 为航天器的速率。这样,根据定理 8.1 和式(8-6),在一个周期内光子的 TOA 的概率可以重新表示为

$$P(\tau_n)=h_{\mathrm{g}}(\tau_n) \quad \tau_n \in [0,1) \tag{8-9}$$

式(8-9)表明,第 $N$ 个循环的光子 TOA 的分布可以用近似的标准轮廓作为它的分布函数的概率。为了定义初始相位 $\varphi_0$,轮廓函数可重新写为

$$f_i(\tau_n) = a_i \frac{1}{\sqrt{2\pi\delta_i^2}} \exp\left[ -\frac{(\tau_n - (\varphi_0 + \delta\mu_i))^2}{\delta_i^2} \right], i = 1, 2, \cdots, M \quad (8-10)$$

式中：$\mu_i = \varphi_0 + \delta\mu_i$，$\delta\mu_i$ 为初始相位和脉冲星轮廓第 $i$ 部分之间的偏差。总之，$\varphi_0$ 可以设置为 $[0,1)$ 之间的任意值。在后面的部分，令 $\varphi_0 = \mu_0$，即 $\delta\mu_0 = 0$。

### 8.2.3 基于 GFSAP 模型的相位估计

1. 初始相位的最大似然估计

根据 4.3.2 节介绍的新型 ML 估计可以估计出 $\varphi_0$，由式（8-9）和式（8-10），序列的概率分布函数如下：

$$p(\{t_i\}_{n=1}^{m}; \varphi_0) = \prod_{i=1}^{m} h_g(\tau_i; \varphi_0) \quad (8-11)$$

对于式（8-11）给出的似然函数，可以通过寻找关于参数 $\varphi_0$ 的最大值进行最大似然估计。也就是说，似然函数的自然对数可以最大化，即

$$\mathrm{LLF}(\varphi_0) = \sum_{i=1}^{m} \ln(h_{\mathrm{g}}(\tau_i; \varphi_0)) \quad (8-12)$$

式中：LLF 为对数似然函数。

那么，初始相位可以通过解决如下优化问题来估计：

$$\hat{\varphi}_0 = \arg \max_{\varphi_0 \in [0,1)} \mathrm{LLF}(\varphi_0) \quad (8-13)$$

2. 时间段估计

假设时间段 $P$ 是一个未知常量，它也可以通过所提出的 ML 估计方法估计。在这种情况下，时间段 $P$ 和初始相位 $\varphi_0$ 是成本函数的两个变量：

$$\mathrm{LLF}(\varphi_0, P_v) = \ln(h_{\mathrm{g}}(\tau_n; \varphi_0, P_v)) \quad (8-14)$$

并且未知量可以通过下式求解：

$$(\hat{\varphi}_0, \hat{P}_v) = \arg\max_{\varphi_0 \in [0,1), P_v \in \Gamma} \mathrm{LLF}(\varphi_0, P_v) \quad (8-15)$$

式中：$\Gamma$ 为 $P_v$ 搜索空间。

3. 数值搜索法

在通常情况下，GFSAP 模型必须使用多元高斯分量拟合含有多个峰值的脉冲星轮廓。因此，代价函数一般来说不是凸起的，也就是说，它通常有多个极小值。为了避免限于局部极值，将网格离散搜索方法用在直接搜索最大值的过程中，该方法综合考虑了计算复杂性和估计精确性。考虑到相位估计通常用在迭代定位过程中，先验的相位信息可以容易地从先前测定的位置中获得。因此，可以利用牛顿-拉普森迭代搜索方法，它的迭代因子为

$$\boldsymbol{\theta}_{k+1} = \boldsymbol{\theta}_k + [J(\boldsymbol{\theta})]^{-1} p\text{LLF}(\boldsymbol{\theta})|_{\theta=\theta_k} \qquad k = 0,1,2,\cdots \tag{8-16}$$

式中:$p\text{LLF}(\boldsymbol{\theta}) = \partial \ln p(\{t_i\}_{i=1}^{m};\boldsymbol{\theta})/\partial\boldsymbol{\theta}$。当 $\|\boldsymbol{\theta}_{k+1} - \boldsymbol{\theta}_k\| < \xi$)成立时,迭代过程将会停止,$\xi$ 是收敛极限。因为对于每一个光子的 TOA,都必须计算非线性高斯求和函数,所以对于长期观察,式(8-16)中的 $p\text{LLF}(\boldsymbol{\theta})$ 将会产生很大的计算量。

有两种方法可以降低计算复杂性。

第一种方法是 $p\text{LLF}(\boldsymbol{\theta})$ 的线性插入法。在这种方法中,局部推导公式的定义域将会细分为若干个等间隔的区域,当光子的到达时间落在相应的区域内,插入函数将用来替代局部推导。

第二种方法是 $p\text{LLF}(\boldsymbol{\theta})$ 的平行估计法,由于 8.2.2 节提出的模型假设 X 射线脉冲星信号是周期平稳过程,所有光子的 TOA 都有相同的概率分布函数,因此,$p\text{LLF}(\boldsymbol{\theta})$ 可以重新改写为

$$p\text{LLF}(\boldsymbol{\theta}) = \sum_{l=1}^{L} i = \sum_{i=la+1}^{la+a} \frac{\partial \ln(h_g(\tau_n;\boldsymbol{\theta}))}{\partial\boldsymbol{\theta}} \tag{8-17}$$

由式(8-17)可知,计算过程可以分解为 $L$ 个含有 $a$ 个光子的独立子过程。

4. 仿真实验

选取 3 颗脉冲星 PSR B0531+21PSR B1937+21 和 PSR B0329+54,其参数列在表 8-1 和表 8-2 中,选择前面提出的 3 个应用方法。3 颗脉冲星的轮廓通过多高斯拟合方法得到(见第 3 章)。标准轮廓是利用 RXTE X 射线望远镜的数据 ftools 产生。

表 8-1 脉冲星参数

| 脉冲星 | 周期/s | 采用间隔/s | 流量(2~10keV)/(ph/cm$^2$·s$^{-1}$)) | 品质因子 |
|---|---|---|---|---|
| B0531+21 | 0.0335 | $5.3\times10^{-4}$ | 1.54 | $1.1601\times10^{10}$ |
| B1937+21 | 0.0016 | $1.5\times10^{-6}$ | $4.99\times10^{-5}$ | $4.7026\times10^{5}$ |
| B0329+54 | 0.7145 | $1.5\times10^{-3}$ | $5.15\times10^{-3}$ | 212.7541 |

表 8-2 PSR B0531+21 的多高斯拟合

| 参数 | C 1 | C 2 | C 3 | C 4 | C 5 |
|---|---|---|---|---|---|
| 均值 $\mu$ | 0.3584 | 0.3765 | 0.3572 | 0.3322 | 0.35 |
| 方差 $\delta$ | $1.708\times10^{-2}$ | $3.581\times10^{-3}$ | $3.971\times10^{-3}$ | $3.801\times10^{-3}$ | $4.533\times10^{-3}$ |
| 比例 $\alpha$ | $4.298\times10^{-3}$ | $8.66\times10^{-4}$ | $8.826\times10^{-3}$ | $7.34\times10^{-4}$ | $1.603\times10^{-3}$ |

利用蒙特卡罗方法,在每个观察时间进行 100 次独立的模拟实验。假设探

测器面积 $A=1m^2$ 和背景光子速率 $\lambda_b=0.05ph/(cm^2\cdot s)$。光子到达率 $\lambda_s$ 如表 8-1所列。初始相位为 $\varphi_0=160\times\pi\times\rho$，其中 $r$ 是轮廓样品的等长窗口。

ML 估计仿真过程如下。

第一，基于假设的参数，即面积探测器 $A$，背景光子速率 $\lambda_b$ 和源的光子到达率 $\lambda_s$，可以生成被检测的光子速率的 TOA 和光子数量。

第二，把 TOA 代入式(8-14)表示的代价函数中，初始相位可以通过解式(8-15)估计得到。然后利用蒙特卡罗方法，可以得到每一个观测时间的 100 个估计的初始相位。同时，均方根误差(Mean Square Error，MSE)定义为

$$\mathrm{MSE}(\hat{\varphi}_0)=E[(\hat{\varphi}_0-\varphi_0)^2] \tag{8-18}$$

那么，利用式(8-18)就可以计算出 100 个被估计得到的初始相位的均方根误差。

第三，随着观测时间从 1～500s 的改变，得到的 ML 估计的均方根误差如图 8-1所示。

图 8-1 中的 3 条曲线分别表示在每一个观测时刻 ML 估计法、NLS 法的均方根以及 CRLB($\varphi_0$)的平方根。从图中可以看出，与 CRLB($\varphi_0$)相比，ML 估计和 NLS 估计都是渐进无偏的，而且 ML 估计比 NLS 估计更加渐进有效。随着观测时间的减少，从 CRLB($\varphi_0$)推导出的均方根误差均低于阈值点；相反，它们在高于阈值点上遵循一种越来越无偏的趋势。

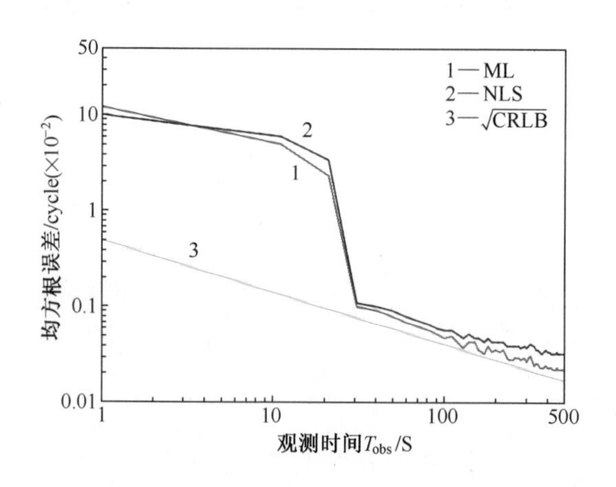


图 8-1　不同方法仿真的均方根误差

为了比较 ML 估计和改进的 ML 估计方法，这里也对非线性最小二乘(Nonlinear Least Squares，NLS)方法也进行了描述。第一步，TOA 的产生与 ML 估计方法一样；第二步，通过已知的到达光子的 TOA，利用周期折叠法获得脉冲星的平均脉冲轮廓；第三步，通过平均轮廓和标准轮廓的相关函数的最大值可以估计初始相位 $\hat{\varphi}_0$，而且利用蒙特卡罗方法，可以计算出每一个观测时间段的 100 次

估计的初始相位 $\hat{\varphi}_0$ 的均方根误差。最后,从 1~500s 改变观测时间,可以得到 NLS 估计均方根误差的统计数据。3 颗脉冲星的代价函数如图 8-2 所示。

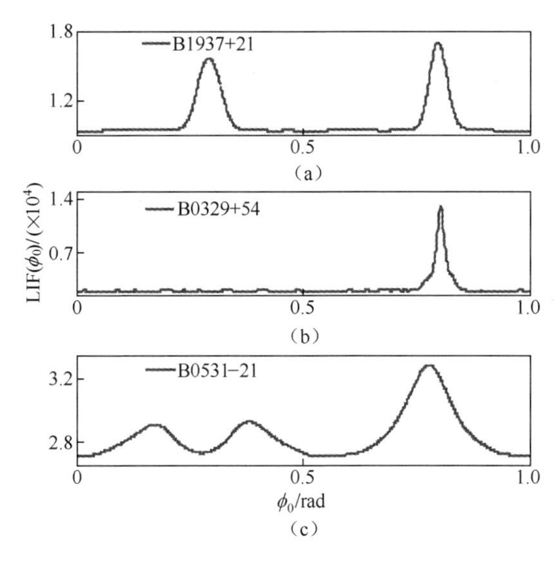


图 8-2　3 颗脉冲星的代价函数

Emadzadeh 等人提出的 ML 估计法利用的是网格离散化的直接搜索过程,整体计算复杂度约为 $N_{\text{obs}}(1+6/(f_0T_i))$ 乘法和加法运算。其中,$N_{\text{obs}}$ 是总的光子数,计算量与接收到的光子数成正比,长时间观测会更显著。而且,为了实现高精度,$T_i$ 应该足够窄,通常 $T_i$ 接近 1μs。因此,它的计算复杂度很高。以 B0531+21为例,观测时间为 500s 时需要做 $2.5\times10^{10}$ 次乘法和加法运算。本书提出使用数值搜索方法代替网格离散方法,蒙特卡罗仿真结果表明,它通常需要不到 50 次迭代就可以收敛。所以计算复杂度通常小于 $51N_{\text{obs}}$。由 Benedetto 等人提出的快速接近 ML 估计法的计算复杂度是 $N_b(N_0+1)+N_b(2\log N_b+1)$,其中,$N_b$ 为一个周期内的样本数,$N_0$ 是循环次数。显然,当 $N_{\text{obs}}\gg N_b$ 时,快速接近 ML 估计法比直接搜索过程和本书方法要快。然而,本书提出的方法应用方便,且使用并行方法容易实现,还非常适合于用 FPGA 实现。

目前,尽管常用的 ML 估计在渐进无偏方面优于 NLS 法,但是还应该考虑估计器的运行时间。图 8-3 显示了 Matlab R2011b 运行一次蒙特卡罗实验所需要的 CPU 处理时间。计算机的处理器是 3.2GHz 的英特尔四核和 Windows7 操作系统。从图 8-3 中可以看出,ML 估计花费的时间比 NLS 乘估计要多,而并行 ML 估计花费的时间随并行子过程数量 $L$ 的变化而减少。仿真中 $L$ 分别取 2、10 和 20,当 $L=2$ 时,CPU 的处理时间比 ML 估计有所减少,但是要长于 NLS。当 $L=10$时,并行 ML 估计的运行时间几乎与 NLS 估计一致,而当 $L=20$ 时,并行

ML 估计的运行时间少于 NLS 估计。因此,与目前 ML 估计相比,本书提出的方法可以显著地降低计算复杂度。

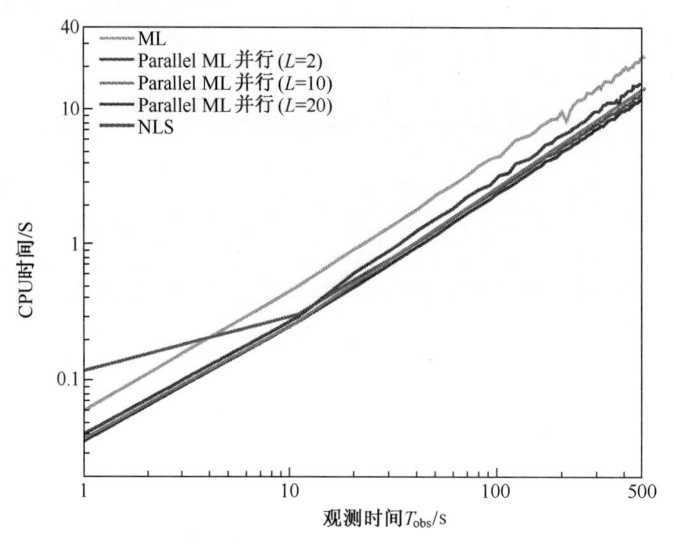


图 8-3 (见彩图)不同的仿真方法的 CPU 处理时间

5. 结论

本节使用数学模型分析了 X 射线脉冲星信号,重新定义了一种新的 TOA 过程,利用 ML 估计脉冲星信号相位。提出了一种并行 ML 估计方法,并与目前的 ML 估计法和 NLS 估计法进行了比较。仿真结果表明,目前的 ML 估计和并行 ML 估计比 NLS 估计更加渐进有效。但是,目前的 ML 估计器的计算时间比 NLS 估计器要长。由于并行 ML 估计比目前 ML 估计减少了计算复杂度,因此当光子被分成独立的并行子过程时,并行 ML 估计需要的时间小于 NLS 估计。因此,本章提出的并行 ML 估计在渐进无偏和计算复杂度上都要优于 NLS 估计。

## 8.3 基于轮廓的到达时间测量方法

### 8.3.1 基于轮廓的到达时间测量经典方法

1. 相位测量原理及数学模型[41]

所谓的脉冲相位测量,就是指计算一个脉冲星周期的相位偏移。主要由累积轮廓与标准轮廓相位比较(简称比相)获得。两者的比只是一个周期内测量累积轮廓相对标准轮廓的相位偏差值,还需要再将相位偏差乘以脉冲星的周期,就可以得到轮廓的时间延迟。事实上,沿脉冲星方向从航天器到达 SSB 的时间差才是导航系统的测量值,而航天器距 SSB 十分遥远,相差时间也肯定大于一个脉冲星周期,即由多个整数周期时间和不足一个周期的余值时间两部分构成。下面,可以用图 8-4 描述脉冲星导航的 TOA 测量原理。

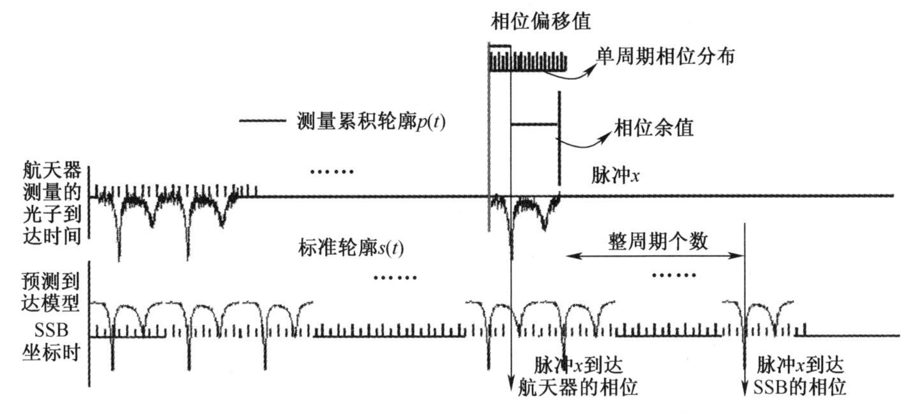


图 8-4　脉冲星导航系统的 TOA 测量

结合上面的分析和图 8-4 的描述,相位测量值可以表示为

$$\Phi(t)=\phi(t)+N \tag{8-19}$$

式中:$\phi(t)$为不足 1 周的相位余值,通过测量轮廓相位测量方法求得;$N$ 为周期整数个数。在求得相位余值后,再求出脉冲整周期数,它是脉冲信号沿脉冲星辐射方向从航天器到太阳质心处的时间延迟。脉冲整周数与航天器的估计位置有关,一般而言,航天器的位置估计值与真实值之间的误差较小,并且通过模糊周解算方法也可以得到比较准确的整周期数。

以下用信号模型形式表示累积轮廓与标准轮廓,然后推导它们的关系。

对于同一颗 X 射线脉冲星,假设 $p(t)$为测量积分脉冲轮廓,另外事先建立好的同一个能量波段的标准脉冲轮廓用 $s(t)$表示,则它们的关系可表示为

$$p(t)=a+bs(t-\tau)+g(t) \tag{8-20}$$

式中:$a$ 为测量脉冲轮廓和标准脉冲轮廓的常数偏差;$b$ 为脉冲轮廓尺度变换因子;$\tau$ 为时间延迟;$g(t)$为随机噪声。比较测量轮廓和标准轮廓的最终目的就是要求出三个系数 $a$、$b$ 和 $\tau$ 值。

2. 脉冲星相位测量相关方法及其改进算法

1) 时域相关法

相关算法是比较两个信号在时域相似程度的基本方法,可以利用相关方法估计同一个信号发生的不同相移。

假设两个信号 $x_1(t)$和 $x_2(t)$,它们是信号源 $s(t)$发生不同相移产生的,即:

$$\begin{cases} x_1(t) = s(t) + \eta_1(t) \\ x_2(t+\tau) = s(t+\tau) + \eta_2(t+\tau) \end{cases} \tag{8-21}$$

则 $x_1(t)$ 和 $x_2(t)$ 的相关函数表达式为

$$\begin{aligned} R_{x1x2}(D) &= E[x_1(t)x_2(t+\tau)] \\ &= R_{ss}(t-D) + R_{s\eta1}(\tau-D) + R_{s\eta2}(\tau) + R_{\eta_1\eta_2}(\tau) \end{aligned} \tag{8-22}$$

式中：$R_{ss}(\tau-D)$ 表示的是信号源 $s(t)$ 的自相关函数。

假设信号源 $s(t)$、$\eta_1(t)$ 及 $\eta_2(t)$ 三者相互独立，即互相关为零，则式(8-22)可写为

$$\begin{aligned} R_{x_1x_2}(D) &= E[x_1(t)x_2(t+\tau)] \\ &= R_{ss}(\tau-D) \end{aligned} \tag{8-23}$$

根据自相关函数的重要性质：

$$|R_{ss}(\tau-D)| \leqslant R_{ss}(0) \tag{8-24}$$

当 $\tau=D$ 时，$R_{ss}$ 达到最大，即信号 $x_1(t)$ 和 $x_2(t)$ 相关性最大。因此，对于相同的信号源，其形状是类似的，不同的是信号轮廓位置发生了偏移。为了寻找时间延迟 $\tau$，只需要移动其中一个信号不同的时间，记录互相关值，找到最大的互相关值对应的信号移动时间，这就是时间延迟值 $\tau$。对于脉冲星的标准轮廓和累积轮廓的相位测量而言，有

$$\begin{aligned} R_{ps}(m) &= E[p(n+m)s(n)] \\ &= E\{[a + b \cdot s(n-\tau+m] + g(n)] \cdot s(n)\} \\ &= b \cdot E\{s(n-\tau+m) \cdot s(n)\} \\ &= b \cdot R_{ss}(m-\tau) \end{aligned} \tag{8-25}$$

式中：$R_{ss}$ 为轮廓的自相关函数。根据上面的分析可知，$m-\tau=0$ 时相关性最大，即 $m=\tau$ 时，累积轮廓与标准轮廓的互相关 $R_{ps}(m)$ 最大。所以，可以假设不同的 $m$ 值，然后求二者的相关，则相关值最大对应的 $m$ 值就是累积轮廓滞后于标准轮廓的相位偏移量。

$s(n)$ 和 $p(n+m)$ 是采样后的信号，在做互相关运算时，对 $p(n)$ 进行不同的移位，即 $m$ 取不同的值，且 $m$ 取值与采样率有关。假设采样率为 $\Delta t$，则周期为 $P$ 的轮廓对应的采样点数为 $N$，所以有 $N=P/\Delta t$，此时 $m$ 的取值范围就是 $[1,N]$。可以看到，相关方法计算得到的相位偏移量就是最后计算的相关值最大时对应的 $m$ 值，可见时域相关法的相位测量精度与采样率有关。

2）频域 Taylor-FFT 法[41]

Taylor-FFT 算法是在频域测量相位偏移。因为脉冲星受其自转周期的变化、脉冲星位置变化、色散延迟、散射、相对论效应、双星系统的轨道运动、地球运动及其他未知因素等的影响，其累积轮廓存在大量的噪声，在比相时会影响相位

测量精度。根据介绍的理论模型，首先对 $p(t)$ 和 $s(t)$ 做离散傅里叶变换；然后在频域进行二者间的相关分析。这样就可以高精度地确定式(8-20)中 $a$、$b$ 和 $\tau$。$p(t)$ 和 $s(t)$ 的离散傅里叶变换可以表示为

$$P_k\exp(\mathrm{i}\theta_k)=\sum_{j=0}^{M-1}p_j\exp(\mathrm{i}2\pi jk/M),k=0,1,\cdots,M-1 \tag{8-26}$$

$$S_k\exp(\mathrm{i}\phi_k)=\sum_{j=0}^{M-1}s_j\exp(\mathrm{i}2\pi jk/M),k=0,1,\cdots,M-1 \tag{8-27}$$

式中：$p_k$ 和 $S_k$ 为幅度；$\theta_k$ 和 $\phi_k$ 为相位；$M$ 为序列个数。

由式(8-20)，利用傅里叶变换的线性和时移特性，得到

$$P_k\exp(\mathrm{i}\theta_k)=aM+bS_k\exp[\mathrm{i}(\phi_k+k\tau)]+G_k,k=0,1,\cdots,M-1 \tag{8-28}$$

式中：$G_k$ 为随机噪声，是对 $g(t)$ 的时域取样噪声的傅里叶变换；$aM$ 为常数值。

为了计算 $b$ 和 $\tau$，令统计量 $\chi^2(b,\tau)$ 取最小值：

$$\chi^2(b,\tau)=\sum_{k=1}^{M}\left|\frac{p_k-s_k\exp[i(\phi_k-\theta_k+2\pi k\tau/M)]}{\sigma_k}\right| \tag{8-29}$$

式中：$\sigma_k$ 表示频率为 $k$ 的噪声振幅的均方根，通常视为常数 $\sigma$。

将式(8-29)用指数函数的三角函数表示：

$$\chi^2(b,\tau)=\sigma^{-2}\sum_{k=1}^{M}(P_k^2+b^2S_k^2)-2b\sigma^{-2}\sum_{k=1}^{M}P_kS_k\cos(\phi_k-\theta_k+2\pi k\tau/M) \tag{8-30}$$

为使式(8-30)的 $\chi^2(b,\tau)$ 取得最小值，可以求关于 $b$ 和 $\tau$ 的导数，并使其等于零，即

$$\frac{\partial\chi^2}{\partial\tau}=\frac{2b}{\sigma^2}\sum_{k=1}^{M}kP_Ks_K\sin(\phi_k-\theta_k+2\pi k\tau/M)=0 \tag{8-31}$$

$$\sum_{k=0}^{M}kP_kS_k\sin(\phi_k-\theta_k+2\pi k\tau/M)=0 \tag{8-32}$$

等式(8-32)可以用迭代法计算 $\tau$：

$$\frac{\partial\chi^2}{\partial b}=\frac{2b}{\sigma^2}\sum_{k=1}^{M}S_k^2-\frac{2}{\sigma^2}\sum_{k=1}^{M}P_kS_k\cos(\phi_k-\theta_k+2\pi k\tau/M))=0 \tag{8-33}$$

而通过上面求得 $\tau$ 和式(8-32)得到 $b$。这种采用频域内的比对方法，由式(8-31)可以用迭代法计算 $\tau$，也可以用步长搜索法搜索使 $\partial\chi^2/\partial\tau=0$ 的 $\tau$ 值。

利用这种方法求时间延迟与时间分辨率无关，从以上的推导中，可以看到时间间隔 $\Delta t$ 没有出现在公式中，相对相关算法而言，频域 FFT 方法测量精度不受

到采样率的限制。

### 8.3.2 三阶互小波累积量脉冲轮廓时间延迟测量

当累积脉冲轮廓存在尺度伸缩和噪声干扰时,为了使时间延迟的测量更为精确,需寻找一种能够抑制尺度伸缩和噪声的时间延迟测量算法。小波变换采用不同尺度的小波基来分析信号,可用来研究累积脉冲轮廓在不同尺度下的时间延迟测量问题。同时,高阶统计量在抑制噪声方面具有许多优良的性质,由数学证明可知,任何高斯过程的高阶累积量均等于零。

如果将小波多尺度分析的特点和高阶累积量抑制噪声的优势相结合,就可解决 XPNAV 系统中存在的尺度伸缩和噪声干扰的累积脉冲轮廓的时间延迟测量问题[53]。

设 $x_1(t)$、$x_2(t)$ 和 $x_3(t)$ 为三次可积函数,且均值为零,将小波变换和三阶累积量相结合,定义 $x_1(t)$、$x_2(t)$ 和 $x_3(t)$ 的三阶互小波累积量为

$$W_{x_1x_2x_3}(\tau_1,s_1;\tau_2,s_2)=\frac{1}{\sqrt{s_1s_2}}\int_{-\infty}^{\infty}\left[x_1(t)x_2^*\left(\frac{t-\tau_1}{s_1}\right)x_3^*\left(\frac{t-\tau_2}{s_2}\right)\right]\mathrm{d}t \tag{8-34}$$

若 $x_1(t)$、$x_2(t)$ 和 $x_3(t)$ 为平稳过程,其统计平均等于时间平均,则有

$$W_{x_1x_2x_3}(\tau_1,s_1;\tau_2,s_2)=\frac{1}{\sqrt{s_1s_2}}\mathrm{cum}\left(x_1(t),x_2^*\left(\frac{t-\tau_1}{s_1}\right),x_3^*\left(\frac{t-\tau_2}{s_2}\right)\right) \tag{8-35}$$

式中:cum( · )为三阶累积量算子。可以看出,$x_1(t)$、$x_2(t)$ 和 $x_3(t)$ 的三阶互小波累积量实际上是它们经过时延和尺度伸缩变换后的三阶累积量。高斯过程经时延和尺度变换后仍为高斯过程,由此可以推知:任何高斯过程的三阶互小波累积量均为零。

在 XPNAV 系统中,针对脉冲星累积脉冲轮廓时间延迟测量的问题,本书给出 X 射线脉冲星累积脉冲轮廓 $p(t)$ 的表达式:

$$p(t)=a+bf\left(\frac{t-\tau_0}{s_0}\right)+g(t) \tag{8-36}$$

式中:$f(t)$ 为标准轮廓;$a$ 为直流偏差;$b$ 为幅度因子;$\tau_0$ 为时间延迟;$s_0$ 为尺度因子,表示累积脉冲轮廓相对于标准轮廓的尺度伸缩程度;$g(t)$ 为泊松随机噪声。当每个相位间隔中的光子数均大于 20 时,噪声 $g(t)$ 近似服从零均值高斯分布。

令式(8-35)中 $x_1(t)=x_2(t)=p(t)$,$x_3(t)=f(t)$,$s_1=1$,$s_2=s$,$\tau_1=0$,$\tau_2=\tau$ 可

得$f(t)$和$p(t)$的三阶互小波累积量的二维切片为

$$\begin{aligned} W(\tau,s) &= W_{\mathrm{pps}}(0,1;\tau,s) \\ &= \frac{1}{\sqrt{s}}\int_{-\infty}^{\infty}\left[p(t)p(t)f\left(\frac{t-\tau}{s}\right)\right]\mathrm{d}t \end{aligned} \tag{8-37}$$

当各相位间隔中的光子数目均大于 20 时,$W(\tau,s)$在理论上可完全消除累积脉冲轮廓中的高斯噪声$g(t)$对时间延迟测量的影响。设累积脉冲轮廓相对于标准轮廓的时间延迟和尺度因子的真实值分别为$\tau_0$和$s_0$,易知$W(\tau,s)$在$\tau=\tau_0,s=s_0$处取得极大值。因此,可根据$W(\tau,s)$中模极大值点的位置估计累积脉冲轮廓的时延和尺度因子:

$$(\hat{\tau},\hat{s})\ \underset{\tau,s}{\arg\max}\{|\ W(\tau,s)\ |\} \tag{8-38}$$

实际上,利用 X 射线光子信号进行周期叠加,仅能得到标准轮廓$f(t)$的离散序列$f(n)$,而$f(t)$不存在解析表达式,所以要利用式(8-37)计算$W(\tau,t)$,需对序列$f(n)$进行时延和尺度变换,得到$f((t-\tau)/s)$的离散序列$f_{\tau s}(n)$。一般情况下,时延变换可通过循环移位实现,但该方法受到$f(n)$的时间分辨率的限制,仅能实现整数点的时延变换;尺度伸缩可通过先内插再抽取的方法完成,但该方法运算量大且存在变换误差。本书利用 X 射线脉冲星信号的特点,在周期叠加时,通过设置不同的叠加起始历元来实现标准轮廓的时延变换,该方法不受$f(n)$的时间分辨率的限制,可实现任意长度的时延变换;通过设置不同长度的相位间隔来实现标准轮廓的尺度伸缩,灵活方便且不存在变换误差。

得到离散序列$f_{\tau s}(n)$后,即可根据下式计算$p(n)$和$f(n)$的三阶互小波累积量二维切片:

$$W(\tau,s) = \frac{1}{N\sqrt{s}}\sum_{n=0}^{N-1}p(n)p(n)f_{\tau s}(n) \tag{8-39}$$

式中:$N$为一个周期内标准轮廓的相位间隔数目;$W(\tau,s)$为二维离散序列,受到时间延迟和尺度伸缩的分辨率的限制,利用式(8-39)只能得到粗略估计值$(\hat{\tau}_l\hat{s}_m)$,还需要进行精确测量。

### 8.3.3 基于最小熵的累积轮廓相位测量

1. 考虑多普勒效应的累积轮廓表示方法[45]

脉冲星与太阳系的距离通常为几千光年,无法直接测量其辐射脉冲的初始历元,因此需要另选一个历元作为参考,常用的历元为太阳系质心力学时(TDB),其参考架为太阳系质心坐标系(SSB)。

X 射线探测器探测到 X 射线脉冲星辐射光子后,记录其到达时间,然后转化到 TDB 下进行累积,得到累积脉冲轮廓,再与星载原子钟组保持的标准平均脉冲轮廓比相,从而测出相位偏移。通过统计多个相位偏移间的变化情况又可以测量相位偏移速率,从而反映 X 射线探测器随载体运动速率。另一种测量相位速率的方法是利用探测器运动时信号的多普勒效应,它直接表现为脉冲周期变短、累积轮廓宽度变窄和累积轮廓的平均幅度增加,这与相位测量使用的参量是不同的,因此也增加了可用信息量。

设载体在 SSB 下运动速度为$\boldsymbol{v}$,脉冲星辐射方向为$\boldsymbol{n}$,光速为$c$,多普勒效应下相位速率通常可表示为$\phi_{\mathrm{d}}=\boldsymbol{n}\cdot\boldsymbol{v}/c$,此时累积脉冲轮廓可以表示为

$$g(\phi;v)=(1+\phi_{\mathrm{d}})\{b+a\cdot s((1+\phi_{\mathrm{d}})(\phi-\phi_0))\} \tag{8-40}$$

式中:$s(\cdot)$为标准轮廓,$\phi\in[0,2\pi)$;$a$为比例系数;$b$为背景辐射;$\phi_0$为参考相位,反映相位偏移量。

式(8-40)利用相位比例系数来表示相位速率,为了引入新相位测量方法,多普勒效应影响在$h(\cdot)$中可以用其子成分的轴线偏移和宽度缩小表示,即

$$f((1+\phi_{\mathrm{d}})(\phi-\phi_0))=\beta\sum_{i=1}^{N}\alpha_i\frac{1}{\sqrt{2\pi\left(\dfrac{\delta_i}{1+\phi_{\mathrm{d}}}\right)^2}}\exp\left(\frac{(\phi-\phi_0-(1+\phi_{\mathrm{d}})\mu_i)^2}{2\left(\dfrac{\delta_i}{1+\phi_{\mathrm{d}}}\right)^2}\right) \tag{8-41}$$

式中:$\beta$为比例系数,当使用归一化轮廓时,$\beta=1$。使用这种表示方法使得在利用累积轮廓进行相位速率测量时,不仅利用了轮廓宽度信息,还利用轮廓各成分间的距离信息,这一点对具有多峰或具有子脉冲的轮廓而言,对信息利用的更为充分。

2. 累积轮廓的高斯成分拟合及最小熵方法[72]

轮廓相位测量的经典方法,本质上讲都可以理解为拟合的思想,以频域方法为例。频域方法中傅里叶变换是函数在傅里叶子空间上的投影,即傅里叶级数中前$n$项的部分和,其中$n$为傅里叶空间的维数。那么实际上,离散傅里叶变换就是将函数离散化后展开成各种频率的谐波,再将其线性叠加,或者说是用各次谐波的线性叠加对原函数拟合,拟合的准则是投影定理。如果使用高斯核函数的线性和作为拟合函数,利用最小熵作为拟合准则,对脉冲星累积轮廓相位及相位速率进行联合测量。为表述方便,该方法称为最小熵方法。

当顺序累积时,多普勒效应会使脉冲星累积轮廓剖面波形畸变,所造成轮廓峰值偏移与多普勒值不成比例,畸变严重时甚至无法区分明显轮廓峰。这时将无法使用传统的基于轮廓相关比相方法,因此多普勒效应下,先配准初相再求解

多普勒值的方法会因为配准误差较大而存在困难。所以在先验知识不足时,可以尝试先求多普勒值,再将多普勒值作为先验知识,进行初相和多普勒联合测量。多普勒效应导致轮廓展宽,必然造成轮廓幅度变小,当可以精确量化轮廓幅度和宽度的变化与多普勒之间的关系时,这种影响可以用于多普勒效应分析。熵是随机变量平均分散程度的度量,用脉冲星累积轮廓来看,如果轮廓脉冲波形越尖锐,其熵值越小;反之,如果轮廓波形越钝化其熵值就越大,就可以用于评价多普勒效应下的轮廓形变。熵的定义有多种,在信息学科中被广泛使用的是香农熵,熵的更一般化的定义是瑞利熵,即

$$H(e)=\frac{1}{1-\alpha}\log\int_{-\infty}^{\infty}p(\xi)^{\alpha}\mathrm{d}\xi \tag{8-42}$$

式中:$\alpha$ 为瑞利熵的阶数。香农熵是阶数为 1 的瑞利熵的特例。本书使用 2 阶瑞利熵,即 $\alpha=2$,它比较容易利用数据进行估计。

用 $g(x)$ 表示被拟合脉冲星累积轮廓,拟合的结果是在某种准则下使误差最小:

$$g=\arg\min_{x}H(\mathrm{e})=\arg\min_{x}H(f(\phi)-g(\phi)) \tag{8-43}$$

式中:$e$ 为误差;$H$ 为拟合准则,即代价函数,如果 $H$ 为熵函数,这里称为最小熵方法。

熵可以认为是对给定分布随机变量的平均信息量的度量,只要使熵最小化,就能约束误差的各阶矩。最小熵准则已经替代 MSE 准则在非高斯、非线性系统参数估计、信道均衡等领域取得了成功。脉冲星信号的背景辐射噪声服从泊松分布,系统噪声与电子读出系统有关,具有不确定性,这些噪声中很多成分的高阶矩均不为零,因此这里利用最小熵作为拟合准则。得到误差的概率密度函数是应用最小熵准则的前提,由于存在多种噪声,该概率密度函数通常无法直接参数化建模,此时利用误差样本对该函数进行非参数估计是可行的。此处使用 Parzen 窗估计法,有

$$\hat{f}_e(\zeta)=\frac{1}{N}\sum_{i=1}^{N}G_{\delta}(\zeta-e(i)) \tag{8-44}$$

式中:$G_\delta$ 为高斯核函数 $G_\delta=(1/\sqrt{2\pi}\delta^2)\exp(-(\cdot)^2/(2\delta^2))$;$e(i)$ 为拟合函数与被拟合样本在采样点 $\phi_i$ 处的误差,$e(i)=f(\phi_i)-g(\phi_i)$。Parzen 窗估计以数学解析的方式给出概率密度函数的估计,可以方便地进行导数运算,为搜索算法提供了便利。

目标函数的连续性已经进行了分析,由于受到 $\Delta T$ 和 $\varphi_0$ 的影响,目标函数并不一定是凸函数,目标函数有可能陷入局部极小,因此最优解的正确性取决于

初值设置的合理性。可以利用系统的先验知识进行初值设定,但是先验知识有可能已经丢失或本身就无效,因此下面讨论无先验知识时的初值设置方法。定义光子在离散轮廓采样内分布的熵为

$$H = -\log\sum_{i=0}^{N}\left(\frac{\int_{\delta ti} h(\phi/\varphi_0)\,\mathrm{d}\phi}{\int_{T}(\phi/\varphi_0)\,\mathrm{d}\phi}\right)^2 \tag{8-45}$$

从式(8-45)可见,如果将每个相位采样视为轮廓的一个分割,那么熵 $H$ 是对整个轮廓采样所构成集合的不确定性的测度,因此可以说熵 $H$ 只与轮廓周期内光子分布情况有关,即只与轮廓形状有关,而与轮廓初始相位无关,因此利用熵求解多普勒效应可以不受初相的影响。假设利用观测信号累积出的轮廓,经过去噪声均值操作后的熵为 $H_\tau(e)$,利用瑞利熵求解多普勒值的方法等价于求下式所示的解优化问题:

$$\begin{cases}\min \mid H_r(e) = H(e) \mid \\ \text{s. t.} \quad \Delta t \in [-v_{\max}/c,\ +v_{\max}/c]\end{cases} \tag{8-46}$$

虽然熵方法可以在不依赖初相的情况下估计出多普勒值,但是利用样本进行熵估计的方法中,并没有抑制噪声对熵值的作用,这会导致噪声对估计精度的影响较大,因此用熵方法得到初值后,还应该尝试使用 8.2 节或 8.4 节中的优化方法得到更精确的解。

3. 基于最小熵方法的累积轮廓相位测量方法[45,72]

式(8-41)中 $\phi_0$ 反映相位偏移量,$\phi_d$ 反映相位偏移速率,利用脉冲星累积轮廓进行相位偏移及相位偏移率测量就是搜索满足式中的 $\phi_0$ 和 $\phi_d$。这里使用变阈值的最速下降法,通过不断缩小判决阈值以提高收敛精度。若令 $\boldsymbol{w}=[\phi_0, \phi_d]^{\mathrm{T}}$,式(8-46)中 $V(e)$ 对 $\boldsymbol{w}$ 的梯度可表示为

$$\nabla V(\boldsymbol{w}/e) = \frac{1}{2N^2\delta^2}\sum_{j=1}^{N}\sum_{i=1}^{N}[\mathrm{e}(j) - \mathrm{e}(i)]G_{\delta\sqrt{2}}(\mathrm{e}(j) - \mathrm{e}(i))\left[\frac{\partial f(j)}{\partial \boldsymbol{w}} - \frac{\partial f(i)}{\partial \boldsymbol{w}}\right] \tag{8-47}$$

式中:$f(j)$、$f(i)$ 分别为 $f(\cdot)$ 的第 $j$、$i$ 次采样。

变阈值的最速下降法实现步骤如下:

(1) 取初始点 $w^0 \in \boldsymbol{R}^2$,精度 $\eta>0$,令 $k=0$,转(2);

(2) 计算 $s^k = -\nabla V(w^k/e)$,若 $\| s^k \| > \eta$,转(3),否则,$w^* = w^k$,转(4);

(3) 线性搜索:$\min\limits_{\lambda>0} V((w^k+\lambda s^k)/e) = V((w^k+\lambda_k s^k)/e)$,令 $w^{k+1}=(w^k+\lambda_k s^k)$,$k=k+1$ 转(2);

(4) 若 $k=0$,结束,否则 $w^0=w^k$,$\eta$ 减半,转(2)。

4. 性能分析及仿真[11,45,72]

1）实验数据准备

选取平均轮廓具有代表性的脉冲星 B0329+54 为例，其主要参数为：周期 0.71451s，周期采样数 474，脉冲宽度 $6.7\times10^{-2}$s。为了对比和分析的方便，设 X 射线探测器有效探测面积为 $1m^2$，仿真数据中将信号辐射强度设置为 $5\times10^2$ph/($cm^2\cdot s$)，平均背景辐射强度为 $5\times10^2$ph/($cm^2\cdot s$)。数据仿真，根据脉冲星周期、归一化标准累积轮廓（采用 EPN 数据库轮廓）、平均流量和每周期采样次数计算每两次采样之间信号流量 $\delta(t)$ 和背景辐射流量 $\alpha$，单周期仿真信号表示为 $b_{\text{sim}}(t)=\sum_{n=1}^{s}\{\text{poissrnd}(\delta(t-n\Delta t))+\alpha\}$，其中 $S$ 为采样点数，poissrnd(.) 为泊松随机数生成函数；将单周期仿真信号顺序排列，模拟出观测序列。多普勒测量精度与脉冲星信号周期是有关系的，通常在信噪比相当时，较小周期的信号能得到更高精度的多普勒速度，在下面的实验中，为了表示的一般性，统一用周期误差来表示多普勒值。

2）改进的相位和多普勒测量方法实验性能分析

（1）相位已知时多普勒测量性能分析。设定多普勒引起的周期误差为 $1.8\times10^{-7}$，初始相位 $\phi_0=200\pi/475$，仿真信号累积 1000 次，分析式(8-46)中目标函数与周期误差的关系，一次实验结果如图 8-5所示。图 8-5 中横坐标为仿真设置的多普勒误差，纵坐标为在对应多普勒误差下的代价函数值，为了便于观察，纵坐标均减去 0.0604 的偏置。从图8-5中可见，目标函数呈抛物线形，具有极小值，而且经过多次实验都得到类似结果，这与目标函数采用误差的和作为代价函数有关。而式(8-46)的优化问题也可以看作是最小化观测轮廓与标准轮

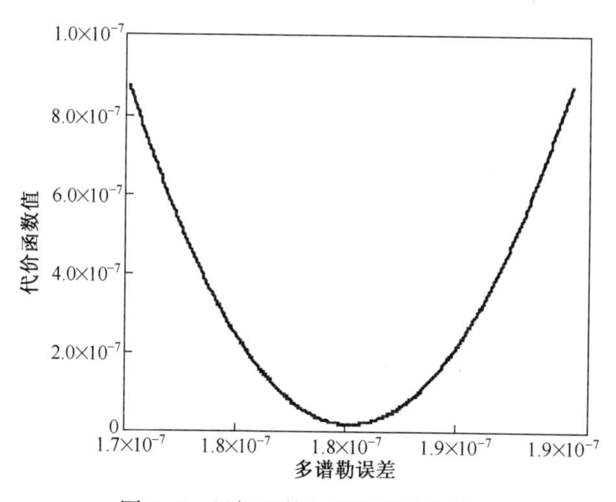


图 8-5　目标函数与周期误差的关系

廓的差。在初始相位已知时,利用测量的多普勒值累积出的轮廓理论上与观测轮廓较好匹配。利用式(8-46)优化方法求解多普勒值,按式(8-45)累积出理论轮廓,再与观测轮廓和标准轮廓对比,结果如图8-6所示。由图可见,多普勒轮廓较原轮廓有较大形变,而利用优化方法解多普勒后,根据式(8-45)累积出的理论轮廓与观测轮廓能较好吻合,与预期结果一致,这也反映了多普勒求解优化方法是有效和可行的。

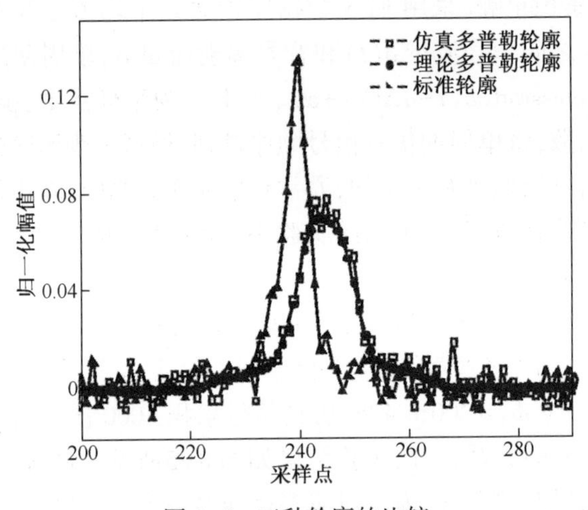


图8-6　三种轮廓的比较

现在讨论多普勒测量性能与累积周期数的关系。假设已知初始相位,利用高斯拟合方法仿真生成的样本,检验式(8-46)的优化方法求解多普勒值的性能。如图8-7所示,图中横坐标是累积周期数,纵坐标是多普勒周期误差,可见优化方法可以成功解算多普勒值。在本书仿真条件下,当累积周期数为2000以

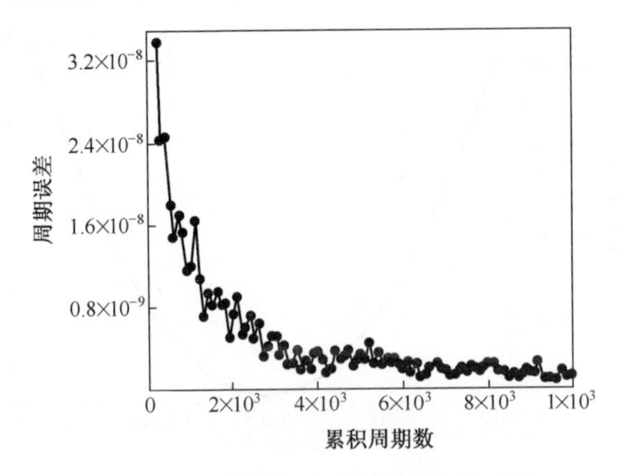


图8-7　多普勒误差与累积周期数关系

上时,得到了较为理想的测量精度,并且性能还会随着累积周期数的增加而进一步提高。需要说明的是,图中曲线存在震荡的现象,这是由于仿真中求方差所用的样本较少,与累积周期数越多测量性能越好的结论并不矛盾。

(2) 初值求解熵方法的有效性分析。合理选取初值可以有效避免解优化问题时陷入局部极小值,这关系到优化解的合理性。上面已经指出,利用最小熵方法可以在初始相位未知时解出多普勒,本节通过实验验证。为便于观察,选取较小的多普勒值做实验,先保持初始相位不变,利用式(8-46)的熵优化方法求解出多普勒值,然后随机取另外一个相位值,用同样的方法解多普勒,利用这两组多普勒和相位值,根据式(8-45)累积出理论轮廓,并与直接利用仿真数据累积出的观测轮廓对比,结果如图8-8所示。由图可见,相位不同时,利用熵方法解出的多普勒值累积出的轮廓在拥有一致的形状,并且都能较好地与观测轮廓匹配。为了量化差异,我们随机生成两个不同的相位,在同样多普勒值下仿真出观测信号,再利用熵方法求多普勒引起的周期误差与累积周期数的关系,其中的一段数据如图8-9所示。由于样本较少,数据存在抖动现象,但仍然能看出,即使相位不同,熵方法求解的多普勒值十分接近,并且随着累积周期数的增加,多普勒解的精度会逐渐提高,从而验证了上面中的结论。

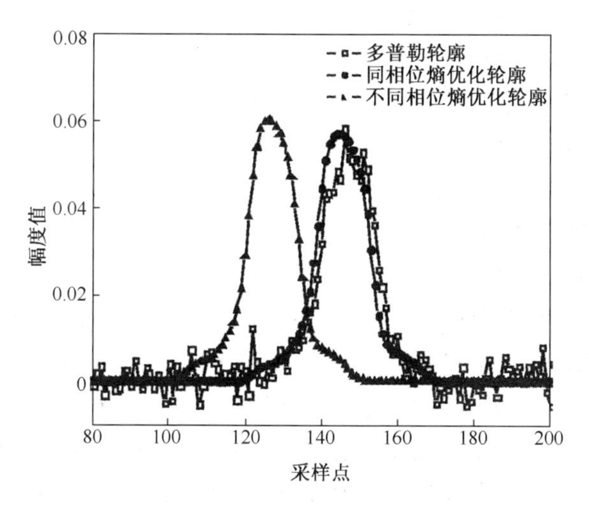


图8-8　不同相位下熵方法得到轮廓

(3) 相位和多普勒联合测量性能分析。通过实验验证了相位已知时多普勒测量的可行性并进行了性能分析,下面讨论相位和多普勒联合测量可行性并分析其性能。

仍然使用高斯拟合方法,仿真得到数据,随机生成多普勒值和相位,分两种

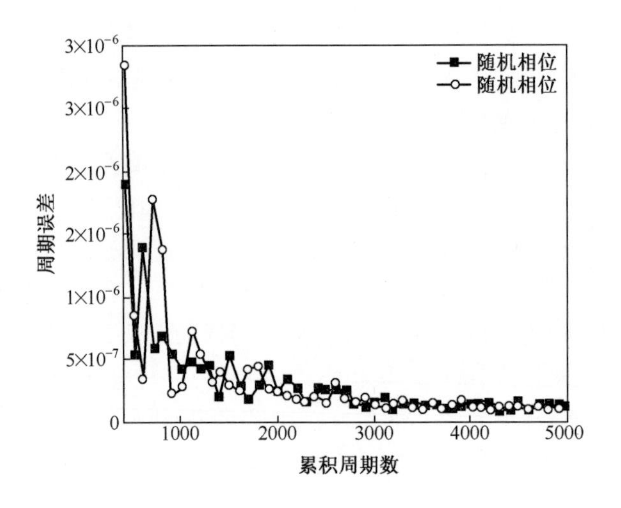


图 8-9　多普勒熵方法解与累积周期的关系

情况分析解算性能与累积周期数的关系。

情况一：设初值未知，令初始相位和多普勒值均为零，直接利用式(8-46)的优化方法在不同累积周期数下解相位和多普勒；情况二：先解算多普勒初值，然后再利用式(8-46)的优化方法在不同累积周期数下解相位和多普勒。两种情况下求得的相位和多普勒值与累积周期数的关系分别如图 8-10 和图 8-11 所示，图示实验例中多普勒周期误差为 2.1×10⁻⁶，初始相位 $\phi_0=160\pi/475$。从图中可见，相位和多普勒测量精度随着累积周期数的增加而有所升高；将两种情况进行比较可知，当累积周期数较少时，有初值时的相位和多普勒测量精度均较无初值时高，但是随着累积周期数的增加，差异会越来越小，并最终都能达到较高精度。以上分析说明，熵方法测量的初值，对提高优化方法解的精度的确是有作用的，这种作用在累积周期数较少时体现的较为明显，而当累积周期数较高时，初值作用并不明显，具体应用中根据实际情况可以考虑是否选用初值，以节省计算资源。作为对比，图 8-10 中也绘出了同样条件下 Taylor FFT 方法相位测量误差曲线，可见，由于多普勒效应导致轮廓出现较大形变，以轮廓互相关为基础的 FFT 方法即使在累积周期数很高的前提下也无法反映相位的真实情况，因此在顺序累积方式下，若累积轮廓受多普勒影响发生形变，优化方法测相精度优于 FFT 方法。

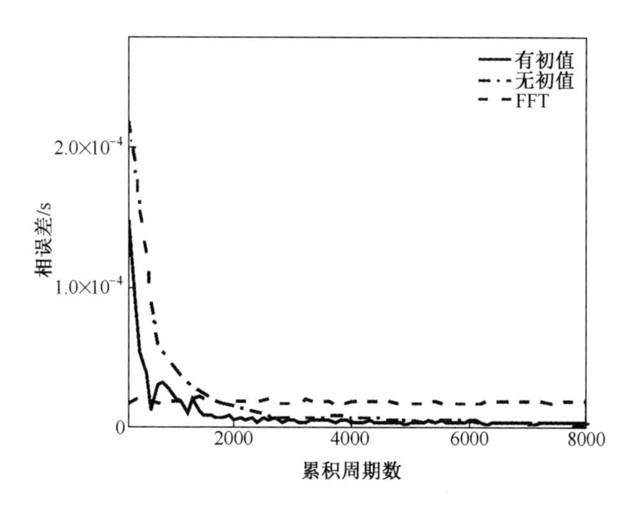


图 8-10　相位误差和累积周期数的关系

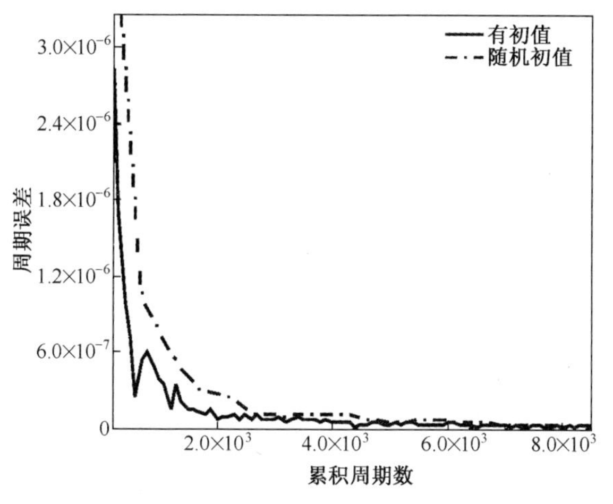


图 8-11　周期误差和累积周期数的关系

## 8.4　基于光子序列的到达时间测量方法

### 8.4.1　基于光子计数的相位测量

脉冲星强度可由统计折叠方法得到，继而可将得到的数据通过最小二乘优化拟合成为已知的脉冲星速率函数。最小二乘法的代价函数由最小化经验速率函数的差和脉冲星速率函数 $\breve{\lambda}(t)-\lambda(t;\phi_0)$ 定义,而前述统计折叠方法可求得经验速率函数,继而最小化经验速率函数的差,则目标函数 $J(\phi_0)$ 可表示为[63]

$$J(\phi_0)=\sum_{i=1}^{Nb}(\breve{\lambda}(t)-\lambda(t_i;\phi_0))^2 \tag{8-48}$$

式中:初始相位可由最小化代价函数求得

$$\phi_0=\arg\min_{\phi_0\in(0,1)}J(\phi_0) \tag{8-49}$$

### 8.4.2 基于光子到达时间的相位测量

利用已检测到的 TOA 的概率密度函数,可以估计出 $\phi_0$ 的最大似然值。已知 TOA 的概率密度为[63,73]

$$p(\{t_i\}_{i=1}^{M};\phi_0)=\mathrm{e}^{-\Lambda(\phi_0)}\prod_{i=1}^{M}\lambda(t_i;\phi_0) \tag{8-50}$$

其中

$$\Lambda(\phi_0)=\int_{t_0}^{t_f}\lambda(t;\phi_0)\mathrm{d}t \tag{8-51}$$

将式(8-51)视为关于 $\phi_0$ 的似然函数,则 ML 估计就是求得使似然函数取得最大值时的 $\phi_0$。此时,自然对数似然函数或对数似然函数也取得最大值[21,22]:

$$\mathrm{LLF}(\phi_0)=\sum_{i=1}^{M}\ln(\lambda(t_i;\phi_0))-\Lambda(\phi_0) \tag{8-52}$$

如果观测时间远远长于脉冲星的周期,此时式(8-52)中的 $\Lambda(\phi_0)$ 显示出了其对于自变量 $\phi_0$ 的最小依赖性。其原因为:令观测时间包含 $N_\mathrm{p}$ 个脉冲星周期,即 $T_\mathrm{obs}=N_\mathrm{p}P+T_\mathrm{p}$,其中 $0\leqslant T_\mathrm{p}<1$,由于 $\lambda(t_i;\phi_0)$ 具有周期性,则式(8-51)可改写为

$$\Lambda(\phi_0)\int_{t_0}^{t_0+T\mathrm{p}}\lambda(t;\phi_0)\mathrm{d}t+N_\mathrm{p}\int_{0}^{P}\lambda(t;\phi_0)\mathrm{d}t \tag{8-53}$$

因为 $\lambda(\cdot)\geqslant 0$ 是一个周期函数,它在一个周期内的积分并不是有关初始相位的函数,所以,虽然式(8-53)等号右边的第一部分是 $\phi_0$ 的函数,但第二部分与 $\phi_0$ 无关。因此,若 $N_\mathrm{p}1$,则 $\Lambda(\phi_0)$ 约等于第二部分的数值,与 $\phi_0$ 无关,也就是说,$\partial\Lambda(\phi_0)/\partial\phi_0\approx 0$。所以,在目标函数和似然函数中可以将它舍去,表示为 $\psi(\phi_k)$,则

$$\psi(\phi_0)=\sum_{i=1}^{M}\ln(\lambda(t_i;\phi_o)) \tag{8-54}$$

因此,通过求解下列优化问题,就可以得到初始相位:

$$\hat{\phi} = \underset{\phi_0 \in (0,1)}{\arg\max} \psi(\phi_0) \tag{8-55}$$

### 8.4.3 基于光子到达时间间隔的相位测量

先建立光子到达时间差的概率分布,用 $x(i)$ 表示相邻两光子的到达时间差[63]:

$$x(i) = t_i - t_{i-1} \tag{8-56}$$

对于时间序列 $\{t_0, t_1, \cdots, t_{N_{\text{ph}}}\}$ 可产生对应的时间差序列 $\{x(1), \cdots, x(N_{\text{ph}})\}$。将 $x$ 视为随机变量,序列 $\{x(1), \cdots, x(N_{\text{ph}})\}$ 中各数值为其取值。$x$ 的概率分布函数为 $f_x(x)$,对应的累积分布函数为 $F_x(x)$。设 $z$ 为非负随机变量,$F_x(z)$ 等同于事件 $\{x \leqslant z\}$ 发生的概率:

$$F_x(z) = P\{x \leqslant z\} \tag{8-57}$$

由累积分布函数性质,式(8-57)可改写为

$$F_x(z) = 1 - P\{x \geqslant z\} \tag{8-58}$$

设 $t$ 为观测过程中的任意时刻,当式(8-56)中 $t_{i-1} = t$ 时,事件 $\{x > z\}$ 等同于事件 $\{N(t, t+z) = 0\}$,有

$$P\{x > z \mid t_{i-1} = t\} = P\{N(t, t+z) = 0 \mid t_{i-1} = t\} \tag{8-59}$$

令式 $P(N(t_i, t_j) = l) = \dfrac{\left(\int_{t_i}^{t_i} \lambda(t)\,\mathrm{d}t\right)^l \exp\left(-\int_{t_j}^{t_i} \lambda(t)\,\mathrm{d}t\right)}{l!}$ 中 $l = 0$,结合式(8-58),可得

$$F_x(z \mid t_{i-1} = t) = 1 - \exp(-\Lambda(t, t+z)) \tag{8-60}$$

对于长时间的观测数据,可用全概率描述 $x$ 的分布情况。将信号周期 $T$ 等分为 $N_{\text{b}}$ 个相位区间,每份时间长度为 $\Delta T$,对应的相位区间记为 $\phi_k$,若 $\phi(t)$ 属于该相位区间,有

$$\phi((k-1)\Delta T) \leqslant \phi(t) < \phi(k\Delta T) \tag{8-61}$$

而光子在该相位区间到达的概率可由该相位区间光子数均值与整个周期光子数均值比计算:

$$P\{\phi(t) \in \phi_k\} = \frac{\Lambda((k-1)\Delta T, k\Delta T)}{\Lambda(0, T)} \tag{8-62}$$

当光子属于 $\phi_k$ 相位区间时,$x$ 概率分布累积函数近似为

$$F_x(z \mid \phi(t) \in \phi_k) = 1 - \exp(-\Lambda(\bar{t}, \bar{t} + z)) \tag{8-63}$$

由于在 $\phi_k$ 相位区间 $t$ 有无穷多的取值可能，为便于计算，式中用 $\bar{t}$ 近似 $t$，其取值与相位区间相关：

$$\bar{t} = \frac{(2k - 1)\Delta T}{2} \tag{8-64}$$

根据全概率公式，$x$ 概率分布累积函数为

$$F_x(z) = \sum_{k=1}^{N_b} F_x(z \mid \phi(t) \in \phi_k) P\{\phi(t) \in \phi_k\} \tag{8-65}$$

利用累积函数，可以计算事件 $\{z_1 \leqslant x \leqslant z_2\}$ 的发生概率：

$$P\{z_1 \leqslant x \leqslant z_2\} = F_x(z_2) - F_x(Z_1) = F_x(z_1, z_2) \tag{8-66}$$

### 8.4.4 光子序列 FFT 的相位测量

1. 频域加权比相[74,75]

加权 FFT 相位估计的基本思路是：两路光子序列来自同一颗脉冲星的信号，对两列光子流量序列进行 FFT，对其每个频域点求相位，再对两列信号对应频点相位做差，加权平均，得到延迟相位估计值。令两路比相序列分别为 $\Gamma_1$ 和 $\Gamma_2$，加权 FFT 比相方法示意图如图 8-12 所示。

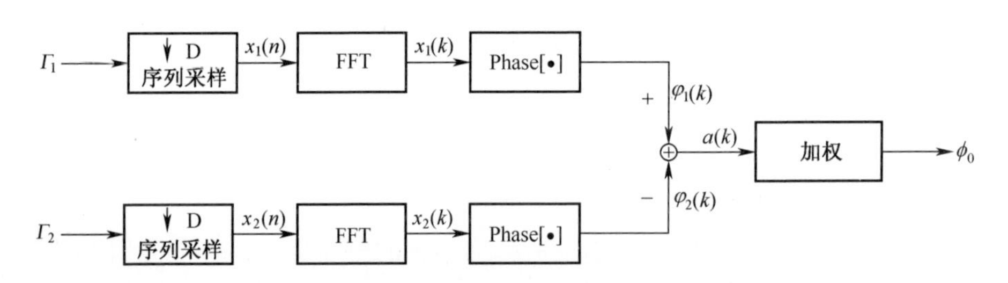


图 8-12 加权 FFT 比相方法

两路光子序列来自同一颗脉冲星，经过等间隔采样分别得到采样后序列，$x_1(n)$，$x_2(n)$，其中 $n$ 为整数，且 $n \in [0,N]$，设定 $x_2(n)$ 滞后 $x_1(n)$ 的相位 $\tau_0$，其中 $\tau_0 \in [0,N]$，则有两光子序列的 $N$ 点 FFT 分别为

$$X_1(k) = \mathbf{FT}[x_1(n)] = \sum_{n=0}^{N} x_1(n) \mathrm{e}^{-\mathrm{j}\frac{2\pi}{N}kn} \tag{8-67}$$

$$X_2(k) = \mathbf{FT}[x_2(n)] \approx \mathbf{FT}[x_1(n - \tau_0)] = \mathrm{e}^{-\mathrm{j}\frac{2\pi}{N}k\tau_0} X_1(k) \tag{8-68}$$

分别提取 $X_1(k)$、$X_2(k)$ 对应频点相位值，做差，可以得到 $k$ 频点相位差为

$$\Delta\phi(k)=\phi_1(k)-\phi_2(k)=\frac{2\pi}{N}k\tau_0 \tag{8-69}$$

式中：$\phi_1(k)$、$\phi_2(k)$ 分别为 $k$ 频点对应的相位。

容易得到，归一化的 $k$ 频点脉冲星的相位差：

$$\left(\frac{\tau_0}{N}\right)_k=\frac{\Delta\phi(k)}{2\pi k},\quad k=1,2,\cdots \tag{8-70}$$

可见，该方法中两路信号的相位差是频率的函数，令

$$s(k)=\frac{\Delta\phi(k)}{2\pi k} \tag{8-71}$$

信号中的噪声和不同的频率成分对测相的贡献存在差别，这里引入加权处理的策略，使信号频域成分强度越大占用权重越大，即对 $s(k)$ 进行加权处理，加权方法为

$$\frac{\hat{\tau}_0}{N}=\omega(k)s(k),\ k=1,2,\cdots \tag{8-72}$$

其中

$$\omega(k)=\sum_{k=1}^{N}\frac{\sqrt{X_1(k)^2+X_2(k)^2}}{\sum_{k=1}^{N}\sqrt{X_1(k)^2+X_2(k)^2}} \tag{8-73}$$

即采用频率点强度进行加权，物理意义主要在于，频率成分的强度大其权值就大，反之越小，从而抑制了边缘噪声和弱频率成分对有效信号的影响。

需要指出的是，在实际运算时，不直接用式(8-72)计算相位，令 $\Delta\hat{\phi}(k)$ 为计算得到相位，则

$$\Delta\hat{\phi}(k)=\arctan\left(\frac{\mathrm{Im}(X_1(k))}{\mathrm{Re}(X_1(k))}\right)-\arctan\left(\frac{\mathrm{Im}(X_2(k))}{\mathrm{Re}(X_2(k))}\right) \tag{8-74}$$

由此可见，由于频域内信号相位的取值范围为 $[-\pi,\pi]$，两光子强度序列在频域内的相位 $\phi_1$、$\phi_2$ 也会在 $[-\pi,\pi]$ 之间变化。对两光子强度在频域内的相位值进行做差运算即可得到两者之间的相位差值为 $\Delta\varphi(k)$，容易推导出 $\Delta\hat{\phi}(k)\in[-2\pi,2\pi]$。在相位累积运算过程中，假设 $\Delta\hat{\phi}(k)>0$ 的频点相位，用 $\Delta\hat{\phi}_{\mathrm{p}}(i)$ 表示，个数为 $P$，$\Delta\hat{\phi}(k)<0$ 的频点相位，用 $\Delta\hat{\phi}_{\mathrm{q}}(i)$ 表示，个数为 $Q$，且它们在频域内对应的频率值分别为 $p(i)$、$q(j)$，$(p(i),q(j)\in[1,N])$，其中 $i=1,2,\cdots,P$，$j=1,2,\cdots,Q$。不难得到，每小段频率区间内相位差的个数均为 $n_{\mathrm{d}}=N/\tau_0$，则对所有位于 $[0,2\pi]$ 及所有位于 $[-2\pi,0]$ 内的相位差值分别进行累积，可得

$$\begin{cases}\Delta\hat{\phi}_{\mathrm{p}}(i)=\Delta\phi(i)+2\pi(\mathrm{ceil}(p(i)/n_{\mathrm{d}})-1), i=1,2,\cdots,P \\ \Delta\hat{\phi}_{\mathrm{q}}(j)=\Delta\phi(j)+2\pi\mathrm{ceil}(q(j)/n_{\mathrm{d}}), j=1,2,\cdots,Q\end{cases} \tag{8-75}$$

式中：$2\pi(\mathrm{ceil}(p(i)/n_{\mathrm{d}})-1)$ 和 $2\pi\mathrm{ceil}(q(j)/n_{\mathrm{d}})$ 的作用是将 $\Delta\hat{\phi}(k)\in[-2\pi,2\pi]$ 的分段线性相位转换为连续线性相位。

因此，容易得到

$$\begin{cases}s_{\mathrm{p}}(i)=\dfrac{\Delta\hat{\phi}_{\mathrm{p}}(i)}{2\pi p(i)} \\ s_{\mathrm{q}}(j)=\dfrac{\Delta\hat{\phi}_{\mathrm{q}}(j)}{2\pi q(j)}\end{cases} \tag{8-76}$$

设 $s=\{s_{\mathrm{p}}(i),s_{\mathrm{q}}(j)\}$，对 $s$ 进行如式(8-76)的能量加权处理，即可得到相位估计值。

2. 分段式频域加权比相[74,75]

当信号序列较长时，FFT 可能导致计算机内存溢出的现象。因此提出分段式频域加权比相方法，对整个光子序列进行整数个周期的分段加权 FFT。

设长序列 $\{\lambda(1),\lambda(2),\cdots,\lambda(N)\}$ 为单位时间片段 $T_{\mathrm{b}}$（周期内最小采样间隔时间长度）内的光子数量。为便于 FFT 计算，将光子强度序列分为 $L$ 段，每段均包含相同的整数个周期长度，其中每段含 $M$ 个样点，即 $N=LM$。如果为了获得 FFT 算法适合的长度，可对每段数据进行补零运算。

相应地，两光子强度序列的相位差为

$$\Delta\phi^{(i)}(k)=\phi_1^{(i)}(k)-\phi_2^{(i)}(k)=\frac{2\pi}{M}k(\tau_0/L) \tag{8-77}$$

两光子的延迟相位值为

$$\left(\frac{\tau_0/L}{M}\right)_k^{(i)}\approx\left(\frac{\tau_0}{N}\right)_k^{(i)}=\frac{\Delta\phi^{(i)}(k)}{k}/2\pi \tag{8-78}$$

令 $s^{(i)}(k)=\Delta\phi^{(i)}(k)/k$，则有

$$s_0^{(i)}=\omega^{(i)}(k)s^{(i)}(k), k=1,2,\cdots,M; i=1,2,\cdots,L \tag{8-79}$$

$$\omega^{(i)}(k)=\frac{\sqrt{(X_1^{(i)}(k))^2+(X_2^{(i)}(k))^2}}{\sum\limits_{k=(i-1)M}^{iM-1}\sqrt{(X_1^{(i)}(k))^2+(X_2^{(i)}(k))^2}}, i=1,2,\cdots,L \tag{8-80}$$

平均所有数据段的相位延迟估计值，即可得到长序列的相位延迟估计值为

$$\left(\frac{\bar{\tau}_0}{N}\right)=\frac{1}{L}\left(\sum_{i=1}^{L}(s_0^{(i)}/2\pi)\right) \tag{8-81}$$

3. 计算复杂度分析[74,75]

计算复杂度是指对用于比相估计的算法所采用的加、减、乘、除的总运算次数的分析。假设观测时间 $T_{obs}$ 内约有 $N_p$ 个脉冲星周期 $P$ ,则有 $T_{obs} \approx N_p P$ 。对该段观测时间进行等间隔采样,则每间隔长度为 $T_b$ , $N_b$ 代表一个周期内包含的时间片段数,则有 $T_b = P/N_b$ 。

采用加权 FFT 进行相位比较(简称比相)估计:首先需要对两列光子序列进行 FFT,由于光子强度序列的长度为 $N_b N_p$ ,假设满足 $N_b N_p = 2^m$ ,故 FFT 总共需要 $(N_b N_p)^2/2$ 步乘法和 $(N_b N_p)^2/2$ 步加法;然后,需要对两光子强度序列在频域内的相位值作差,需要 $N_b N_p$ 次减法;对相位进行累积同样需要 $N_b N_p$ 次加法;在频域内求解相位差关于对应频率的比值需要进行 $N_b N_p$ 次除法;最后,对所得到比值进行能量加权需要 $N_b N_p$ 次除法、$N_b N_p$ 次乘法和 $N_b N_p$ 次加法。因此,完成加权 FFT 比相估计总共需要 $(N_b N_p)^2 + 6N_b N_p$ 步运算过程。

而改进的分段加权 FFT 运算,相比于直接加权 FFT 运算主要是在 FFT 处的计算代价得到了极大的节省,其余部分的运算的计算次数基本上是一致的。假设观测时间内的 $N_p$ 个周期被分成了 $L$ 段,每段包含 $K$ ( $K \ll N$ )个周期,则有每段 FFT 运算次数为 $(N_b K)^2$,FFT 变换总共需要 $L(N_b K)^2$ 步。因此,分段加权 FFT 总共需要 $L(N_b K)^2 + 6N_b N_p$ 步运算,与 FFT 相比,运算复杂度得到了很大的改善。

为了便于比较,将参考文献[21]中非线性最小均方(NLS)方法和参考文献[43]中最大似然估计(FML)方法的计算量与本节方法比较,如表 8-3 所列。

表 8-3 NLS、ML、加权 FFT 及分段加权 FFT 计算代价统计

| 比相估计器 | 计算复杂度 |
| --- | --- |
| NLS | $N_b(N_p + 1) + 3N_b N_g$ |
| FML | $51M$ |
| 加权 FFT | $(N_b N_p)^2 + 6N_b N_p$ |
| 分段加权 FFT | $L(N_b K)^2 + 6N_b N_p$ |

通过表 8-3 列出的各算法的计算复杂度可知,当信号较强时,即 $M > N_p$ 时,相比于非线性最小均方和加权 FFT 算法,最大似然估计的计算量显然会随着观测时间的延长而显著增加。而加权 FFT 因为 FFT 所消耗的时间过长,其计算代价要多于 NLS 算法。总的来说,加权 FFT 的计算复杂度介于 NLS 与 ML 之间。此外,由于分段加权 FFT 是基于加权 FFT 的改进,主要操作是对原观测数据总量进行分段,导致一次 FFT 的实际数据量得到了极大的缩减,从而实现了计算

复杂度的进一步改善。

4. 仿真分析[74,75]

本实验主要采用蟹状脉冲星 PSR B0531+21 数据作为分析对象。蟹状脉冲星频率为 29.868Hz,假设航天器上安装的探测器的表面积为 $10000cm^2$;X 射线源发射的光子序列及探测器的背景噪声主要采用由高斯和模型和泊松模型拟合生成,设置光子流量密度为 $0.064ph/(cm^2 \cdot s)$,背景噪声密度为 $0.45ph/(cm^2 \cdot s)$。软件平台为 Matlab R2012a,计算机配置为 Intel(R) Core(TM) i5-3470 CPU@ 3.20GHz 3.20@ GHz,内存为 4.00GB(3.47GB 可用),操作系统为 Window 7 专业版。

1) RMS 对比分析

比相估计的 RMS 主要用于反映估计出来的比相值偏移真值的程度,其计算方式为

$$\mathrm{RMS}(\Delta\hat{\phi}) = \sqrt{E[(\Delta\hat{\phi} - \Delta\phi_0)^2]} \tag{8-82}$$

在测试过程中,设定观测时间为 0.1~500s,一个周期内的采样间隔为 1024。又由于实验过程中测试的相位是[0,1]范围内的归一化相位,且相位具有对称性,这里主要采用 NLS、ML 及加权 FFT 算法对[0,0.5]范围内的随机相位进行估计。采用蒙特卡罗方法进行多组随机仿真,得到 NLS、ML 及加权 FFT 算法估计的比相估计的均方根误差随观测时间的变化曲线如图 8-13 所示。

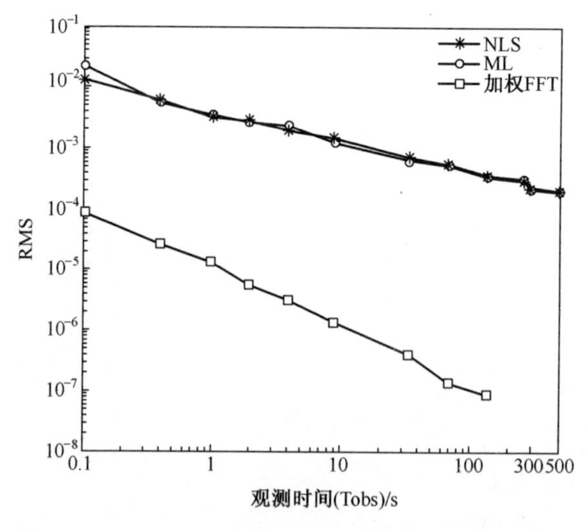


图 8-13 NLS、ML 及加权 FFT 比相估计的均方根误差

通过图 8-13,可以看出:①采用随机相位测试加权 FFT 算法,RMS 值呈现有规律的变化,并随着观测时间的提高,精度逐步提高,可见加权 FFT 算法有

效;②随着观测时间的增加,NLS、ML 及加权 FFT 估计的比相的均方根误差均呈现逐渐减小的趋势;NLS 和 ML 算法估计出的比相的均方根误差基本在相同的数量级水平变动,而加权 FFT 比前两者估计出的比相的均方根误差要低,其比相精度要明显高于 NLS 和 ML 算法。

2) 计算时间对比分析

NLS、ML 及加权 FFT 比相估计算法采用的均是不同的数学运算方法,这里所指的计算代价主要考察的是各算法仿真占用 CPU 的时间。其中,NLS 的总 CPU 时间主要由轮廓累积所需时间、完成非线性最小均方估计所需的时间及完成抛物插值运算所需的时间构成;ML 的总 CPU 时间主要由最大似然函数模型搭建所需的时间及插值运算所需的时间构成;同样,加权 FFT 的总 CPU 时间主要是 FFT 所需的时间和相位累积及加权所需的时间的总和。图 8-14 所示为对比相位估计计算所需的总 CPU 时间。

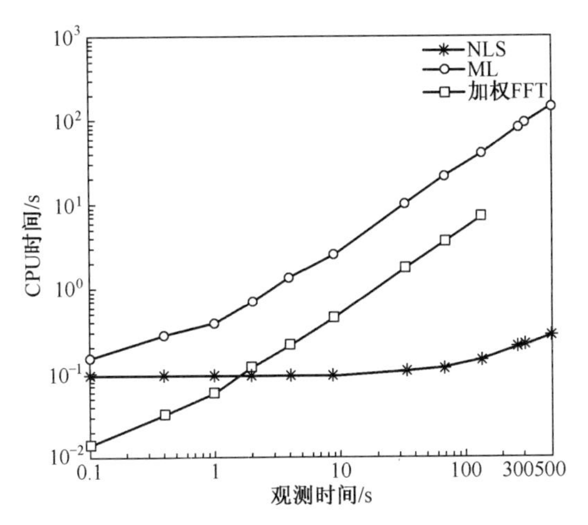


图 8-14 用于 NLS、ML 及加权 FFT 比相估计计算的 CPU 总时间

由图 8-14 可知,ML 使用 CPU 时间和加权 FFT 使用 CPU 时间比 NLS 使用 CPU 时间要长得多。其中,随着观测时间的延长,NLS 使用 CPU 时间呈现缓慢增长的趋势,ML 和加权 FFT 使用 CPU 时间均呈现显著增长的趋势,但 ML 比加权 FFT 使用的 CPU 时间要长 10 倍左右。可见,在计算代价方面,随着观测时间的延长,加权 FFT 算法的计算代价介于 NLS 与 ML 算法之间,而且比 ML 算法要明显地节约计算时间。

3) 分段加权 FFT 与加权 FFT

分段加权 FFT 比相估计的提出,主要是为了解决加权 FFT 在比相估计过程中出现的内存溢出现象。本实验中,加权 FFT 在最大内存为 4.00GB 的 PC 上,观测时间加长到 140s 以后,内存溢出,而分段加权 FFT 则能够有效地减少 FFT 的数据长度,避免内存溢出现象,并能提高计算速度。本节考虑讨论观测时间及采样间隔对加权 FFT 比相精度的影响,以及加权 FFT 与分段加权 FFT 的比相精度与计算代价的对比两个方面。

(1) 观测时间及采样间隔对加权 FFT 比相测量精度的影响。在不同的观测时间(Tobs)和采样间隔 $N_s$ 的条件下,进一步验证它们对加权 FFT 算法的比相测量精度的影响。实验中,分别取 0.1s、1s、2s、4s、9s、34s、69s、137s 的观测时间,及一个脉冲周期内采样 128 次、256 次、512 次、1024 次、2048 次,采取控制变量的方式及蒙特卡罗法对多组[0,0.5]范围内随机相位进行了测试实验,分析了观测时间和采样间隔这两个变量因子对比相精度值的影响。通过实验测试,得到在不同的观测时间和采样间隔的条件下的加权 FFT 比相的均方根误差值 RMS 如表 8-4 所列。

表 8-4 不同观测时间和采样间隔条件下的加权 FFT 比相均方根误差

| 时间/s | 128 | 256 | 512 | 1024 | 2048 |
|---|---|---|---|---|---|
| 0.1 | $8.5542\times10^{-4}$ | $4.4517\times10^{-4}$ | $2.1297\times10^{-4}$ | $1.1918\times10^{-4}$ | $6.6858\times10^{-5}$ |
| 1 | $1.0857\times10^{-4}$ | $7.1222\times10^{-5}$ | $3.4787\times10^{-5}$ | $1.7913\times10^{-5}$ | $9.1562\times10^{-6}$ |
| 2 | $5.9252\times10^{-5}$ | $2.9828\times10^{-5}$ | $1.8508\times10^{-5}$ | $9.7239\times10^{-6}$ | $4.9479\times10^{-6}$ |
| 4 | $3.4068\times10^{-5}$ | $1.8998\times10^{-5}$ | $9.8298\times10^{-5}$ | $4.1743\times10^{-5}$ | $2.5119\times10^{-6}$ |
| 9 | $1.9065\times10^{-5}$ | $1.1331\times10^{-5}$ | $5.2030\times10^{-6}$ | $2.3793\times10^{-6}$ | $1.5200\times10^{-6}$ |
| 34 | $5.0640\times10^{-6}$ | $2.8914\times10^{-6}$ | $1.4591\times10^{-6}$ | $7.7287\times10^{-7}$ | $3.9277\times10^{-7}$ |
| 69 | $2.8669\times10^{-6}$ | $1.5482\times10^{-6}$ | $7.8922\times10^{-7}$ | $3.9983\times10^{-7}$ | $2.1269\times10^{-7}$ |
| 137 | $1.7064\times10^{-6}$ | $8.3092\times10^{-7}$ | $4.4507\times10^{-7}$ | $2.2616\times10^{-7}$ | $1.0908\times10^{-7}$ |

根据表 8-4 内的测试数据绘制加权 FFT 比相均方根误差在不同的观测时间和采样间隔条件下的分布图,如图 8-15 所示。

结合表 8-4 中的加权 FFT 比相均方根误差的具体测量值及图 8-15 中加权 FFT 比相均方根误差在不同的观测时间和采样间隔条件下的变化趋势,可以观察到:在一定的采样间隔下,当观测时间逐渐延长时,加权 FFT 的比相精度逐渐提高;在一定的观测时间下,对观测到的脉冲星序列进行不同采样间隔的采样,当采样数逐渐增大时,加权 FFT 的比相精度随之提高。并且,通过表 8-4 中的具体测量数据,可以大致看出加权 FFT 比相均方根误差在测试选定的观测时间和采样间隔的一定长度范围内几乎呈比例变化。可见,当对脉冲信号的观测时间越长,采样间隔数越多,采用加权 FFT 算法估计出来的比相值越接近真实值。

为观察观测时间和采样间隔对加权 FFT 比相精度的具体影响,实验中,采

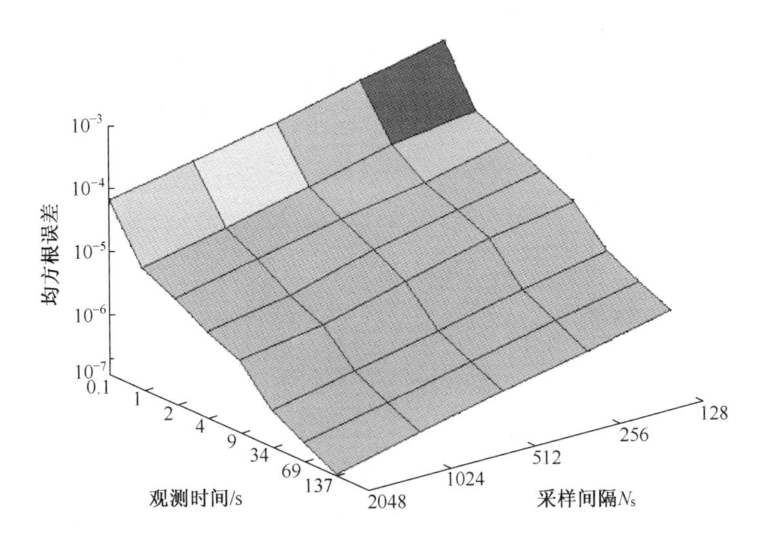


图 8-15 加权 FFT 比相均方根误差在不同的观测时间和采样间隔下的二维分布图

取将加权 FFT 比相均方根误差分别在采样间隔数和观测时间两个变量因子上进行投影的方式进行观测。得到在不同采样间隔下的加权 FFT 比相均方根误差关于观测时间的变化曲线如图 8-16 所示,在不同观测时间下的加权 FFT 比相均方根误差关于采样间隔的变化曲线如图 8-17 所示。

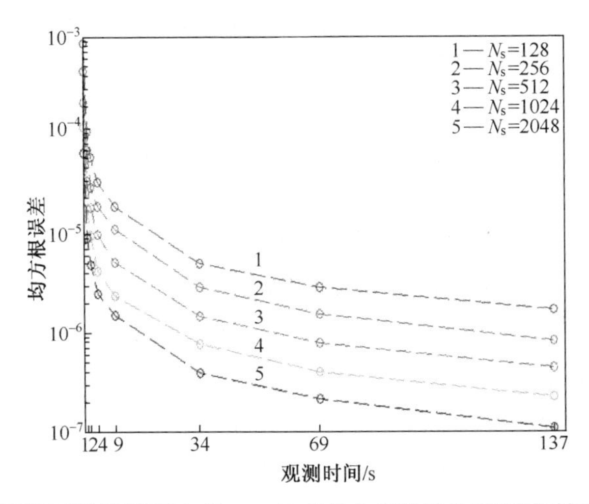


图 8-16 在不同采样间隔下的加权 FFT 比相均方根误差关于观测时间的变化曲线图

通过对比加权 FFT 比相均方根误差分别在采样间隔和观测时间下的投影图,容易观察到:在不同采样间隔下的加权 FFT 比相均方根误差关于观测时间的变化曲线及在不同观测时间下的加权 FFT 比相均方根误差关于采样间隔的变化曲线均呈现幂函数形状的变化趋势,即控制观测时间或采样间隔中的一个

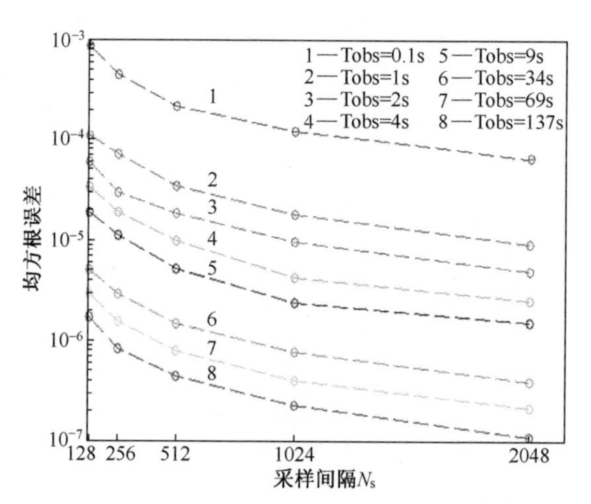


图 8-17　在不同观测时间下的加权 FFT 比相均方根误差关于 $N_s$ 的变化曲线图

保持不变,加权 FFT 比相均方根误差均随着采样间隔或观测时间的增大逐渐减小,且逐步趋于平缓。可见,在一定的观测时间和采样间隔变化范围内,它们对加权 FFT 比相精度的影响是十分显著的,但当观测时间和采样间隔足够大时,加权 FFT 比相精度不再明显受这两个变量因子的影响而逐渐趋于稳定。

(2) 加权 FFT 和分段加权 FFT 比相的 RMS、计算代价的对比分析。分段加权 FFT 是否对比相精度有较为明显的影响,实验仍然从比相均方根误差和计算代价两方面进行测试及验证。实验中,设置的观测时间及采样间隔等均不变,但这里的分段加权 FFT 分别进行了三组实验,其中以观测时间内 32 个周期归为一小段、观测时间内 64 个周期归为一小段、观测时间内 256 个周期归为一小段分别进行测试。

由图 8-18 可以明显观察到:进行分段加权 FFT 对比相均方根误差的影响显著。初始时刻,分段加权 FFT 比相均方根误差几乎与该小段时间内进行加权 FFT 比相所得到的 RMS 值接近。但随着观测时间的延长,由于测试数据的增多,比相均方根误差会被多次平均,其比相均方根误差值会呈现缓慢的下降趋势,虽然下降的速度明显要低于加权 FFT 比相,总体上来说仍然高于 ML 和 NLS 算法。此外,加权 FFT 在 140s 左右的观测时间的时候就已经出现了内存溢出的现象,不能继续进行比相估计,这里由于进行了分段加权 FFT,随着观测时间的延长,仍然可以实现比相,可有效解决加权 FFT 可能出现的内存溢出现象。同时,也正因为对长时间内观测数据进行了分段,在进行加权 FFT 时其计算代价得到了明显的改善,在图 8-19 中可以看到:随着观测时间的延长,分段加权 FFT 的 CPU 时间仍然保持着显著增长的趋势,但其在每个观测点处所使用的 CPU

时间明显要少于加权 FFT 比相所使用的时间。

综上所述,分段加权 FFT 能够很好地解决加权 FFT 比相过程中所出现的内存溢出现象,其得到的比相精度虽然要比加权 FFT 所得到的比相精度低,但基本上比 NLS 及 ML 算法都高,且分段加权 FFT 的总 CPU 时间明显比加权 FFT 的总 CPU 时间低。在实际工程应用中,可以采用加权 FFT 和分段加权 FFT 配合使用实现精度和计算量之间的平衡。

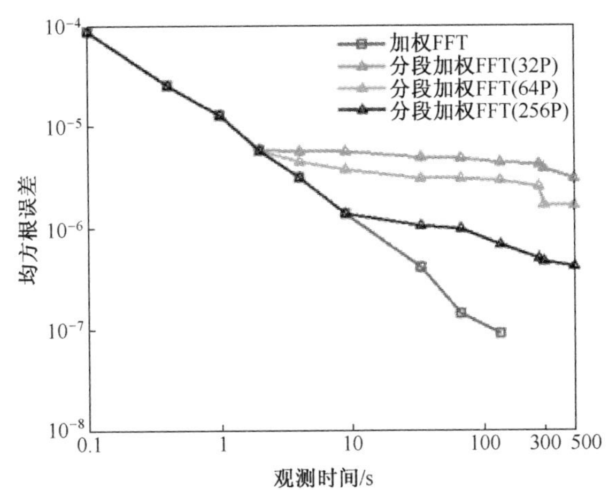


图 8-18 (见彩图)加权 FFT 及分段加权 FFT 比相估计的均方根误差

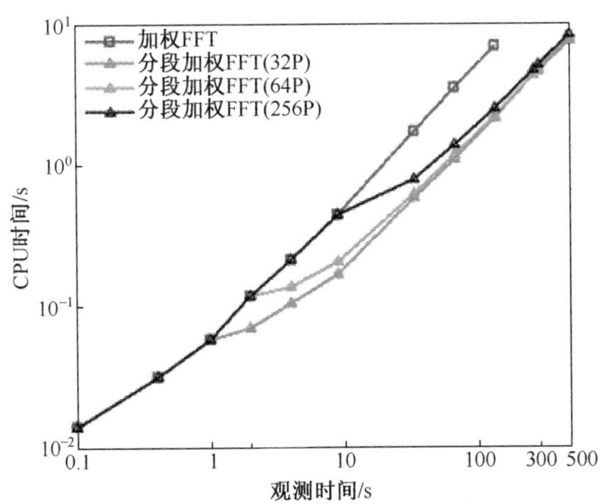


图 8-19 (见彩图)加权 FFT 及分段加权 FFT 比相估计计算的 CPU 总时间

4) 比较分析

针对脉冲星导航中的比相问题,提出了频域加权方法。该方法考虑了 X 射线信号频率成分对测相贡献上的差异,对不同的频率成分,根据强度,赋予不同的权值,适用于基于脉冲星的相对导航以及相位增量测量等应用。仿真和理论分析说明该方法性能优于 NLS 和 ML 方法，计算复杂度介于 NLS 和 ML 方法之间。该方法通过分段加权，可以将较长序列分为多段较短序列，分别加权再求平均。通过分段加权，性能有所下降，但可以克服序列过长引起的内存溢出问题，从而可以适应内存受限的计算系统。

本书对频域加权的方法同样可以扩展到其他变换域，另外在加权策略上也可以综合幅度和频率等多种因素，这些将作为后续研究内容继续深入研究。

## 8.5 小结

脉冲星导航中到达时间测量是最重要的测量之一。累积出轮廓，再对轮廓进行测相是最常用也是最简单的方法。由于脉冲星轮廓的唯一性和特殊性，传统互相关方法即可得到一定精度的相位测量值。频域方法相对于互相关方法的的优点在于，理论上可以不受轮廓采样分辨率的影响。不过采样间隔过大，实质上还是会影响精度，但这不是频率算法本身的，而是采样频率太低，损失过多高频信息导致的。轮廓累积的主要问题是累积过程带来的信号损失，这种损失算法上是无法弥补的。对于脉冲星的导航来说，累积出轮廓不是必需的，因此完全可以利用序列直接测相。本章发展了几种直接序列测相方法，其中最大似然方法是最基本一种，其模型是改进的高斯分布模型，在最大似然方法下采用不同的光子序列模型均可以发展各自的最大似然方法。仿真实验表明，最大似然方法及其改进，以及本章提出的几种时域方法，测相性能相当。值得一提的是，在对来自同一个脉冲星信号的进行差分相位测量的时候，FFT 方法性能明显较好，可以作为未来脉冲星差分导航中的一种备选测相手段。

# 参 考 文 献


[1] Backer D C,Hellings R W. Pulsar timing and general relativity[J]. Annual Review of Astronomy and Astrophysics,1986,24: 537-575.

[2] Sheikh S I. The use of variable celestial X-ray sources for spacecraft navigation[D]. tes Maryland: University of Maryland,College Park,2005.

[3] 吴鑫基,张晋,王娜,等. 乌鲁木齐 25m 射电望远镜脉冲星观测研究[J]. 天文学进展,2001(02): 216-226.

[4] 李橙媛. FAST 望远镜取得首批重大成果——发现数颗新脉冲星[J]. 空间科学学报,2017,37(06): 641.

[5] Henry J P,Mullis C R,Voges W,et al. The ROSAT north ecliptic pole survey:The X-ray catalog[J]. Astrophysical Journal supplement,2005,162(2):304.

[6] Takahashi Y,Kataoka J,Nakamori T,et al. Suzaku X-ray follow-up observations of seven Unassociated Fermi-LAT gamma-ray sources at high Galactic latitudes[J]. The Astrophysical Journal,2012,747(1): 64.

[7] RXTE Technical Appendix (Appendix F)[EB/OL]. [2013-11-06]. http://heasarc. gsfc. nasa. gov/docs/xte/appendix_f. html.

[8] Mitchell J W,Hassouneh M A,Winternitz L M B,et al. SEXTANT-station explorer for X-ray timing and navigation technology[C]//AIAA Guidance, Navigation, and Control Conference 2015,MGNC 2015 - Held at the AIAA SciTech Forum 2015,January 5,2015-January 9,2015. American Institute of Aeronautics and Astronautics Inc. ,2015.

[9] Winternitz L M B,Mitchell J W,Hassouneh M A,et al. SEXTANT X-ray pulsar navigation demonstration: Flight system and test results[C]//2016 IEEE Aerospace Conference,5-12 March 2016. IEEE,2016: 11.

[10] 洪斌,赵二鑫,李昂,等. 硬 X 射线调制望远镜卫星总装设计与实现[J]. 航天器工程,2018,27(05): 151-155.

[11] 张华. X 射线脉冲星信号检测及相位测量技术研究[D]. 西安:西安电子科技大学,2011.

[12] 赵铭,黄天衣. 脉冲星计时数据的天体测量解析[J]. 中国科学(G 辑:物理学 力学 天文学),2009,39(11): 1671-1677.

[13] Taylor J H. Pulsar timing and relativistic gravity[J]. Philosophical Transactions: Physical Sciences and Engineering,1992,341(1660): 117-134.

[14] Downs G S. Interplanetary navigation using pulsating radio sources[R]. N/4-34150,NASA Technical Reports,1974: 1-12.

[15] Chester T J, Butman S A. Navigation using X-ray pulsars[R]. TDA PR 42-63, NASA, The Telecommunications and Data Acquisition Progress Report, 1981: 22-25.

[16] Hanson J E. Principles of X-ray navigation[R]. Ph. D. Dissertation, Department of Aeronautics and Astronautics, Stanford university, stanford, 2006.

[17] Sala J, Urruela A, Villares X. Feasibility study for a spacecraft navigation system relying on pulsar timing information[R]. ARIADNA Study 03/4202, European Space Agency Advanced Concepts Team, 2004.

[18] Ray P S, Wood K S, Wolff M T, et al. Absolute timing of the crab pulsar: X-ray, radio, and optical observations[C]//American Astronomical Society Meeting, 2002.

[19] Graven P, Collins J, Sheikh S, et al. XNAV for deep space navigation[C]//31st Annual AAS Rocky Mountain Guidance and Control Conference. Univelt Inc., 2008, 131: 349-364.

[20] Ashby N, Golshan A R. Minimum uncertainties in position and velocity determination using X-ray photons from millisecond pulsars[C]//Proceedings of the Institute of Navigation, National Technical Meeting. San Diego, CA, United states: 2008, 1: 110-118.

[21] Ejmadzadeh A A, Speyer J L. On modeling and pulse phase estimation of X-ray pulsars[J]. IEEE Transactions on Signal Processing, 2010, 58(9): 4484-4495.

[22] Emadzadeh A A, Speyer J L. Relative navigation between two spacecraft using X-ray Pulsars[J]. IEEE Transactions on Control Systems Technology, 2011, 19(5): 1021-1035.

[23] Woodfork D W. The use of X-ray pulsars for aiding GPS satellite orbit determination[D]. AIR FORCE AIR UNIVERSITY, 2005.

[24] 吴鑫基,康连生,金声震,等. 四颗脉冲星在 327 MHz 频率上的观测[J]. 天体物理学报,1997(01): 37-42.

[25] 康连生. 在乌鲁木齐天文站 25 米天线上进行的脉冲星观测[J]. 天文学进展,1997(02): 169-172.

[26] 张大鹏,王奕迪,姜坤,等. XPNAV-1 卫星实测数据处理与分析[J]. 宇航学报,2018,39(04): 411-417.

[27] PINES D J. X-ray source-based navigation for autonomous position determination program[R]. DARPA/TTO, BAA 2004.

[28] 帅平,陈绍龙,吴一帆,等. X 射线脉冲星导航技术及应用前景分析[J]. 中国航天,2006(10): 27-32.

[29] 屈进禄. X 射线双星的时变分析[D]. 北京:中国科学院高能物理研究所,2001.

[30] 丁国强. X 射线双星高能辐射的能谱及时变分析[D]. 北京:中国科学院高能物理研究所,2004.

[31] Rots A H, Jahoda K, Macomb D J, et al. Rossi X-RAY Timing explorer Absolute Timing Results For The Pulsars B1821-24 ANDB1509-58. pdf[J]. The Aatrophysical Journal, 1998, 501: 749-757.

[32] Caballero I, wilms J. X-ray pulsars: A review[J]. Memorie Della Societa Astronomica Ltali-

ana,2012,75:282.

[33] Toscano M,Sandhu J S,Bailes M,et al. Millisecond pulsar velocities[J]. Monthly Notices of the Royal Astronomical Society,1999,307(4): 925-933.

[34] Taylor J H. Millisecond pulsars: nature's most stable clocks[J]. Proceedings of the IEEE, 1991,79(7): 1054-1062.

[35] Smith F G. Pulsars[M]. Cambridge:Cambridge University Press,1977.

[36] Hellings R W. Relativistic effects in astronomical timing measurements[J]. The Astronomical Journal,1986,91(3): 650-659.

[37] Hobbs G,Lyne A,Kramer M. Pulsar timing noise[J]. Chinese Journal of Astronomy and Astrophysics,2006,6(S2): 169-175.

[38] Mineo T,Cusumano G,Massaro E,et al. Spectral and timing properties of the X-ray emission from the millisecond pulsar PSR B1821-24[J]. Astronomy and Astrophysics,2004,423(3): 1045-1050.

[39] Zhang C,Wang N,Yuan J,et al. Timing noise study of four pulsars[J]. Science China Physics,Mechanics and Astronomy,2012,55(2): 333-338.

[40] Lyne A G,Shemar S L,Graham Smith F. Statistical statistical studies of pular glitches[J]. Monthlg Notices of the Royal Astronomical Societg 2000,315(3):534-543.

[41] 谢振华. X射线脉冲星空间导航定位的脉冲到达时间差测量技术研究[D]. 西安电子科技大学,2008.

[42] 汪华祥. 脉冲星平均脉冲轮廓观测与研究[D]. 北京:北京大学,2003.

[43] Zhang H,Xu L,Shen Y,et al. A new maximum-likelihood phase estimation method for X-ray pulsar signals[J]. Journal of Zhejiang University-SCIENCE C,2014,15(6): 458-469.

[44] Dasgupta A. Poisson processes and applications[G]//Probability for Statistics and Machine Learning. Springer New York,2011: 437-462.

[45] Zhang H,Xu L,Xie Q. Modeling and doppler measurement of X-ray pulsar[J]. Science China Physics,Mechanics and Astronomy,2011,54(6): 1068-1076.

[46] 沃恒李. X射线脉冲星信号的建模仿真及其有效性验证[D]. 西安:西安电子科技大学,2013.

[47] Rankin J M. Toward an empirical theory of pulsar emission. IV - Geometry of the core emission region[J]. The Astrophysical Journal,1990,352(3): 247-257.

[48] 徐轩彬,吴鑫基. 脉冲星PSR2111+46平均脉冲分析和谱特性[J]. 中国科学(A辑), 2002(12): 1134-1141.

[49] Min S,Xiao-Peng Y. The Research on the profile stability of the millisecond pulsar PSR J1022+1001[J]. Chinese Astronomy and Astrophysics,2017,41(4): 495-504.

[50] 张华,许录平. 脉冲星脉冲轮廓累积的最小熵方法[J]. 物理学报,2011,60(03): 822-828.

[51] 苏哲. X射线脉冲星导航信号处理方法和仿真实验系统研究[D]. 西安:西安电子科技大学,2011.

[52] 苏哲,许录平,王勇,等. 改进小波空域相关滤波的脉冲星微弱信号降噪[J]. 系统工程与电子技术,2010,32(12):2500-2505.
[53] 苏哲,许录平,刘勋,等. 一种利用三阶互小波累积量的脉冲星累积脉冲轮廓时间延迟测量算法[J]. 武汉大学学报(信息科学版),2011,36(01):14-17.
[54] 阎迪,许录平,谢振华. 脉冲星信号的模糊阈值小波降噪算法[J]. 西安交通大学学报,2007(10):1193-1196.
[55] 孙景荣,许录平,王婷. 基于双谱滤波的脉冲星信号消噪方法[J]. 华中科技大学学报(自然科学版),2010,38(08):9-12.
[56] 王婷. 脉冲星信号模拟与双谱域消噪[D]. 西安:西安电子科技大学,2011.
[57] 孙景荣,许录平,王婷. 一种用于脉冲星信号去噪的新方法[J]. 西安电子科技大学学报,2010,37(06):1059-1064.
[58] 汪丽、柯熙政,倪广仁. 基于小波变换的脉冲星弱信号的去噪方法研究[J]. 天文研究与技术,2008,5(1):49-54.
[59] 孙景荣. X射线脉冲星导航及其增强方法研究[D]. 西安:西安电子科技大学,2014.
[60] 王璐,许录平,张华,等. 基于S变换的脉冲星辐射脉冲信号检测[J]. 物理学报,2013,62(13):596-605.
[61] 张华,许录平,谢强,等. 基于Bayesian估计的X射线脉冲星微弱信号检测[J]. 物理学报,2011,60(04):829-835.
[62] 谢强,许录平,张华,等. X射线脉冲星累积轮廓建模及信号辨识[J]. 物理学报,2012,61(11):570-578.
[63] 谢强. X射线脉冲星信号辨识及解模糊技术研究[D]. 西安:西安电子科技大学,2012.
[64] 谢振华,许录平,倪广仁,等. 基于一维选择线谱的脉冲星辐射脉冲信号辨识[J]. 红外与毫米波学报,2007(03):187-190+195.
[65] 苏哲,王勇,许录平,等. 一种新的脉冲星累积脉冲轮廓辨识算法[J]. 宇航学报,2010,31(06):1563-1568.
[66] 王璐,许录平,张华,等. 基于时频熵的恒虚警率X射线脉冲星信号检测[J]. 华中科技大学学报(自然科学版),2014,42(07):113-117+123.
[67] 王璐,许录平,张华. 利用S变换的X射线脉冲星信号恒虚警率检测算法[J]. 宇航学报,2014,35(08):931-937.
[68] 王璐,许录平,张华,等. 基于S变换的脉冲星辐射脉冲信号检测[J]. 物理学报,2013,62(13):596-605.
[69] 王璐,许录平,张华,等. 脉冲星辐射脉冲信号辨识的新算法[J]. 宇航学报,2012,33(10):1460-1465.
[70] Zhang H, Xu L, Shen Y, et al. A new maximum-likelihood phase estimation method for X-ray pulsar signals[J]. Journal of Zhejiang University Science C, 2014, 15(6): 458-469.
[71] Zhang H, Xu L. An improved phase measurement method of integrated pulse profile for pulsar[J]. SCIENCE CHINA Technological Sciences, 2011, 54(9): 2263-2270.

[72] Hua I. Minimum entropy cumulation method of pulsar profile[J]. Acta Physica Sinica,2011,60(3):39701-39706.
[73] 谢强,许录平,张华,等. 基于轮廓特征的 X 射线脉冲星信号多普勒估计[J]. 宇航学报,2012,33(09): 1301-1307.
[74] 焦荣,许录平,张华,等. X 射线脉冲星光子序列频域加权测相方法[J]. 西安交通大学学报,2016,50(06): 152-158.
[75] 焦荣. 基于 X 射线脉冲星的编队卫星自主导航方法研究[D]. 西安:西安电子科技大学,2016.

# 内 容 简 介

本书主要围绕脉冲星导航信号处理的关键技术展开,对信号模型、去噪、轮廓重构、检测和到达时间测量进行介绍。论述 X 射线脉冲信号建模、仿真以及实测 X 射线脉冲星信号的获取和相对论修正问题;讨论轮廓的重构和去噪,对平均轮廓的概念和方法,以及利用轮廓进行相位测量的性能做了分析;介绍了小波和双谱方法在脉冲星信号去噪中的作用,对脉冲星信号达时间测量问题,从时间序列的角度做了探讨。

本书可作为高等院校导航、信号处理等相关专业高年级本科生、研究生的参考用书,也可作为相关专业研究人员和工程技术人员的参考用书。

This book focuses on the key technologies of pulsar navigation and signal processing, which introduces the signal model, denoising, contour reconstruction, detection and arrival time measurement. At the same time, the study of the X-ray pulse signal modeling, simulation, acquisition and the problem of the Relativistic correction are discussed in this paper. This book also discusses the contour reconstruction and denoising, as well as the concept and method of average contour, and analyzes the performance of the method of phase measurement using contour. Finally, if introduces the role of wavelet and bispectral methods in the denoising of pulsar signals, and probes into the measurement of pulsar signal arrival time from the perspective of time series.

This book can be used as a reference book for senior undergraduate and postgraduate students majoring in navigation and signal processing, as well as for researchers and engineers.

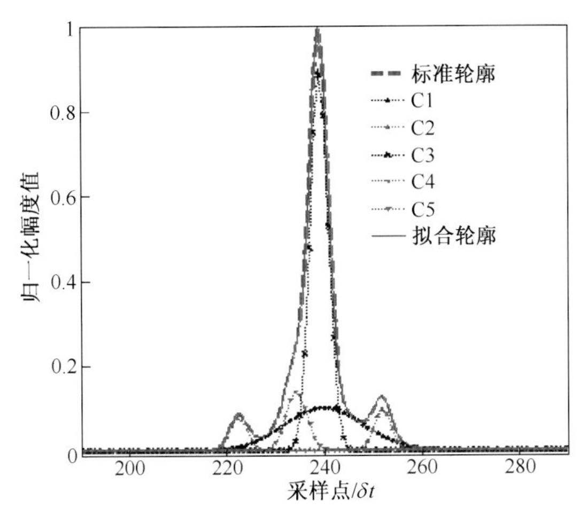


图 3-6　轮廓的高斯拟合成分分离图

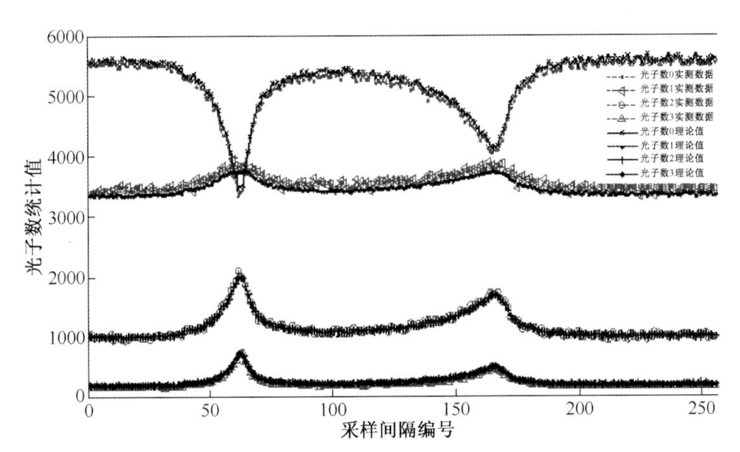


图 4-12　实测数据与理论值在不同采样间隔内的光子计数统计规律

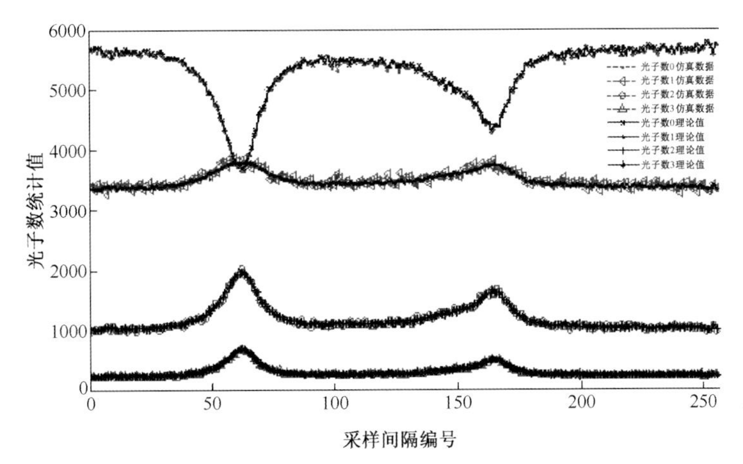


图 4-13　仿真数据与理论值在不同采样间隔内的光子计数统计规律

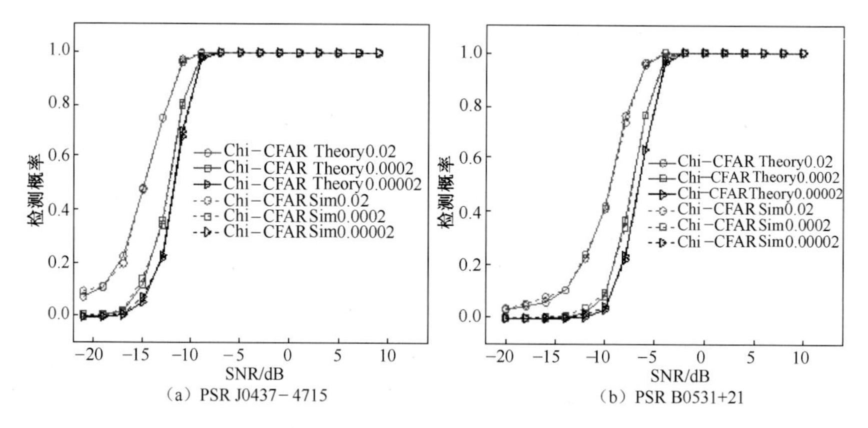


图 7-25　理论和仿真检测概率曲线

(a)PSR J0437-4715;(b)PSR B0531+21。

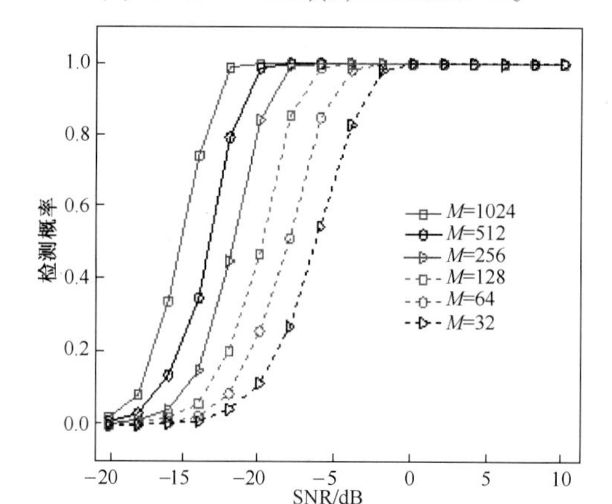


图 7-26　脉冲星 B0531+21 累积脉冲轮廓不同时间采样点数的理论检测概率曲线

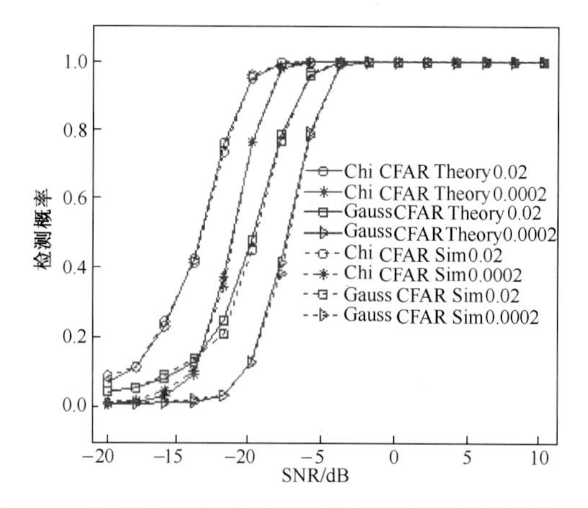


图 7-27　与基于高斯分布恒虚警率检测算法的性能比较

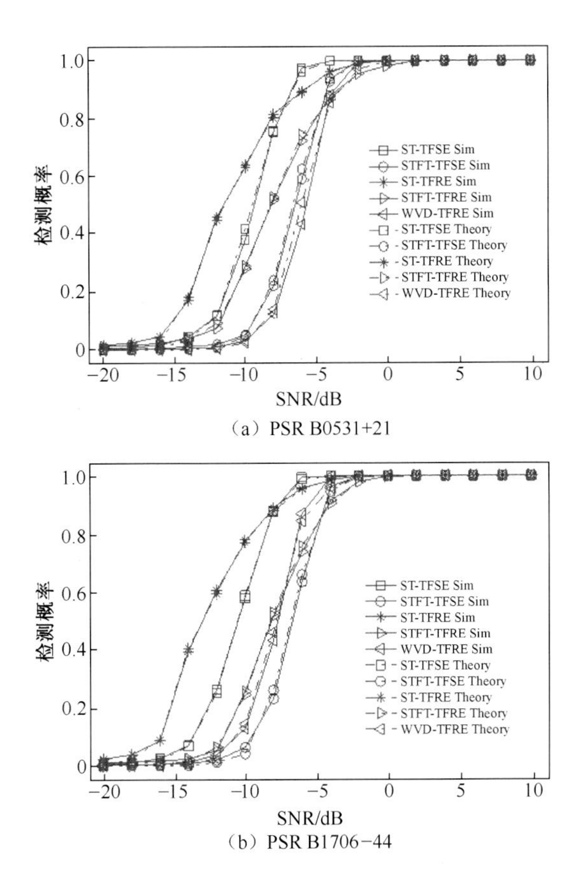


（a）PSR B0531+21

（b）PSR B1706−44

图 7−31　理论与仿真检测概率曲线

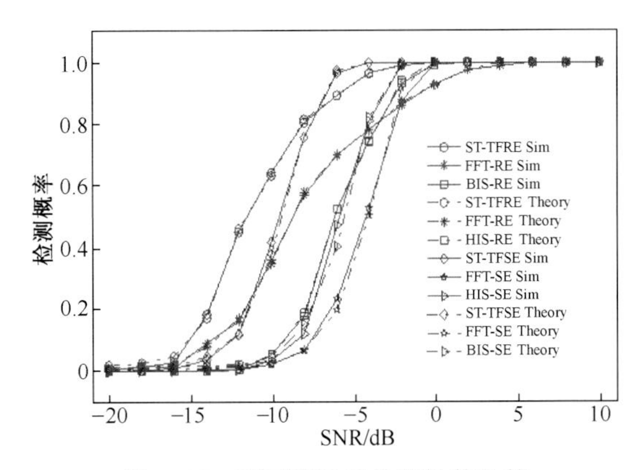


图 7−32　不同算法的检测性能比较

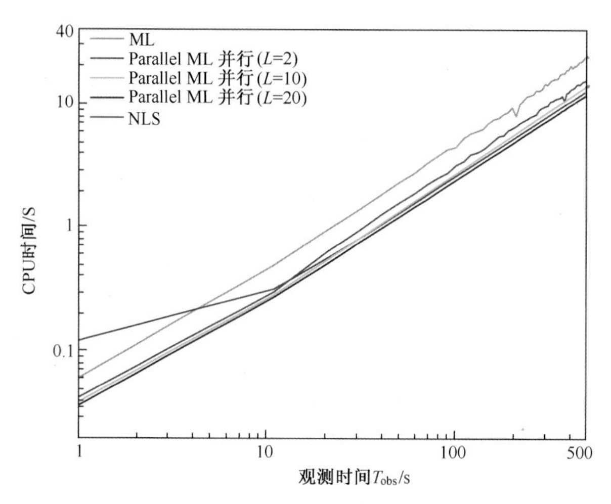


图 8-3 不同的仿真方法的 CPU 处理时间

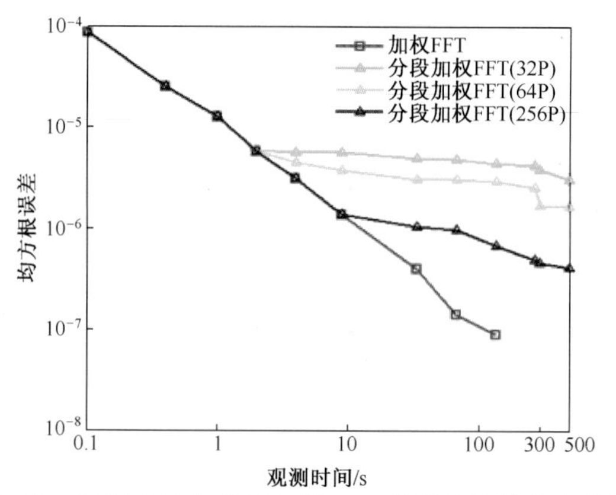


图 8-18 加权 FFT 及分段加权 FFT 比相估计的均方根误差

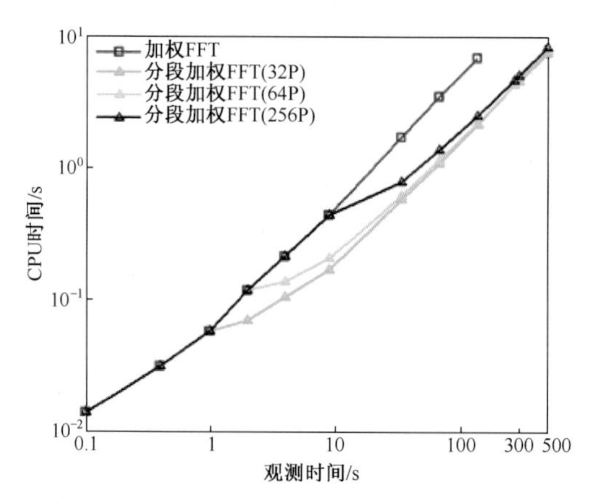


图 8-19 加权 FFT 及分段加权 FFT 比相估计计算的 CPU 总时间